INHALT
Jahrbuch Polen 2015
Umwelt

3		Einführung
		Essays
9	Edwin Bendyk	Ein grünes Polen in einer globalisierten Welt
21	Witold Gadomski	Der Markt sorgt für Umweltschutz
31	Dagmar Dehmer	Polens Klima- und Energiepolitik: ein Blick von außen
43	Friedemann Kohler	Der Traum vom polnischen Atom
53	Adrian Stadnicki / Julian Mrowinski	Anatomie eines Umweltprotestes. Bürgerinitiativen gegen die Schiefergasförderung in Żurawlów
67	Justyna Samolińska / Adam Ostolski	Die Partei ist ein Raum für die gemeinsame Arbeit an Veränderung. Gespräch
75	Michał Olszewski	Ökologie und Gerechtigkeit: ein schwieriges Verhältnis
87	Grzegorz Sroczyński / Jonasz Fuz	Die Moral des T-Shirts. Gespräch
97	Gabriele Lesser	Grüne Stadtbewegungen in Polen
107	Marcin Wiatr	Die g(b)lühenden Landschaften Oberschlesiens
117	Markus Krzoska	Naturschutz in Polen seit der Frühen Neuzeit. Das Beispiel des Białowieża-Urwalds
129	Michał Olszewski / Stanisław Jaromi OFMConv	Auch die Rospuda. Gespräch
143	Eva-Maria Stolberg	Wald und Baum – Bio- und Soziotop. Zum Naturverständnis von Polen in Geschichte und Gegenwart
153	Justyna Kowalska-Leder	Schrebergärten
159	Zenon Kruczyński / Wojciech Eichelberger	Warum töten Männer? Gespräch
		Literatur
172	Anna Nasiłowska	Gedichte und Kurzprosa
177	Michał Olszewski	Lowtech
194	Michał Głowiński	Die Geschichte einer Pappel
		Anhang
210		Autoren und Übersetzer
213		Bildnachweis

Jahrbuch Polen 2015
Band 26 / Umwelt

Herausgegeben vom Deutschen Polen-Institut Darmstadt
Begründet von Karl Dedecius
Redaktion: Andrzej Kaluza, Jutta Wierczimok
www.deutsches-polen-institut.de

Die Bände 1–6 des Jahrbuchs erschienen unter dem Titel »Deutsch-polnische
Ansichten zur Literatur und Kultur«, die Bände 7–16 unter dem Titel »Ansichten.
Jahrbuch des Deutschen Polen-Instituts Darmstadt«.

Das »Jahrbuch Polen« erscheint jeweils im Frühjahr.

Zu beziehen über den Buchhandel oder beim Verlag: verlag@harrassowitz.de
Einzelpreis € 11,80, Abonnementspreis € 9,-

Gedruckt auf alterungsbeständigem Papier.
Layout: Tom Philipps, Darmstadt, und Willi Beck, Dachau
Umschlagabbildung: Ryszard Kaja
Abbildungen s. Bildnachweis
Satz: *fio & flo*, Thorn, Polen
Druck und Verarbeitung: Memminger MedienCentrum AG
Printed in Germany
www.harrassowitz-verlag.de

Das Deutsche Polen-Institut dankt der Merck KGaA für die Unterstützung
des Projekts »Jahrbuch Polen«.

ISSN 1863-0278
ISBN 978-3-447-10342-8

Einführung: Wie grün ist Polen?

Als Polen mit der Organisation des Weltklimagipfels 2013 betraut wurde, konnten es viele nicht wahrhaben: Ausgerechnet das Land, das in vielen Umweltfragen als notorischer Buh-Mann gilt, sollte sich nun der Weltöffentlichkeit als Klimaretter präsentieren. Die zähen Verhandlungen, die just während des Gipfels erfolgte Absetzung des Umweltministers und Konferenzleiters Marcin Korolec sowie der Abzug der Nichtregierungsorganisationen bestätigten im Westen die gängige Meinung, Polen würde sich den Herausforderungen der Zeit nicht wirklich stellen wollen.

Und dennoch wird Polen ein wenig »grüner«: Die Vorboten der neuen Entwicklung sind überall im Lande zu sehen: Windkraftparks und Solaranlagen prägen immer mehr die beschauliche polnische Landschaft und in den Städten wachsen Null-Emissionshäuser wie Pilze aus dem Boden, Hybridfahrzeuge erobern die Straßen, selbst der Müll wird neuerdings getrennt gesammelt und dem Stoffkreislauf wieder zugeführt. Polnische Experten weisen zudem auf enorme Fortschritte beim Umweltschutz der letzten Jahrzehnte hin. Dabei muss das Erbe des Sozialismus angemessen betrachtet werden: Trotz hehrer umweltpolitischer Ziele schaffte es die Planwirtschaft der Volksrepublik Polen (bis 1989) nicht, Rücksicht auf die Umwelt und die Gesundheit der Bürger zu nehmen. Die verbuchten umweltpolitischen Erfolge seit 1990, etwa bei der Reduktion des CO_2-Ausstoßes und anderer Klimagase, gehen dabei hauptsächlich auf die Transformation, Privatisierung und Schließung vieler »Umweltschleudern« zurück. Dieses Potenzial ist heute ausgeschöpft und Polens moderne Industrieanlagen – Grundlage des spektakulären Wirtschaftsbooms der letzten Jahre – lassen den Energiebedarf wieder steigen. Bei dem gegenwärtigen Energiemix sind so keine Einsparpotenziale mehr möglich, es sei denn, die Politik setzt sich neue Ziele und betrachtet die Förderung der erneuerbaren Energien als nicht weniger »patriotisch« als die heimische Kohle.

Das vorliegende Jahrbuch geht auf die aktuellen umwelt- und energiepolitischen Diskurse in unserem Nachbarland ein und lässt viele an der Diskussion beteiligten Akteure zu Wort kommen. Der Leser überzeugt sich schnell, dass sich die polnische Umwelt-Debatte keinesfalls vor den globalen Herausforderungen drückt. Im Gegenteil: Man kann in Polen zu allen dringenden Fragen differenzierte, kompetente und zugleich leidenschaftliche Stellungnahmen vorfinden. So deckt das Jahrbuch ein breites Spektrum der Stimmen ab, die sich ernsthaft mit Polens umwelt- und energiepolitischen Interessen, aber auch mit der Verantwortung des Landes im Bereich Umwelt und Nachhaltigkeit auseinandersetzen.

Edwin Bendyk, einer der führenden Technologie-Experten des Landes und Kommentator der Wochenzeitung POLITYKA, analysiert den polnischen Wirtschaftserfolg des letzten Jahrzehnts und betont, dass sich die herkömmlichen Wachstumsquellen erschöpfen und dem Land die »Falle der Mittelmäßigkeit« drohe, die das Land hindert, an den europäischen Westen ökonomisch anzudocken. Ein weiterer »Entwicklungsschub« ist nur möglich, so Bendyk, wenn die »Mobilisierung neuer, auf Innovation beruhender Ressourcen« stattfindet. Hier bieten vor allem die »sauberen« Technologien ein enormes Entwicklungspotenzial für die Wirtschaft und Energiegewinnung. Nicht ganz so optimistisch sieht der liberale Wirtschaftsjournalist Witold Gadomski von der Tageszeitung GAZETA WYBORCZA Polens Zukunft. Er vertraut – und mit ihm auch eine Großzahl polnischer Politiker und Bürger – auf die Wirkung der Marktwirtschaft, die auf strenge Regelungen aus Brüssel, wie ehrgeizige Umweltstandards und teure Modernisierungsaufwendungen, verzichten möchte. Er verweist auf die Misserfolge der EU in energiepolitischen Fragen, die einerseits den Strom in Europa unnötig teuer machen und andererseits die energiehungrigen Unternehmen aus Europa in andere Länder treiben, wo sie günstigere Umweltauflagen vorfinden. Global gesehen findet in der Hinsicht keine wirkliche Verbesserung statt, da die Emissionen in Schwellenländern anfallen. Polen, so seine Meinung, muss sich dieser Verdrängungspolitik der EU wirksamer entgegenstellen, will es als Industriestandort auch in Zukunft eine zentrale Rolle in Europa spielen.

Gerade dieses Beharren auf »altindustriellen« Besitzständen Polens stört den Westen. Die TAGESSPIEGEL-Journalistin Dagmar Dehmer setzt sich mit tatsächlichen und vermeintlichen Stereotypem westlicher Wahrnehmung Polens als Umweltsünder auseinander und führt uns die Widersprüche polnischer Politik in dem Bereich vor Augen. Einer der Vorwürfe lautet, dass die EU Polen bereits in vielen umweltpolitischen Maßnahmen finanziell entgegenkommt, das Land tue allerdings zu wenig, konsequenter an einer Strategie zu arbeiten, wirksam die wirtschaftliche Entwicklung zu stimulieren und gleichzeitig die Umwelt adäquat zu berücksichtigen. Eines der Reizthemen in dem schwierig gewordenen umweltpolitischen Dialog zwischen Deutschland und Polen heißt Atomenergie. Friedemann Kohler beschreibt die Entwicklung polnischer Atompläne seit den 1950er Jahren.

Nicht nur Politik und Wirtschaft geht die Umwelt etwas an. Das Thema ist nun auch mitten in der Gesellschaft angekommen, auch wenn es in Polen keine starke grüne Partei gibt. Über die polnische Grünen-Partei und ihr Entwicklungspotenzial spricht der Vorsitzende Adam Ostolski in einem kurzen Interview. Grüne Ideen bleiben aber nicht auf die Partei der polnischen Grünen beschränkt, sie wachsen spontan und wuchern geradezu buchstäblich in Stadt und Land. Über eine neue Art von Diskussion im städtischen Milieu, in der sich die Ideen der Nachhaltigkeit durchsetzen, aber auch über Aktionen einer neuartigen »Stadtguerilla« schreibt Gabi Lesser. Auch dort, wo man grüne Ideen üblicherweise nicht vermuten würde, im oberschlesischen Industrierevier, sind sie präsent, wie der Essayist Marcin Wiatr aufzeigt. Auch das flache Land zeigt sich dabei zu neuem Leben erweckt: Adrian Stadnicki und Julian Mrowinski, Studenten der Freien Universität Berlin, waren teilnehmende Beobachter an Protestaktionen im ostpolnischen Żurawlów gegen Probebohrungen der amerikanischen Firma Chevron, die dort nach Schiefergas suchte. Die »Anatomie eines Umweltprotestes« in Żurawlów (aber auch z.B. 2007 im Rospuda-Tal bei Augustów) zeigt, dass das allgemeine Interesse an Umweltfragen vorhanden ist – bis hin zur Bereitschaft, sich an manchmal langwierigen Protestaktionen in Selbsthilfegruppen oder NGOs zu beteiligen.

Schwerer aber fällt es den Polen, zwischen ökonomischen Fragen einerseits und einer umweltbezogenen oder gar sozialen und moralischen Haltung andererseits zu wählen. Michał Olszewski, freier Journalist und bekannter Buchautor, beschreibt es treffend: »Das Misstrauen der Polen oder jedenfalls eines großen Teils von ihnen gegenüber der Ökologie lässt sich noch an einem weiteren Beispiel ablesen: Seit mehr als zehn Jahren ist es den Behörden trotz intensiver Bemühungen nicht gelungen, auch nur einen einzigen neuen Nationalpark einzurichten – zu groß ist der Widerstand der lokalen Gemeinschaften. Aus der Perspektive der Bewohner in den an die Nationalparks angrenzenden Gebieten sind die einzigen Assoziationen, die das Stichwort Ökologie weckt, kostspielige Einschränkungen und Verbote. Ähnlich denken Bergleute, Straßenbauer, Fischer, Förster [...] Sie alle wollen – na klar doch – die Umwelt schützen, aber nur unter der Bedingung, dass ihre eigenen Interessen dabei nicht zu kurz kommen.« In diesem Kontext sind zwei Gespräche lesenswert. Michał Olszewski spricht mit dem Franziskanerpater Stanisław Jaromi über die Verpflichtung eines jeden gläubigen Katholiken, sich für die »Bewahrung der Schöpfung« einzusetzen. Er selbst hat aktiv an den Protesten im Rospuda-Tal teilgenommen, war allerdings als einziger protestierender Priester vor Ort. Im zweiten Interview spricht Grzegorz Sroczyński mit dem Modedesigner Jonasz Fuz über die Gefahr, sich in der heutigen Konsumwelt zu verlieren, die den modernen Kunden unsäglich manipuliert und deren Profiteure sich auf Kosten der billigen Arbeitskräfte in Schwellenländern und der dortigen Umwelt eine goldene Nase verdienen. Gerade die polnische Mittelschicht, aber auch Studenten, Freiberufler und das aufstrebende, für grüne und soziale Ideen empfängliche »großstädtische« Milieu unterliegen tagtäglich dieser Manipulation, indem sie letzten Endes auch gerne konsumieren: alle paar Wochen neue Markenkleidung kaufen, mit elektronischen Statusgegenständen protzen, einen Latte Macchiato in angesagten Café-Filialen genießen und Urlaub mit einem Billigflieger machen wollen. »So geht das

Den Umschlag und die Bilder in unserer diesjährigen Jahrbuch-Galerie besorgte der Grafiker, Maler und Bühnenbildner Ryszard Kaja (1962). Er studierte an der Kunsthochschule in Posen und lebt in Breslau. 1989 gab er sein Debüt als Bühnenbildner im Lodzer Teatr Wielki, wo er gleich für seine erste Arbeit für Verdis »Ernani« den wichtigsten Theaterpreis Polens, die »Goldene Maske«, erhielt. Seitdem wurden weit mehr als 150 seiner Bühnenbildentwürfe sowohl in Polen, als auch im Ausland realisiert. Seine große Leidenschaft gilt der Plakatkunst. Hier sieht er sich als Erbe seines Vaters, Zbigniew Kaja, der einer der führenden Vertreter der sogenannten »polnischen Plakatschule« war.
Die Plakate von Ryszard Kaja stellen in der Regel eigenständige Kunstwerke dar und wirken dadurch eher »unmodisch«. Ästhetisch bilden sie jedoch immer eine Einheit mit den Veranstaltungen oder Orten, für die sie werben. Kaja schuf einige Hundert Plakate, die polnischen Orten und Regionen gewidmet sind. Viele von ihnen sind durch die Einzigartigkeit der polnischen Natur inspiriert und setzen so die Anliegen der Jahrbuch-Autoren mit künstlerischen Mitteln fort.
www.polishposter.com
www.pigasus-gallery.de

alles nicht«, meint M-Ski, der Protagonist im wegweisenden Roman *Low-Tech* von Michał Olszewski, der durch eine konsequente ökologische und konsumablehnende Haltung an den Rand jeder Gesellschaft marktorientierter Prägung gerät.

Polen ist schön. Und es soll noch eine Zeitlang so bleiben, meinen Markus Krzoska und Eva-Maria Stolberg in ihren Essays über die Bedeutung des Umweltschutzes in Polen bzw. über ihre Liebe zum Wald. Denn Polen war mal von Urwald bedeckt, dessen Überreste an der Ostgrenze bei Białowieża noch sichtbar sind. Dort lebt auch noch das größte europäische Säugetier – der Wisent, ein naher Verwandter des nordamerikanischen Bisons, in Deutschland lediglich vom Etikett des Grasovka-Wodkas bekannt. Ein besonderes Verhältnis haben die Polen auch zu ihren naturnahen Freizeitdomizilen: den Wald-Datschas und Stadt-Schrebergärten, wie Justyna Kowalska-Leder in ihrem Beitrag anführt. Mit den modernen Jagdmethoden, die als Relikt einer patriarchalischen Gesellschaft gewertet werden, gehen der ehemalige Jäger Zenon Kruczyński und der Therapeut Wojciech Eichelberger ins Gericht. Beide appellieren an den modernen Städter, den unfairen und unsittlichen Kampf gegen wilde Tiere aufzugeben. Bei mindestens einem hat es bereits Wirkung gezeigt: Staatspräsident Bronisław Komorowski hat das Jagdgewehr an den Nagel gehängt.

Im Literaturteil des Jahrbuchs findet der Leser u.a. Gedichte von Anna Nasiłowska und eine Erzählung von Michał Głowiński, in der er eine gewöhnliche Pappel Zeuge des wechselvollen 20. Jahrhunderts in einer polnischen Kleinstadt werden lässt. Sie erlebt den Aufschwung des kleinen jüdischen Familienunternehmens, die Freuden und Sorgen der Hausbewohner, die Zeit des Holocausts, den schwierigen Neuanfang nach 1945. Irgendwann war sie verschwunden. »Ob sie heute jemandem fehlt?«, fragt sich der Ich-Erzähler. Głowińskis *hommage* an den »Familienbaum« ist ein leidenschaftlicher Schlussakzent in diesem Jahrbuch, den sich kein Leser entgehen lassen sollte.

Andrzej Kaluza
Jutta Wierczimok

KANAŁ ELBLĄSKI

POLEN ПОЛЬША لهستان LENKIJA POLAND ПОЛЬША ПОΛΩVIA ЛΛХИСТОН POLSKA

Edwin Bendyk

Ein grünes Polen in einer globalisierten Welt

Polen ist ganz gut mit der Wirtschaftskrise zurechtgekommen. Zum Symbol für den Kampf gegen die Gefahr einer Rezession ist die Europakarte geworden, auf der ein mit dem wirtschaftlichen Niedergang ringender Kontinent rot markiert war. Im Meer dieses Rots war nur eine einzige grüne Insel wirtschaftlicher Prosperität zu sehen: Polen. Dieses Bild gehört jedoch schon der Vergangenheit an. Ein Viertel-jahrhundert nach dem Ende des Kommunismus müssen es die Polen mit einer neuen Herausforderung aufnehmen: mit der »Falle der mittleren Einkommen«. Polen benötigt einen neuen, innovationsfördernden Impuls, um die Konkurrenz-fähigkeit seiner Wirtschaft dauerhaft zu steigern. Viele Wirtschaftswissenschaftler sind davon überzeugt, dass eine grüne Modernisierung die Chance für einen Sprung in die Zukunft bietet.

Viele Beobachter des UN-Klimagipfels COP 18 in Doha im Jahr 2012 ließ die Nachricht, dass Warschau die darauffolgende Konferenz ausrichten würde, aufhor-chen. Schnell wurden Kommentare getwittert: Das ist, als würde man China mit der Organisation der Weltmenschenrechtskonferenz beauftragen. Ein paar Jahre zuvor, am Vortag des bekannten Gipfels in Kopenhagen im Jahr 2009 gab es in der deutschen Presse auch Kommentare, die auf Analogien zwischen Polen und China fußten. Damals wurde Polen, wie die FRANKFURTER ALLGEMEINE ZEITUNG zugab, wie das China Europas behandelt. Denn wie könnte man ein Land anders bezeichnen, dessen Entwicklung auf der dreckigen Kohleenergie gründet und das eine Emission von 1.284 t Treibhausgasen pro BIP-Einheit verursacht, während es in Deutschland nur 394 t sind?

Strukturelle Argumente fanden Rückendeckung in der realen Politik der polnischen Regierung, die nicht zögerte, ihr Veto einzulegen, um die ihrer Meinung nach zu weit gehenden und wirtschaftlich kostspieligen Ambitionen der EU-Klimapolitik auszubremsen. Der Umweltminister Marcin Korolec machte sich als harter Ver-handlungspartner und, nach Meinung vieler Beobachter, auch in globaler Hinsicht als »Bremse« im Kampf gegen den Klimawandel einen Namen. Während des COP 18 in Doha kämpfte er bis zum Schluss um die verbrieften Rechte zum Handel mit CO_2-Emissionen, die sogenannten AAU (Assigned Amount Units). Und doch wurde schon ein Jahr später der Warschauer COP 19, obwohl er nicht mit einem spektakulären Erfolg endete, als politischer Erfolg angesehen, und Delegierte aus so unterschiedlichen Ländern wie Russland, den Vereinigten Staaten und Venezuela bedankten sich persönlich bei Marcin Korolec dafür, wie er die Beratungen geleitet hatte. Dieser hingegen hatte keine leichte Aufgabe, da er genau im entscheidenden Moment der Konferenz im Rahmen der Regierungsumbildung seinen Ministerpos-ten verlor.

Korolec, der in der Funktion eines Staatssekretärs und als Beauftragter der Regie-rung in Sachen Klimapolitik im Umweltministerium verblieb, wurde durch den

Justyna Piszczatowska und Michał Szułdrzyński: Wie lautet Polens Statement auf dem Klimagipfel?
Marcin Korolec: Im Interesse der EU und Polens liegt es, dass alle Beschlüsse im Bereich der CO_2-Emissionen global koordiniert werden. Die CO_2-Emission in den EU-Ländern, die mit enormen Kosten reduziert wird, beträgt nur 11 Prozent der weltweiten CO_2-Emissionsmenge. Deshalb wollen wir den Emissionsgrad nicht ohne internationale Absprachen festlegen. Polen ist gegenüber der EU-Politik skeptisch, weil die EU bei der Darlegung ihrer Ziele dramatisch vereinsamte. Die Abkapselung der EU verursacht Nachteile, da z.B. die Industrie ihre Produktion in die Länder verlegt, die weniger rigoros den Emissionsgrad festsetzen.
Justyna Piszczatowska und Michał Szułdrzyński: Die EU ist bestrebt, die CO_2-Emissionen bis 2020 um 20 Prozent zu verringern. Im Falle einer global geltenden Vereinbarung vermindert sich der Wert auf 30 Prozent. Wäre es deshalb für Polen vorteilhafter, wenn keine UNO-Vereinbarung getroffen würde?
Marcin Korolec: So kann man das nicht sehen. Die UNO-Vereinbarung bildet eine stabile Grundlage für weitere Handlungen. Nach dieser Vereinbarung übernehmen alle die Verantwortung. Wenn sich alle danach richten, verhindern wir Standortverlegungen der Industrie. Wir setzen uns dafür ein, dass in dieser Vereinbarung der politische Kontext berücksichtigt wird. Wir legen besonderen Wert darauf, dass jedes Land die für sich realisierbaren Bestrebungen konkretisiert und einhält. Unter diesen Bedingungen kann das Abkommen verabschiedet werden.

Jak wykorzystać szczyt klimatyczny? [Wie kann der Klimagipfel genutzt werden?]. Mit Minister Marcin Korolec sprachen Justyna Piszczatowska und Michał Szułdrzyński. In: RZECZPOSPO-LITA vom 12. November 2013, S. A7

ehemaligen Vizeminister für Finanzen, Maciej Grabowski, ersetzt. Bei seinem Amtsantritt erklärte dieser, dass seine Priorität darauf liege, die Ausbeutung der natürlichen Ressourcen, insbesondere von Schiefergas, rasch voranzutreiben. Auch diese Ankündigung wurde kommentiert: Das Umweltministerium sei *de facto* zum Wirtschaftsressort geworden, das für eine Wachstumspolitik verantwortlich sei, nicht aber für nachhaltige Entwicklung.

Es lohnt sich jedoch, sich von der aktuellen Politik und den sich logisch aus dieser ableitenden Entscheidungen frei zu machen. Es ist besser, eine längerfristige Perspektive einzunehmen – das Vierteljahrhundert der postkommunistischen Transformation ist ein wunderbarer Anlass, um sowohl in die Vergangenheit zu blicken als auch versuchsweise einen Blick in die Zukunft zu werfen. Wie es um die polnische Umwelt gegen Ende des Kommunismus bestellt war, ruft uns Prof. Maciej Nowicki – ein hervorragender Ökologe, 2007–2010 Umweltminister, Preisträger des Deutschen Umweltpreises (in Polen auch Umwelt-Nobelpreis genannt) – in seiner Abhandlung *25 lat ochrony środowiska w demokratycznej Polsce* (25 Jahre Umweltschutz im demokratischen Polen) in Erinnerung. Noch 1989 gehörte Polen, neben der Sowjetunion und der DDR, zu den am meisten verschmutzten Ländern Europas. Im polnisch-tschechoslowakischen Grenzgebiet, im Riesen- und Isergebirge, ereignete sich die größte ökologische Katastrophe des Kontinents: 15.000 km² Wald wurden infolge der Emission von Schwefelverbindungen aus 12 mit Braunkohle betriebenen Elektrizitätswerken durch sauren Regen vernichtet.

Statistiken über den Zustand der Umwelt zu jener Zeit lösen bis heute Entsetzen aus: Städte wie Warschau und Krakau verfügten über keine Kläranlagen – 37,2% aller industriellen und kommunalen Abwässer in Polen wurden gänzlich ungefiltert in die Flüsse geleitet. Folglich besaßen nur 4,7% der Flussverläufe Reinheitsgrad I. Die Weichsel war bei Krakau salziger als bei ihrer Mündung in die Ostsee, und zwar aufgrund des salzhaltigen Wassers, das die Steinkohlebergwerke in die Flüsse leiteten. Die Umweltverschmutzung führte zu konkreten materiellen Verlusten, die auf 5–10% des polnischen BIP geschätzt werden. Diese Schätzung berücksichtigt jedoch keine Verluste aufgrund der sich verschlechternden gesundheitlichen Verfassung der Bewohner der am schlimmsten verseuchten Landesteile: Mehr als 30% der Bevölkerung lebte in Gebieten, in denen die Grenzwerte permanent überschritten wurden, und das um ein Vielfaches.

Es genügt, sich daran zu erinnern, und man hat die düsteren Bilder der Zerstörung vor Augen: die schwarzen Mauern der Krakauer Architekturdenkmäler, zerstört durch die Emission von Fluorverbindungen in der nahe gelegenen Aluminiumhütte; das Gutshaus in Żelazowa Wola, dem Ort des Gedenkens an Frédéric Chopin, von dem einen der Gestank des durch den Park fließenden Flusses Utrata abschreckte, der als offener Abwasserkanal diente; Beuthen mit seinen baufälligen historischen Mietskasernen, die von Bergschäden zum Einsturz gebracht wurden. Tatsächlich, in ökologischer Hinsicht unterschied sich die Landschaft Volkspolens nicht viel von der in den am meisten industrialisierten Gegenden Chinas.

Es ist also nicht verwunderlich, dass der Zustand der Umwelt in den 1980er Jahren zum Gegenstand gesellschaftlicher und politischer Aktivitäten wurde, insbesondere unter jungen Menschen. Nach der Kernreaktorkatastrophe in Tschernobyl im Jahr 1986 hatten diese die Gewissheit erlangt, dass das System des realen Sozialismus nicht nur politische Unterdrückung bedeutete, sondern schlicht einer zivilisatorischen Katastrophe gleichkam. Eine hervorragende Gelegenheit zur Mobilisierung und für Proteste boten Investitionen wie der Bau des Atomreaktors in Żarnowiec oder des Kohlekraftwerks Pruszków II. Wie groß der Widerstand und die Mobilisierung in Sachen Umweltschutz waren, kam während der legendären Verhandlungen am Runden Tisch zum Ausdruck. Der sich damals mit Umweltfragen beschäftigende »Nebentisch« verfasste 27 Postulate, die für die später durchgeführten sozioökonomischen Reformen die Leitlinie vorgaben. Die symbolische und rechtliche Krönung der durch den Systemwandel ausgelösten Veränderungen ist die 1997 verabschiedete Verfassung, die sich direkt auf das Prinzip der nachhaltigen Entwicklung beruft.

Das, was nach 1989 geschah, bezeichnen die einen als Wunder, die anderen als Revolution. Noch gegen Ende der 1980er Jahre warnten die Publizisten der Volksrepublik davor, dass Polen eine Energiekrise drohe, die Bergwerke kamen mit der Kohleförderung nicht hinterher und immer weitere Blöcke neuer Elektrizitätswerke wurden in Betrieb genommen. Im Jahr 1990 entschied das Parlament, die Bauarbeiten am Atomkraftwerk in Żarnowiec einzustellen, auch die Arbeiten am Elektrizitätswerk Pruszków II wurden aufgegeben – übrig geblieben ist ein riesengroßer Schornstein, der von der »Autobahn der Freiheit« (A2) aus zu sehen ist. Der Strom ist trotzdem nicht ausgegangen, die polnische Wirtschaft hat sich im Verlauf des ersten Vierteljahrhunderts nach dem Umbruch, gemessen am BIP, verdoppelt (das ist das beste Ergebnis von allen postkommunistischen Ländern), in derselben Zeit hat der Energieverbrauch im Vergleich mit den letzten Tagen der Volksrepublik

um 20% abgenommen. In noch größerem Maße verringerte sich die Emission von
Kohlenstoffdioxyd, und zwar um 39%.

Nicht weniger spektakulär sind weitere Erfolge im Umweltschutz: ein reduzierter
Ausstoß anderer schädlicher Gase und Staube, der Bau von Kläranlagen, einem
Wasserleitungs- und Kanalisationsnetz, die Beseitigung von »Zeitbomben«, also von
Deponien mit gefährlichen Stoffen, von denen der Kommunismus mehr als tausend
Stück hinterlassen hatte. Diese Fakten und Statistiken sind unstrittig. Warum ist es
also so schlecht, wenn es doch so gut ist? Weil die polnische Wirtschaft, trotz der
realen Reduktion ihres spezifischen Energieverbrauchs und ihrer Emissionswerte, noch immer vielfach so viel Kohlenstoffdioxyd produziert wie die Wirtschaft
in Deutschland oder den skandinavischen Ländern? Und warum ist die Luft in
Krakau und vielen Städten Schlesiens, obwohl die Fabriken, die die größte Umweltverschmutzung darstellten, geschlossen wurden, noch immer die am stärksten
verunreinigte in Europa?

Die Antwort ist sehr komplex und zugleich recht einfach. Infolge der Vereinbarungen am Runden Tisch begann man, noch bevor es zur wirtschaftlichen Trans-

Der Bedarf an Primärenergie nach Energiequellen

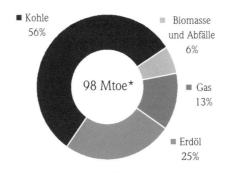

Der Endenergieverbrauch nach Energieträgern

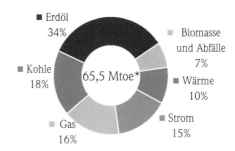

Quelle: Agencja Rynku Energii (2011) und IEA International Energy Agency (2010); hier nach: Polen-Analysen Nr. 109 http://www.laender-analysen.de/polen/pdf/PolenAnalysen109.pdf

* Megatonne Öleinheiten

formation hin zum kapitalistischen System der freien Marktwirtschaft kam, die gefährlichsten Betriebe zu schließen. Das neue Jahr 1990 begrüßten die Polen in einer neuen wirtschaftlichen Wirklichkeit, die mit dem sogenannten Balcerowicz-Plan eingeleitet wurde. Ein entscheidender Aspekt dieses Plans war die Öffnung der polnischen Betriebe gegenüber internationaler Konkurrenz unter den Bedingungen einer sich globalisierenden Wirtschaft. Ein anderer Aspekt waren die Reduzierung von Subventionen für Energieträger und die Einbeziehung von externen Kosten in die ökonomische Kalkulation der Betriebe, die in der Volksrepublik als unabhängig hiervon betrachtet worden waren (z.B. Umweltverschmutzung).

Die Anpassung an die realen Produktionskosten und die harte Konkurrenz erzwangen Modernisierungen oder Betriebsschließungen. Der Prozess beschleunigte sich mit der Auflösung des Rats für gegenseitige Wirtschaftshilfe (RGW) und dem damit verbundenen Absatzmarkt. Die Nachfrage nach Panzern, Traktoren und Flugzeugen, die meist mittels veralteter, energie- und materialintensiver Technologien produziert worden waren, brach stark ein. Der Zusammenbruch ganzer Sektoren der Schwerindustrie war mit gewaltigen gesellschaftlichen Kosten verbunden, die bis heute einen Schatten auf die polnische Transformation werfen. Mit Sicherheit jedoch führte auch dieser Wandel zu positiven Folgen für die Umwelt.

Stromerzeugung nach Technologien

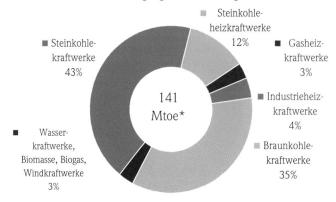

Steinkohle-
heizkraftwerke
12%

Gasheiz-
kraftwerke
3%

Steinkohle-
kraftwerke
43%

141
Mtoe*

Industrieheiz-
kraftwerke
4%

Wasser-
kraftwerke,
Biomasse, Biogas,
Windkraftwerke
3%

Braunkohle-
kraftwerke
35%

Nettokapazität der Kraftwerke und Technologien zur Stromerzeugung

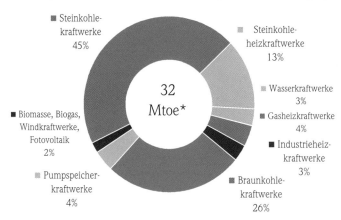

Steinkohle-
kraftwerke
45%

Steinkohle-
heizkraftwerke
13%

32
Mtoe*

Wasserkraftwerke
3%

Gasheizkraftwerke
4%

Biomasse, Biogas,
Windkraftwerke,
Fotovoltaik
2%

Industrieheiz-
kraftwerke
3%

Pumpspeicher-
kraftwerke
4%

Braunkohle-
kraftwerke
26%

Quelle: Agencja Rynku Energii (2011) und IEA International Energy Agency (2010); hier nach:
Polen-Analysen Nr. 109 http://www.laender-analysen.de/polen/pdf/PolenAnalysen109.pdf

* Megatonne Öleinheiten

Soweit der leichtere Teil der Geschichte. Die strukturellen Veränderungen in der
Wirtschaft führten zu Arbeitslosigkeit, die in der dramatischsten Phase zu Beginn
des 21. Jahrhunderts die 20%-Marke überstieg. Damals ließ auch der positive
Einfluss der Restrukturierung auf die Umwelt nach – der Energieverbrauch und die
Emission von CO_2 begannen etwa seit 2000 um 0,5% jährlich zu steigen. Einer der
Gründe dafür ist die hohe Arbeitslosigkeit und die damit in Zusammenhang stehende »Reservearmee an Arbeitern«, die auf Gedeih und Verderb den Arbeitgebern
ausgeliefert war. Diese jedoch entschieden sich eher für die Senkung der Arbeitskosten und nicht für eine Steigerung der Effektivität infolge von Investitionen in
Innovationen und neue Technologien. Das führte dazu, dass die Modernisierung
der Wirtschaft an Schwung verlor.

Die Situation änderte sich im Jahr 2004 radikal, als Polen der Europäischen Union
beitrat, manche EU-Staaten öffneten sofort ihre Arbeitsmärkte. Die Reservearmee
der Arbeiter entschied sich für eine Beschäftigung im Westen – der berühmte
polnische Klempner zog aus, um Europa zu erobern, die Arbeitskosten in Polen
stiegen stark an, ebenso die Ausgaben für die einzuhaltenden EU-Umweltnormen.

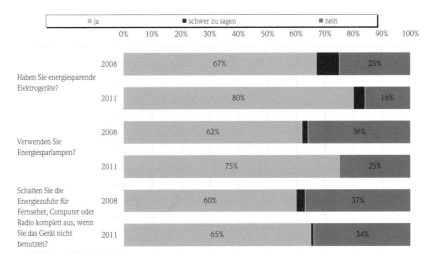

Quelle: CBOS, BS/23/20011: Zachowania proekologiczne Polaków [Umweltbewusstes Verhalten der Polen]. Warszawa 03/2011; hier nach: Polen-Analysen Nr. 86 http://www.laender-analysen. de/polen/pdf/PolenAnalysen86.pdf

Diesmal mussten die Unternehmer mit einer Ausweitung der Investitionen in neue Technologien reagieren. Die nächste Zäsur war die Wirtschaftskrise, die im Jahr 2008 ausbrach.

Die wechselhafte Dynamik der Wirtschaft allein wird der Komplexität der Gesellschafts- und Umweltphänomene jedoch nicht gerecht. Sieht man sich die Hauptquellen der Luftverschmutzung in Krakau oder Oberschlesien an, dann zeigt sich, dass die schädlichen Emissionen überwiegend aus privaten Öfen stammen. Viele Menschen können es sich nicht leisten, mit Gas zu heizen, selbst wenn sie Zugang zum Gasnetz haben. Sie verwenden lieber die billigste, also die am stärksten verunreinigte Kohle. Natürlich kann man sich über das geringe ökologische Bewusstsein aufregen – doch die Menschen, die mit dem dreckigen Brennstoff heizen, werden auch selbst zum Opfer der verschmutzten Luft. Das damit verbundene Gesundheitsrisiko ist jedoch nur eine der Bedrohungen, mit denen sie es aufnehmen müssen. Die jedes Jahr auf Bestellung des Umweltministeriums durchgeführte Untersuchung zum ökologischen Bewusstsein der Polen zeigt das sehr deutlich.

Die Untersuchung beginnt mit der Frage, was die wichtigsten Probleme sind, die Polen umgehend lösen sollte. An erster Stelle stehen Arbeit, Sozial- und Familienpolitik, an zweiter das Gesundheitswesen, an dritter die Staatsverschuldung. Der Umweltschutz rangiert recht weit hinten, vor Sport, Kultur und Landesverteidigung. Bedeutet die geringe Priorität des Umweltschutzes ein geringes ökologisches Bewusstsein der Polen oder im Gegenteil: eine Art gesunden Menschenverstand, der gebietet, dass man zunächst strukturelle Schlüsselprobleme lösen muss, um effektiv Umweltschutz betreiben zu können?

Einen gewissen Hinweis liefern eben jene Untersuchungen: Direkt nach der Umwelt gefragt, geben die Polen (ganze 75%) an, dass sich Umweltschutz und wirtschaftliche Entwicklung nicht widersprechen, im Gegenteil, Ersterer kann Letztere beflügeln.

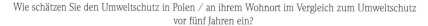

Wie schätzen Sie den Umweltschutz in Polen / an ihrem Wohnort im Vergleich zum Umweltschutz vor fünf Jahren ein?

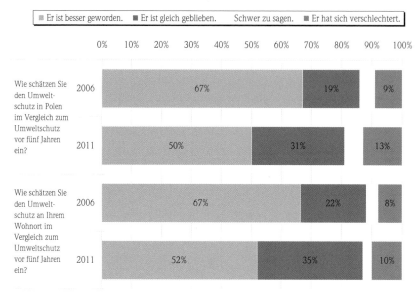

Quelle: CBOS, BS/23/20011: Zachowania proekologiczne Polaków [Umweltbewusstes Verhalten der Polen]. Warszawa 03/2011; hier nach: Polen-Analysen Nr. 86 http://www.laender-analysen. de/polen/pdf/PolenAnalysen86.pdf

Dieser Überzeugung sind besonders jüngere Menschen, man kann annehmen, dass dies eine geradezu ideale gesellschaftliche Basis für eine grüne Modernisierung ist. Befragt danach, wovon die Effektivität des Umweltschutzes in erster Linie abhänge, gaben die an den Untersuchungen Teilnehmenden zur Antwort: von sich selbst und ihrem persönlichen Engagement, dann von der Qualität der Gesetze, schließlich der Aktivität lokaler und staatlicher Behörden. Wieder nicht übel. Die Polen haben auch keine Zweifel daran, dass der Einsatz erneuerbarer Energiequellen eine Möglichkeit zur Verbesserung der Luftqualität ist. In einer anderen Untersuchung vom Oktober 2013 wiederum (»Polen über den Klimawandel«, durchgeführt vom Institut für Marktforschung und Meinungsumfragen CEM) gaben gar 73% der Befragten an, dass in den nächsten zwei Jahrzehnten die Entwicklung einer auf erneuerbaren Energiequellen beruhenden Energiewirtschaft entschieden vorangebracht werden sollte. Um ein umfassendes Bild zu geben, sollte hinzugefügt werden, dass mehr als die Hälfte (52%) der Polen gegen einen Ausbau der Kernenergie ist (offen dafür sind 35% – so die Ergebnisse von Untersuchungen des Centrum Badania Opinii Społecznej [Zentrum für Meinungsumfragen] aus dem Jahr 2013), hingegen sprechen sich 78% für die Förderung von Schiefergas aus.

Wie sind diese Ergebnisse zu deuten? Alles in allem zeichnen sie eher ein positives Bild einer Gesellschaft, die sich der Bedeutung der ökologischen Herausforderungen und der geeigneten Lösungen dafür bewusst ist: Reduktion der Luftverschmutzung und der Emission von Treibhausgasen durch die Entwicklung einer auf erneuerbaren Energiequellen sowie dem im Vergleich mit der Kohle emissionsärmeren Schiefergas beruhenden Energiewirtschaft. Zugleich wissen die Polen die Bedeutung von

»Negawatt« zu schätzen, also die positiven ökonomischen und ökologischen Folgen von Energieeffizienz. Und schließlich haben sie ein Bewusstsein dafür, dass es die Summe des Engagements individueller Akteure ist, die zum Ziel führt, welches jedoch durch eine gute Gesetzgebung und stimulierende Aktivitäten seitens des Staates unterstützt werden sollte. Weil aber die Polen nicht nur von der Umwelt leben, sondern sich im Alltag mit einer Reihe von dringenden, aktuellen Problemen herumschlagen müssen, messen sie Umweltfragen eine andere Priorität bei als Gesellschaften, die besser mit Problemen zurechtgekommen sind, die für die Polen im Vordergrund stehen: Arbeitslosigkeit, soziale Absicherung, Gesundheitswesen.

Die Erwartung, dass die polnische Gesellschaft dieselben Prioritäten setzt wie deutlich wohlhabendere europäische Länder ist, vorsichtig ausgedrückt, nicht sehr vernünftig. Deshalb kommt es zu Diskrepanzen bei politischen Verhandlungen auf EU-Ebene über Ziele der Klima- und Energie- sowie Umweltpolitik. Die polnischen Politiker handeln unter den Bedingungen des demokratischen Systems, sie vertreten auf internationaler Ebene ganz einfach die Interessen ihrer Wähler. Schließlich haben sie von diesen ihr politisches Mandat erhalten. Gesellschaftliche Rationalität und politische Rationalität finden auf Landesebene zusammen. Das sind die Fakten; anstatt deshalb beleidigt zu sein, sollte man besser das Problem anders formulieren: Gibt es eine Möglichkeit, die gesellschaftlichen Prioritäten auf solche Weise neu zu definieren, dass die Polen den unmittelbaren Zusammenhang (anstatt eines sequenziellen Bezugs) zwischen der grünen Modernisierung und der Lösung von für sie dringenden Problemen der Beschäftigung, des Gesundheitswesens etc. wahrnehmen? Einfacher: Kann man die polnische Gesellschaft davon überzeugen, dass eine schon heute eingeleitete ambitionierte Klima-, Energie- und Umweltpolitik zu geeigneten Lösungen führen kann, indem sie z.B. grüne Arbeitsplätze schafft und

Hat ihre persönliche Lebensführung Einfluss auf den Zustand der natürlichen Umwelt?

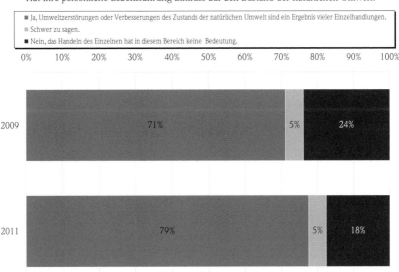

Quelle: CBOS, BS/23/20011: Zachowania proekologiczne Polaków [Umweltbewusstes Verhalten der Polen]. Warszawa 03/2011; hier nach: Polen-Analysen Nr. 86 http://www.laender-analysen.de/polen/pdf/PolenAnalysen86.pdf

Grünes Kattowitz – ein neues Image für die Industriestadt mit mehr als 50 Prozent Grünanlagen

eine dauerhafte Entwicklung sicherstellt? Die Antwort kann nicht auf Überzeugungen beruhen, sondern muss aus einer gründlichen, rationalen Analyse hervorgehen. Eine solche Analyse hat das Warschauer Institut für Wirtschaftsstudien zusammen mit dem Institut für Nachhaltige Entwicklung durchgeführt. Das Ergebnis ist der umfassende, auf komplexen Wirtschaftsanalysen basierende Bericht *Niskoemisyjna Polska 2050* (Emissionsarmes Polen 2050). Die Prämisse bei der Vorbereitung der Analyse war nicht die Frage des Umweltschutzes, sondern die in Polen immer dringlichere Frage nach einer Möglichkeit für die weitere Wirtschaftsentwicklung. Immer mehr Wirtschaftswissenschaftler sind sich darüber einig, dass sich im Verlauf der ersten 25 Jahre der Transformation die einfachen Entwicklungsressourcen, insbesondere die billigen und qualitativ relativ hochwertigen Arbeitskräfte, erschöpft haben.

Polen sah sich der Gefahr einer sogenannten Falle der mittleren Einkommen ausgesetzt, also der Unmöglichkeit, die Entwicklungsdynamik aufrechtzuerhalten, welche eine reale Annäherung an wohlhabendere Gesellschaften ermöglicht hätte. Ein weiteres »Einholen«, also das Beibehalten eines durchschnittlich höheren Entwicklungstempos, als es beispielsweise Deutschland aufweist, erfordert die Mobilisierung neuer, auf Innovativität beruhender Ressourcen. Leider ist die niedrige Innovativität eine geradezu endemische Krankheit der polnischen Wirtschaft. Obwohl die Notwendigkeit einer Steigerung des innovativen Potenzials polnischer Unternehmen unaufhörlich rituell beschworen wird, befindet sich Polen weiterhin auf den letzten Plätzen von Innovationsrankings, die in der EU oder OECD erstellt werden.

Die Autoren des Berichts *Niskoemisyjna Polska 2050* stellen die Hypothese auf, dass eine Modernisierung der Wirtschaft mit dem Ziel einer emissionsarmen Produktion (Reduktion des Kohlenstoffdioxyd-Ausstoßes um 80% bis zum Jahr 2050) das beste Rezept ist, um die Probleme eines stetigen Wachstums zu lösen und zugleich die

Frage der Beschäftigung sowie einer Steigerung der Lebensqualität, die sich nicht nur am Wohlstand misst, sondern auch an der Umweltqualität und der daraus resultierenden Verbesserung der Lebensbedingungen in gesundheitlicher Hinsicht. Die Autoren des Berichts überprüfen ihre Hypothese mithilfe eines komplexen ökonometrischen Instrumentariums – sie ziehen jedoch eine eindeutige Schlussfolgerung: Die grüne Modernisierung und Klimapolitik müssen Stützpfeiler der Entwicklungspolitik Polens sein, nur auf diese Weise kann die polnische Wirtschaft an dem globalen Trend eines Material-, Rohstoff- und Energie-Strukturwandels teilhaben. Je länger wir diesen Prozess hinauszögern, desto schwächer wird unsere Position angesichts der Konkurrenz in Zukunft sein, weil wir dazu verurteilt sein werden, die in fortschrittlicheren Ländern entwickelten Lösungen zu importieren.

Man könnte also meinen, dass die notwendigen Zutaten dafür da sind, um mit einem Umbau der gesellschaftlichen Rationalität in Polen zu beginnen, in der Absicht, die grüne Modernisierung zur strategischen Priorität zu erklären: Es gibt rationale, auf Fakten beruhende Argumente; es gibt ein Verständnis in der Gesellschaft, auch wenn es von Schichten anderer, (im Rahmen der gegenwärtigen Rationalität) dringenderer Bedürfnisse verdeckt ist. Was fehlt also? Der strategische Wille der Politik. Die auf aktuellen Erwägungen beruhende politische Rationalität suggeriert den Politikern, sowohl jenen der Regierungskoalition als auch jenen der Oppositionsparteien, dass es sich stärker bezahlt macht, gegenüber den mit Protesten drohenden Bergleuten nachzugeben, künstlich die wirtschaftliche Bedeutung der Kohle aufrechtzuerhalten und die damit verbundenen gigantischen Kosten zu tragen, als eine konsequente Dekarbonisierung und grüne Modernisierung einzuleiten.

Gibt es eine Möglichkeit, sich den irrationalen Folgen der kurzsichtigen politischen Rationalität zu widersetzen? Eine gewisse Chance hat Benjamin Barber in seinem Buch *If Mayors Ruled the World* aufgezeigt – diese Chance sind Städte bzw. die auf lokaler Ebene oder in Metropolen betriebene Politik, wo der Bezug zwischen den Wählern mit ihren Bedürfnissen und den Behörden sowie deren Entscheidungen deutlich stärker ausgeprägt ist. Die Thesen von Barber lassen sich gut anhand der polnischen Metropolen illustrieren. Sie haben außergewöhnlich stark vom Integrationsprozess in die EU profitiert, die Strukturhilfe unterstützt das Nachholen verspäteter Infrastrukturmaßnahmen, es ist an der Zeit zu fragen: Was nun? Was wird die Entwicklung von Breslau, Krakau, Warschau oder Posen in einem oder zwei Jahrzehnten antreiben?

Bei der Suche nach einer Antwort stößt man gewissermaßen automatisch auf Lösungen, die auf das Paradigma der grünen Modernisierung Bezug nehmen. Der Staat wird sich vielleicht noch lange die Ruhe der Bergleute erkaufen mit dem Argument, dass die Kohle weiterhin die Zukunft der polnischen Wirtschaft sei. Es genügt jedoch, nach Oberschlesien zu fahren, in eine beliebige Stadt dort, um zu verstehen, dass ihre Bewohner es längst erkannt haben: Die Zukunft liegt anderswo. Kattowitz tut, was es kann, um sich der Welt mit einem neuen Image als Gartenstadt zu präsentieren, als Stadt der Natur, der Kultur, des Wissens und neuer Technologien. Das gelingt immer besser.

NOWA HUTA

Witold Gadomski

Der Markt sorgt für Umweltschutz

Der Kampf gegen die Erderwärmung und für die Verringerung des Ausstoßes von Treibhausgasen, besonders von CO_2, steht weit oben auf der Prioritätenliste der Europäischen Union. Doch dieses Anliegen ist äußerst kostspielig. Allein die Förderung der angeblich emissionslosen erneuerbaren Energien kostet Steuerzahler und Verbraucher in der EU jedes Jahr Hunderte Milliarden Euro. Die größten Fortschritte bei der CO_2-Reduktion können die ehemaligen Ostblockstaaten vorweisen, die nach 1990 ihr politisches und ökonomisches System umgestellt haben. Rekordhalter sind Lettland, Litauen, Estland, Rumänien, Bulgarien und die Slowakei. In diesen Ländern wurden die CO_2-Emissionen zwischen 1990 und 2012 um die Hälfte reduziert. Polen ist nicht ganz vorne mit dabei, steht aber mit einer Reduktion um mehr als 14 Prozent immer noch besser da als die Länder des alten Europas, die weder Kosten noch Mühen gescheut haben.

In einigen dieser Länder (Spanien, Portugal, Griechenland, Irland) haben die CO_2-Emissionen zwischen 1990 und 2012 sogar zugenommen. Das gilt auch für mehrere finanzkräftige Nicht-EU-Staaten wie Norwegen, Island oder die Schweiz. Die Reduktion von Treibhausgasen ist nicht der einzige (und nicht unbedingt der beste) Indikator für eine Verbesserung der ökologischen Lage. In Ostmitteleuropa ist der Ausstoß von Schwefeldioxid, Blei- und anderen Schwermetallverbindungen und giftigen Stäuben drastisch zurückgegangen.

Al Gore, der 2007 gemeinsam mit dem Weltklimarat (IPCC) »für ihre Bemühungen zum Aufbau und der Verbreitung von mehr Wissen über den von Menschen verursachten Klimawandel« den Friedensnobelpreis erhielt, tat sich in seinem Buch *Wege zum Gleichgewicht. Ein Marshallplan für die Erde* mit der hanebüchenen Einlassung hervor, in einigen Regionen Polens sei die Luftverschmutzung so extrem, dass die Kinder regelmäßig unter Tage mit sauberer Atemluft versorgt werden müssten. Wahrscheinlich hat ihm jemand die alte Salzmine in Wieliczka bei Krakau gezeigt und Gore hat nicht kapiert, dass das bloß eine Touristenattraktion ist.

Umweltkatastrophe Kommunismus

Tatsächlich kann man heute selbst in Kattowitz, der Hauptstadt Oberschlesiens und der polnischen Kohleindustrie, gefahrlos spazieren gehen, ohne giftige Stäube einzuatmen.

Die Verbesserung der ökologischen Situation in Polen und anderen Ländern Ostmitteleuropas ist eine Folge der Umstellung von Plan- auf Marktwirtschaft. Obwohl die zentral verwalteten Staatsbetriebe im kommunistischen System nicht gewinnorientiert arbeiteten und theoretisch auf die »Befriedigung gesellschaftlicher Bedürfnisse« abzielten (was auch immer diese Floskel bedeuten mag), haben sie aus mehreren

Prestigebau der Gierek-Ära: Huta Katowice in Dąbrowa Górnicza 1976

Gründen die Umwelt erheblich stärker geschädigt als marktorientierte Unternehmen, die auf Gewinnmaximierung und Kostenminimierung ausgerichtet sind.

Zum ersten war das eigentliche Ziel unternehmerischen Handelns im System der zentralen Planwirtschaft die Maximierung der Produktion, ohne Rücksicht auf die Kosten. An der Erfüllung dieser Zielvorgabe mussten sich die Unternehmensleitungen messen lassen.

Zweitens galt im Kommunismus das Dogma von der besonderen Bedeutung der Schwerindustrie (Metallurgie, Stahl- und chemische Industrie). Schon deshalb war ihr Anteil an der Gesamtproduktion höher als in marktwirtschaftlich geprägten Staaten.

Drittens führte die Vernachlässigung der Produktionskosten in der kommunistischen Wirtschaft zu einem gewaltigen Energie- und Materialbedarf. Im Jahr 1985 wurden in der polnischen Metallindustrie 16,1 Millionen Tonnen Stahl produziert, gegenwärtig sind es 8,5 Millionen. Vor 1990 bedurfte es besonderer Anstrengungen oder Schmiergeldzahlungen, um an Stahl (beispielsweise für private Bauvorhaben) zu kommen. Heute sind Bewehrungsstahl oder Eisenbahnschienen problemlos erhältlich.

Mit der Umstellung von Plan- auf Marktwirtschaft hat sich der BIP-pro-Kopf-Verbrauch von Energie, Stahl und Zement verringert. Auch die ökologische Lage in der Landwirtschaft hat sich erheblich verbessert. Im kommunistischen System setzten Landwirtschaftsbetriebe Unmengen von Kunstdünger und Pestiziden ein – was zählte, war das Ergebnis, gemessen in Produktionszahlen, die Qualität spielte keine Rolle.

Viertens waren die in den Ostblockstaaten eingesetzten Technologien veraltet und damit »schmutziger« als die in den marktwirtschaftlich orientierten Industrien. Dies galt auch für den Energie- und Brennstoffverbrauch. Kraftfahrzeuge wurden mit verbleitem Benzin betankt und hatten einen wesentlich höheren Verbrauch als moderne Autos.

Und nicht zuletzt bedeutete der Bau großer Industriekomplexe im Kommunismus eine Art *Social Engineering*. In landwirtschaftlich geprägten Regionen und bei historischen Orten wurden Industrieanlagen hochgezogen, um die Gesellschaftsstruktur zu verändern. So entstanden am Rande der ehemaligen polnischen Hauptstadt Krakau das Eisenhütten-Kombinat Nowa Huta und wenige Kilometer von Krakau entfernt das Aluminiumwerk in Skawina, die die Stadt verpesteten.

Die Privatisierung ehemaliger Staatsbetriebe und deren Marktorientierung haben sich ausgesprochen positiv auf die ökologische Lage ausgewirkt. Bis heute wird diese Entwicklung von Umweltschützern in Westeuropa wie in Polen nicht ausreichend gewürdigt. Dabei hat sich gezeigt, dass die Einhaltung von Umweltauflagen bei Privatfirmen leichter durchzusetzen ist als bei Staatsbetrieben, für die Geld keine Rolle spielt. Die Zementwerke in Polen sind heute »grün«. Mit einem durchschnittlichen Energieverbrauch von nur 100 kWh pro Tonne Zement gehört Polen in der EU und darüber hinaus zu den Spitzenreitern.

Der kulturelle Wandel in Ostmitteleuropa zeigt sich auch in einem gewachsenen Umweltbewusstsein der Bevölkerung. Umweltbewegungen sind entstanden, vor allem aber hat sich die Haltung der Durchschnittsbevölkerung geändert, die sich, nachdem die Grundbedürfnisse befriedigt sind, auf einen gewissen Lebensstandard besinnt und nicht neben einem umweltbelastenden Industriebetrieb oder einem Heizkraftwerk wohnen möchte. Während die Menschen im Kommunismus keine Möglichkeit zur freien Meinungsäußerung hatten, kann die Politik angesichts von Demokratie und bürgerlichen Freiheiten Bürgerproteste nicht mehr einfach ignorieren.

Bisweilen missbrauchen Umweltorganisationen in Polen die Proteste gegen Infrastrukturmaßnahmen für eigene Zwecke – gegen Überweisung einer entsprechenden Investorenspende auf ihr Konto brechen sie den Protest bereitwillig ab.

Globale oder europäische Erwärmung

Die Verbesserung der von den kommunistischen Regierungen brutal vernachlässigten natürlichen Umweltbedingungen war nicht das eigentliche Ziel, sondern ein »Nebenprodukt« der Modernisierungsmaßnahmen und des kulturellen Wandels, die mit dem Umbau des Systems, der Unterzeichnung von Assoziierungsabkommen

Reduktion der Treibhausgasemissionen in der Europäischen Union, das Jahr 1990 = 100

Länder	1990	1995	2000	2005	2010	2012	1990–2012
EU (28 Länder)	100	93,75	91,96	93,23	85,73	82,14	17,86
EU (15 Länder)	100	98,29	98,65	99,61	90,81	86,62	13,38
Belgien	100	104,91	103,05	99,69	92,26	82,56	17,44
Bulgarien	100	69,74	54,36	58,52	55,33	56,02	43,98
Tschechien	100	77,46	74,71	74,74	70,18	67,32	32,68
Dänemark	100	110,81	100,72	94,7	90,67	76,93	23,07
Deutschland	100	89,91	84,12	80,76	77,06	76,55	23,45
Estland	100	49,4	42,29	45,6	49,13	47,4	52,6
Irland	100	106,64	124,35	128,15	114,04	107,04	-7,04
Griechenland	100	104,61	120,21	128,23	111,73	105,71	-5,71
Spanien	100	113,83	134,84	153,24	124,41	122,48	-22,48
Frankreich	100	99,62	101,57	101,51	94,08	89,46	10,54
Kroatien	100	73,38	83	95,76	90,26	82,65	17,35
Italien	100	102,45	106,89	111,5	97,25	89,72	10,28
Zypern	100	122,12	142,67	158,08	158,63	147,72	-47,72
Lettland	100	47,59	38,11	42,51	46,71	42,92	57,08
Litauen	100	45,17	40,11	47,75	43,29	44,41	55,59
Luxemburg	100	80,83	80,69	108,3	101,86	97,48	2,52
Ungarn	100	80,55	78,68	80,71	69,66	63,7	36,3
Malta	100	125,44	131,55	147,75	150,5	156,9	-56,9
Niederlande	100	106,64	102,96	101,83	101,43	93,26	6,74
Österreich	100	102,66	103,81	119,73	110	104,02	-4,02
Polen	100	94,62	84,99	85,6	87,57	85,85	14,15
Portugal	100	117,32	138,32	144,53	117,7	114,87	-14,87
Rumänien	100	70,79	54,14	57,03	46,81	47,96	52,04
Slowenien	100	100,61	102,86	110,18	105,37	102,62	-2,62
Slowakei	100	72,69	66,85	68,71	62,06	58,4	41,6
Finnland	100	100,46	98,48	98,01	106,62	88,13	11,87
Schweden	100	102,08	95,21	92,98	90,74	80,73	19,27
Großbritannien	100	93,99	91,08	89,76	80,55	77,5	22,5

Quelle: Eurostat 2012

mit der EU und schließlich dem Vollzug der EU-Osterweiterung in Angriff genommen wurden. Dieser Prozess verdient eine eingehendere Betrachtung.

Lassen sich verbesserte Umweltbedingungen, etwa eine Reduktion der Treibhausgase, tatsächlich durch EU-Richtlinien und die Formulierung »harter« Zielvorgaben erreichen, durch Verpflichtungen auf eine konkrete Zahl eingesparter CO_2-Emissionen, oder sind nicht eher vermittelnde Ansätze, die weniger umweltschädliche Industriezweige fördern, ein sinnvolleres Konzept? Es stellt sich auch die Frage, ob die Kosten der EU-Politik zur CO_2-Reduktion noch angemessen sind und ob diese Politik nicht global gesehen einen Anstieg der emittierten Treibhausgase und weitere umweltschädliche Konsequenzen nach sich zieht.

Der Polski Fiat 125p galt in den 1960er Jahren als ein ästhetisches und technologisches Wunderwerk auf Polens Straßen.

»Außerhalb der Europäischen Union wird bei der Stahlproduktion deutlich mehr CO_2 freigesetzt als in Polen. Deshalb führt die irrationale Klima- und Energiepolitik, die Anreize zur Verlagerung etwa der Metallindustrie außerhalb der EU schafft, de facto zu einem Anstieg der globalen Emissionen«, erklärte Surojit Ghosh, Vorstandsmitglied von ArcelorMittal Poland beim Europäischen Wirtschaftskongress (EEC), der im Mai 2014 in Kattowitz stattfand.

Ghosh trifft damit den wunden Punkt. Wenn wir anerkennen, dass die Erderwärmung eine reale Bedrohung darstellt und dass sie menschengemacht ist, dann benötigen wir ein Instrument zur Senkung der Treibhausgasemissionen weltweit und nicht in einzelnen, vorzugsweise kleinen Ländern. Die teure Reduktionspolitik der Europäischen Union trägt mit dazu bei, dass energieintensive Industrien in sogenannte *emerging markets* abwandern. Dort werden Umweltauflagen häufig schlicht ignoriert, nicht nur im Bezug auf die Emission von CO_2, sondern auch auf Verbindungen, die eine unmittelbare Gefahr für den menschlichen Organismus darstellen.

Nach Angaben der Weltbank betrug der CO_2-Ausstoß der 28 gegenwärtigen EU-Staaten im Jahr 2010 insgesamt 3,7 Milliarden Tonnen, davon entfielen ganze 715 Millionen Tonnen auf die 11 ehemaligen Ostblockländer. Das entspricht 12,7 bzw. 2,5 Prozent der Emissionen weltweit. Eine Reduktion der Treibhausgase in der Europäischen Union um 20 Prozent würde global gesehen eine Reduktion von 2,5 Prozent bedeuten, in den postkommunistischen EU-Staaten sogar nur um 0,5 Prozent. So das rein rechnerische Bild, tatsächlich findet ein Transfer der Emissionen aus Europa in andere Staaten mit deutlich laxeren Umweltstandards statt.

In den Jahren 2000–2010 wurden die CO_2-Emissionen in der Europäischen Union insgesamt um 204 Millionen Tonnen verringert, in den Vereinigten Staaten um 280 Millionen Tonnen, in China aber wuchsen sie um 4.881 Millionen Tonnen, in Indien um 822 Millionen Tonnen, in der Russischen Föderation um 182 Millionen

Tonnen und in Brasilien um 92 Millionen Tonnen. Der Anstieg der Emissionen in
China ist höher als der Gesamtausstoß in ganz Europa. Damit würde sich, selbst
wenn Europa überhaupt kein CO_2 mehr emittieren würde (was die Liquidierung
von Industrie und Landwirtschaft bedeuten würde), an der globalen Situation kaum
etwas ändern.

Im Jahr 2005 hat die Europäische Kommission das weltweit erste System zur
Beschränkung von Emissionen in Form des Emissionsrechtehandels eingeführt.
Die Kommission hat erkannt, dass die Anhebung der Energiepreise (über entspre-
chende Steuern) kein ausreichender Anreiz zum Energiesparen und damit zur
Reduktion von Treibhausgasemissionen ist. So wurde ein System zum Handel mit
Emissionsrechten eingeführt, das ETS (Emissions Trading Scheme). Es definiert
Emissionsobergrenzen für elftausend Industrieanlagen in der Europäischen Union.
Ein vergleichbares System hat es zuvor in keinem Land der Welt gegeben.

Das ETS ist anfällig für Korruption. Europol deckte im Jahr 2009 Verbrechen im
Zusammenhang mit dem Emissionsrechtehandel auf, die die Staatshaushalte mit 7
Milliarden USD belasteten. Auch kam es zu Rechtsstreitigkeiten, weil sich Großkon-
zerne bei der Zuteilung von Zertifikaten benachteiligt sahen. Dow Chemical, Shell
und ExxonMobil klagten auf Schadenersatz in Höhe von 5,5 Milliarden USD.

Das ETS-System funktioniert nicht richtig, was sich auch am Preisverfall bei den
Emissionszertifikaten ablesen lässt. Kostete im Jahr 2008 das Zertifikat für die Emission einer Tonne CO_2 noch 25 Euro, betrug der Preis im Dezember 2013 nur noch
5 Euro. Dieser Preisverfall führte zu einem Rückgang der Elektrizitätsgewinnung in
Gaskraftwerken, deren CO_2-Ausstoß nur halb so hoch ist wie der von Kohlekraftwerken. Es ist billiger, Zertifikate zu kaufen und Kohle zu verstromen, als teures
Gas zu kaufen.

Die Vereinigten Staaten haben ihre Emissionen stärker reduzieren können als die
Europäische Union, obwohl sie das Kyoto-Protokoll zur Senkung des Ausstoßes
von Treibhausgasen nicht unterzeichnet haben. Dieser Erfolg ist (ähnlich wie die
Verbesserung der ökologischen Lage in Ostmitteleuropa) eine indirekte Folge öko-
nomischer Veränderungen, insbesondere der deutlich angestiegenen Förderung von
Schiefergas und des damit einhergehenden Rückgangs der Preise. Damit konnten
Kohlekraftwerke abgeschaltet und Gas zum wichtigsten Brennstoff erhoben werden.
Eifernde Klimaschützer mahnen zwar, dass auch bei der Verbrennung von Gas CO_2
ausgestoßen werde, die Menge ist jedoch geringer. Zudem werden deutlich weniger
Stäube emittiert. Damit hat sich gezeigt, dass der Markt eher als die Politik in der
Lage ist, eine Reduktion der Treibhausgase herbeizuführen.

Die Klimapolitik der Europäischen Union (Förderung erneuerbarer Energien und
Handel mit Emissionsrechten) hat wesentlich dazu beigetragen, dass die Energiepreise in Europa doppelt so hoch sind wie in den USA. In Deutschland bezahlen
die Privathaushalte sogar das Dreifache. Daraus resultieren eine Verlangsamung
des Wirtschaftswachstums in Europa und langfristig finanzielle Schwierigkeiten für
einzelne Länder. Global betrachtet, ist der Effekt dieser Politik gleich Null, wenn

nicht sogar negativ. Würde sich die Europäische Union schneller entwickeln – was sie bei niedrigeren Energiepreisen durchaus könnte –, stünden ihr mehr Mittel für eine vernünftige Umwelt- und Klimapolitik zu Gebote.

Klima als Geschäft

Der Kampf gegen die Erderwärmung verursacht erhebliche Kosten. Damit verschaffen sich Länder, die wenig Engagement für eine Verbesserung der ökologischen Lage und eine Reduzierung der Emission von Treibhausgasen an den Tag legen, Vorteile gegenüber den eifernden Klimaschutznationen. Die Verpflichtung der EU-Staaten zur Einhaltung der ambitionierten CO_2-Einsparungsziele könnte eine deutliche Verschiebung der Geldströme nach sich ziehen. Bei dieser Operation wird es Gewinner und Verlierer geben. Zu den Verlierern zählen freilich die Eigentümer von Steinkohle- und Braunkohlegruben – eines Rohstoffs, der in der Kritik steht, in hohem Maße für die Emissionen von CO_2 und weiterer schädlicher Gasen verantwortlich zu sein.

»Schweden erzeugt lediglich 10 Prozent seiner Energie aus fossilen Brennstoffen, Frankreich sogar noch weniger, und Deutschland setzt massiv auf den Ausbau von Windenergie« – daran erinnert der Vorsitzende des Ausschusses für Industrie, Forschung und Energie (ITRE) des Europäischen Parlaments und ehemalige polnische Ministerpräsident Jerzy Buzek.

In Polen werden 54 Prozent der Elektroenergie in Steinkohlekraftwerken und weitere 33 Prozent in Braunkohlekraftwerken gewonnen. Die Umstellung auf alternative Energiequellen würde die finanziellen Möglichkeiten Polens übersteigen. Die so erzeugte Energie wäre teurer und die polnische Wirtschaft nicht mehr konkurrenzfähig. Es könnte sogar darauf hinauslaufen, dass ein Verbleib Polens in der EU nicht mehr finanzierbar wäre. Aktuell sind die Polen Europa gegenüber positiver eingestellt als jeder andere Mitgliedsstaat der EU. Von Brüssel erzwungene drastische Beschränkungen, die die Schließung von Kohlekraftwerken und den Wegfall weiter Teile der polnischen Industrie zur Folge hätten, wären gewiss dazu angetan, antieuropäische Stimmungen zu schüren.

»Einige Kollegen in der EU meinen, dass wir die Klimabeschlüsse ausbremsen, aber lassen wir die Zahlen sprechen. Wir verpflichteten uns, die CO₂-Emissionen um 6 Prozent zu reduzieren, und tatsächlich haben wir sie um mehr als 30 Prozent reduziert. Gleichzeitig blieb das Wirtschaftswachstum stabil, was eine äußerst schwierige Sache ist«, schrieb Umweltminister Marcin Korolec vor dem Klimagipfel im Blog der Regierung. Der Erfolg liegt in der Transformation der energieintensiven Industrie der Volksrepublik Polen und der Schließung der umweltbelastenden Betriebe, z.B. der Stahlhütten. Wenn wir die anderen ehrgeizigen Pläne der EU akzeptieren sollen, bedeutet das die Schließung der Kohlekraftwerke (und damit auch die Schließung der Kohlegruben) und teure Investitionen, um die Energieversorgung auf Atom bzw. Gas umzustellen.

Tomasz Prusek: *Zły klimat dla przemysłu* [Schlechtes Klima für die Industrie]. In: Gazeta Wyborcza vom 9.–11. November 2013.

Moderne Stahlanlage in einem der polnischen Werke von ArcelorMittal

Die Polen sind überzeugt, dass westeuropäische Politiker sich bei ihrer Forderung nach einer drastischen Reduktion von Treibhausgasen nicht unbedingt von idealistischen Erwägungen leiten lassen. Der Kampf gegen den Klimawandel ist auch ein Riesengeschäft. Und an diesem Geschäft lässt sich viel Geld verdienen.

Verdienen werden beispielsweise Länder mit hochentwickelter Atomenergie, die der polnischen Regierung ihre Technologien aufdrängen werden. Verdienen werden auch Konzerne, die an Technologien zur CO_2-Filterung arbeiten. Diese befinden sich zwar noch in der Testphase, aber auch mit Tests lässt sich Geld machen, wenn sie der europäische Steuerzahler finanziert.

Am Kampf gegen die »Klimaerwärmung« verdienen weiterhin die postindustriellen Staaten, die fast ausschließlich von Dienstleistungen leben. Die polnische Wirtschaft, in der die Schwerindustrie immer noch maßgeblichen Anteil am Bruttoinlandsprodukt hat, kann da nur verlieren.

»In den vergangenen vierzig Jahren hat die europäische Metallindustrie ihre CO_2-Emissionen fast um die Hälfte reduziert. Angesichts der nun festgesetzten Klimaziele müssten selbst die besten Betriebe 30 Prozent der Emissionszertifikate bis 2020 erwerben und noch einmal die Hälfte bis 2030«, erklärt Surojit Ghosh, Manager bei ArcelorMittal Poland. »Mit den gegenwärtig verfügbaren Technologien sind die vorgegebenen Reduktionsziele nicht zu erreichen. Die Einhaltung der Ziele für das Jahr 2030 wäre das Todesurteil für die europäische Stahlindustrie«, warnt Ghosh.

So liegt es im Interesse Polens (und weiterer postkommunistischer Staaten), das Vorhaben der Klimaschutzeiferer zu blockieren und überambitionierte Pläne zur CO_2-Reduktion in Europa und der Welt auszubremsen. Anfang Mai dieses Jahres fand in Tschechien ein Treffen der Umweltminister aller Länder der Visegrád-Gruppe (Tschechien, Polen, Slowakei und Ungarn) sowie ihrer Kollegen aus Bulgarien,

Kroatien und Rumänien statt, das auch die CO_2-Reduktionsziele zum Gegenstand hatte.

»Bei dem Treffen herrschte Einigkeit darüber, dass die Ziele der EU-Energiepolitik und die Ausrufung eines neuen 40-Prozent-Zieles zur Reduktion von Treibhausgasen überambitioniert sind. Weiterhin herrschte Einigkeit darüber, dass dieses Thema zu wichtig ist, als dass es mit schnellen Festlegungen auf verbindliche Ziele gelöst werden könnte«, informierte der polnische Umweltminisiter Maciej Grabowski.

In ihrer offiziellen Verlautbarung im Anschluss an das Treffen verlangten die Minister von der Europäischen Kommission präzise Analysen zu den Kosten der vorgeschlagenen CO_2-Reduktion um 40 Prozent. Ohne derartige Analysen und eine gerechte Verteilung der Klimaschutzbemühungen unter den einzelnen Staaten seien die angestrebten Ziele nicht zu erreichen.

Das soll keineswegs bedeuten, polnische Politiker wären sich der Bedrohung für die Umwelt nicht bewusst. Das im Jahr 2009 von der polnischen Regierung verabschiedete Programm »Die Energiepolitik Polens bis 2030« setzt sechs Prioritäten, darunter die folgenden: Steigerung der Energieeffizienz, Diversifizierung der Strukturen zur Energieerzeugung durch Einführung der Atomenergie, Ausbau der Nutzung erneuerbarer Energien wie Biokraftstoffe, Ausbau konkurrierender Kraftstoff- und Energiemärkte, Rückführung der energiebedingten Umwelteinflüsse.

Diese Prioritäten decken sich mit den Zielen der Europäischen Union. Sie lassen sich schrittweise umsetzen. Die polnische Wirtschaft hat immer noch große Reserven in Gestalt ihrer im Vergleich zu den Ländern Westeuropas niedrigeren Energieeffizienz und des höheren Energiebedarfs der Industrie. Die weitere Modernisierung der polnischen Wirtschaft wird zu einer Senkung der Emissionen von Treibhausgasen und anderen Verbindungen führen, die gefährlich sind für Mensch und Umwelt. Der Zwang zu überambitionierten und nicht durchdachten CO_2-Reduktionszielen würde dagegen die Modernisierung verlangsamen – zum Nachteil von Umwelt und Gesellschaft.

Aus dem Polnischen von Thomas Weiler

WIGRY

LENIEJE•POLOGNE•LENKIJA•POLAND•POLEN•PULUNYA•LENGYELORSZÁG•POLSKA

Dagmar Dehmer

Polens Klima- und Energiepolitik: ein Blick von außen

Bei Umweltschützern in Europa hat die polnische Klima- und Energiepolitik einen geradezu legendären Ruf. Nicht gerade im Positiven. Polen gilt als ewiger Bremser, wenn es um die europäischen Positionen in der Klima- und Energiepolitik geht. In Brüssel heißt es, noch bevor sich Polen zu Wort meldet: »The Polish delegation does not agree.« Drei Mal hat Polen in den vergangenen Jahren von seinem Veto-Recht Gebrauch gemacht und verhindert, dass das Klimaziel für 2020 angehoben werden konnte, was angesichts der relativ problemlosen Erfüllung der Vorgabe ohne große Investitionen möglich gewesen wäre.

Aber für einige europäische Staaten, darunter auch Deutschland, genauer für die deutschen Wirtschaftsverbände, ist es politisch auch komfortabel, dass Polen das klimapolitische Rumpelstilzchen gibt. Denn hinter Polens Weigerung lässt sich auch problemlos der eigene mangelnde Ehrgeiz verbergen. Polen ist bestimmt kein einfacher Gesprächspartner in Klimafragen. Aber anstatt sich hinter den polnischen Positionen zu verschanzen, hätten die europäischen Nachbarn, insbesondere Deutschland, durchaus Chancen zu mehr Kooperation mit Polen. Doch den vielen Bekenntnissen im Rahmen des »Weimarer Dreiecks«, einem Format für Regierungskonsultationen zwischen Frankreich, Polen und Deutschland, sind kaum Taten gefolgt.

Der Weltklimagipfel in Warschau

Der absolute Tiefpunkt im Ansehen war im Dezember 2013 erreicht. Polen war Gastgeber des Klimagipfels der Vereinten Nationen (COP 19[1]). Zwei Jahre vor dem angestrebten neuen Klimavertrag, der in Paris im Dezember 2015 abgeschlossen werden soll, war ein wichtiger Moment im Verhandlungsverlauf erreicht. Der Warschauer Klimagipfel hätte eigentlich die Rohform des Abkommens liefern müssen. Stattdessen gab es Streit um mangelnde Finanzzusagen der reichen Länder für den Klimaschutz, um die Anpassung an den unvermeidlichen Klimawandel und die durch die globale Erwärmung verursachten Schäden und Verluste vor allem in Entwicklungsländern. Mehr war in Warschau nicht drin.

Polen versagte als Gastgeber auf ganzer Linie. Die polnische Regierung hatte mehrere Kohle- und Energiekonzerne eingeladen, den Gipfel zu sponsern. Die Proteste dagegen ignorierte die Regierung. Zeitgleich mit dem Klimagipfel fand in Warschau der Weltkohlekongress statt. Die Umweltorganisation Greenpeace stieg dem Kohlegipfel wortwörtlich aufs Dach und entrollte ein Transparent; die anderen Organisationen demonstrierten tagelang in der Warschauer Innenstadt. Und dann zogen die Nicht-Regierungsorganisationen (NGO), entnervt vom schneckengleichen

---

1   Die Konferenzen der Klimarahmenkonvention der Vereinten Nationen (UNFCCC) werden als Conference of the Parties (COP) bezeichnet.

Verhandlungsgeschäft, zum ersten Mal in der Geschichte der Weltklimakonferenzen nahezu komplett aus dem Gipfel aus.

Als wäre all das noch nicht imageschädigend genug gewesen, legte die damalige Regierung von Donald Tusk zwei Tage vor dem Ende des Gipfels noch einmal nach: Tusk feuerte seinen Umweltminister Marcin Korolec, der gleichzeitig Präsident des Klimagipfels war. Korolec wurde zum »Klimabeauftragten« der polnischen Regierung degradiert, blieb aber COP-Präsident – übrigens war er das bis zum Beginn der COP 20 in Lima im Dezember 2014. Bei den meisten der mehr als 190 Delegationen aus aller Welt wurde das als Signal dafür verstanden, dass die polnische Regierung keinerlei Interesse an einem Verhandlungsfortschritt hatte. Greenpeace Polen nannte die Aktion schlicht »irre«. Umweltverbände wie der WWF, Friends of the Earth (in Deutschland vertreten durch den Bund für Umwelt- und Naturschutz, BUND) und der Nabu waren entsetzt. Noch nie hatte ein Gastgeber eines Weltklimagipfels seine eigene Reputation so umfassend ruiniert wie Polen mit der COP 19 in Warschau. Inzwischen hat Tusk sein Amt als Premierminister abgegeben, um Präsident des Rates der Europäischen Union zu werden.

Auf die Frage, was sich Donald Tusk dabei gedacht hat, mitten im Klimagipfel seine Regierung umzubilden und den Präsidenten des Gipfels zu feuern, bekommt man von politischen Beobachtern in Polen zu hören, er habe das als nicht so dramatisch eingeschätzt. Die innenpolitischen Erwägungen hätten über die außenpolitischen Bedenken gesiegt. Darin unterscheidet sich Polen nicht von seinen europäischen Nachbarn.

Ist der Ruf erst ruiniert ...

In der polnischen politischen Elite herrscht Einigkeit, dass die deutsche Bundeskanzlerin Angela Merkel (CDU) und die EU-Kommission von José Manuel Barroso das Land 2007 mit den Klimazielen für das Jahr 2020 über den Tisch gezogen haben. Nachdem Warschau das Klimapaket gebilligt hatte, verhandelte die polnische Delegation monatelang über günstigere Bedingungen für ihr Land. Die polnische Industrie und Stromerzeugungswirtschaft sind Bestandteil des europäischen Emissionshandelssystems. Das heißt: Unternehmen oder Energiekonzerne, die fossile Brennstoffe verwenden, müssen über Kohlendioxid-Zertifikate im gleichen Umfang verfügen. In der aktuellen Handelsperiode 2013 bis 2020 dürfen CO_2-Zertifikate an Industriebetriebe im internationalen Wettbewerb kostenlos abgegeben werden. Die Zertifikate für den Stromsektor dagegen müssen versteigert werden. Polen hat jedoch ausgehandelt, dass die Zertifikate für die heimische Stromwirtschaft bis 2020 kostenlos ausgegeben werden dürfen. Die vier großen polnischen Stromkonzerne, die noch immer teilweise oder sogar überwiegend in Staatsbesitz sind[2], bekommen also weiterhin überwiegend kostenlose Zertifikate zugeteilt, während die Stromkonzerne in Deutschland die benötigten CO_2-Zertifikate ersteigern müssen.

Das war nicht das einzige Zugeständnis an Polen. Zehn Prozent der Zertifikate im europäischen Kohlenstoffhandel werden zurückgehalten und an die Staaten verteilt,

---

2   PGE gehört zu 61,9% dem polnischen Staat. 30% der Tauron-Aktien sind in Staatsbesitz. An Energa hält der Staat 50% der Anteile, und an Enea sind es 51%.

Proteste von Greenpeace während des Klimagipfels in Warschau 2013

deren durchschnittliches Pro-Kopf-Einkommen (Bruttoinlandsprodukt pro Kopf
und Jahr) bezogen auf den EU-weiten Vergleichswert bei 90 Prozent oder darunter liegt. Eigentlich hatten die EU-Kommission und die EU-Staaten erwartet, dass
Polen dieses Geld nutzen würde, um seine Stromversorgung zu modernisieren.
Stattdessen hat der Finanzminister die Einnahmen aus der Versteigerung dieser
Zusatzzertifikate einfach in den Haushalt eingestellt. Während der Verhandlungen
über das neue europäische Klimaschutzziel bis 2030 im Herbst 2014 hat Polen
erneut hart verhandelt. Am liebsten wäre es der neuen Regierung von Ewa Kopacz
gewesen, wenn Polen die Verhältnisse von 2020 hätte konservieren können. Polen
war damals zugestanden worden, bis 2020 immerhin 14 Prozent mehr Kohlendioxid ausstoßen zu dürfen als noch 1990. Begründet wurde das damit, dass die
polnische Wirtschaft noch aufzuholen habe. Zudem sollte der Anteil erneuerbarer
Energien an der gesamten Energieversorgung, also Strom, Wärme und Verkehr, auf
15 Prozent steigen.

Beim EU-Gipfel am 23. und 24. Oktober 2014 hat Ewa Kopacz wieder einmal mit
einem Veto gedroht. Am Ende hat sie das neue EU-Klimapaket, das unter anderem
eine Minderung der Treibhausgasemissionen um mindestens 40 Prozent im Vergleich zu 1990 vorsieht, gebilligt. Polen muss seine CO_2-Emissionen nun bis 2030
um acht Prozent im Vergleich zu 1990 senken. Aber das Land hat dafür auch ein
paar lukrative Geschenke bekommen: zwei Prozent der CO_2-Zertifikate im europäischen Emissionshandel sollen versteigert werden und die Mittel sollen den Staaten
zugutekommen, die »besondere Lasten« zu schultern haben. Das ist vor allem
Polen. Bis 2030 darf Warschau seinen Stromkonzernen noch kostenlose Emissions-
berechtigungen schenken – allerdings nur noch 40 Prozent der benötigten. Und
nun will die EU wissen, wofür Polen das so eingenommene Geld ausgibt. Im August
hat die polnische Regierung eine Neuauflage eines mittelfristigen Energiekonzepts
vorgelegt. Ewa Kopacz weiß, dass Polen ein reales Problem mit seiner Stromversorgung hat und dass realistische Lösungen nötig sind. Nur wie sie das der polnischen

Anteil am Primärenergieverbrauch 2012

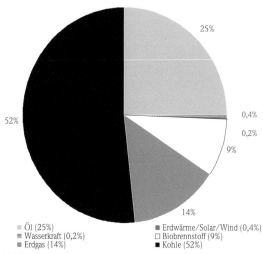

- Öl (25%)
- Wasserkraft (0,2%)
- Erdgas (14%)
- Erdwärme/Solar/Wind (0,4%)
- Biobrennstoff (9%)
- Kohle (52%)

Quelle: IEA 2012

Öffentlichkeit verkaufen soll, das weiß die Regierungschefin derzeit wohl noch nicht. Aber selbst ihr Kontrahent Jarosław Kaczyński dürfte irgendwann von der Realität eingeholt werden: Polen braucht eine moderne und saubere Stromversorgung. Der Weg dahin ist lang, und die EU hat sich Polens Zustimmung erkauft, indem sie dabei Hilfe angeboten hat.

Polen sollte diese Hilfe annehmen und es nicht halten wie bisher. Das Land hat sich der Pflicht, erneuerbare Energien einzusetzen, auf eine Weise entledigt, die nicht zu Strukturveränderungen geführt hat. Knapp 90 Prozent des Stroms in Polen wird in Stein- und Braunkohlekraftwerken erzeugt. Seit 2012 importiert Polen übrigens Steinkohle, weil die eigenen Minen nicht mehr genügend Steinkohle zu wettbewerbsfähigen Preisen hergeben – die Steinkohle kommt nun auch aus Russland. Russische Steinkohle und polnische Braunkohle produzieren den Strom im Land. Die Vorgabe, erneuerbare Energien einzusetzen, hat die polnische Regierung über sogenannte grüne Zertifikate gelöst, die dann ausgegeben werden, wenn Biomasse in Kohlekraftwerken mitverfeuert wird. Das gilt auch für die Heizkraftwerke. Kommunen, die in Windräder oder Solaranlagen investieren möchten, finden keinerlei Förderrahmen dafür vor. Dabei ist das Interesse in den Kommunen groß, hat die Hertie School of Governance in Berlin in einer Umfrage[3] bei den Gemeinden des Nachbarlands 2013 ermittelt. Demnach würden mehr als 85 Prozent der befragten Gemeinden gerne in erneuerbare Energien investieren.

Polen begründet seine ablehnende Haltung gegen eine ehrgeizige europäische Klimapolitik mit der Furcht, dass die polnische Wirtschaft leiden könnte. »Wir können uns keine extremen Ideen leisten«, sagte die Staatssekretärin im polnischen Wirtschaftsministerium Ilona Antoniszyn-Klik im September 2014 bei einer Tagung des Weltenergierats in Berlin.

---

3   Andrzej Ancygier; Oldag Caspar: Der Mythos von der übermächtigen Kohlelobby. Veröffentlicht am 21.7.2014 in der SPD-nahen INTERNATIONALE POLITIK UND GESELLSCHAFT.

Tausend CO$_2$-Becken

Wenn 1990 die CO$_2$-Emission noch 22,7 Milliarden Tonnen betrug, waren es im Jahr 2013 schon 34,5 Milliarden Tonnen. Anstatt zu sinken, wie im Protokoll von Kyoto festgeschrieben, stiegen die Emissionen dramatisch.
Man kann sich diese Zahl nicht vorstellen.
Nehmen wir an, dass jede Sekunde aus den Schloten und Auspuffen eintausend Tonnen CO$_2$ entweichen. Damit könnten mehr als eintausend Becken von 25 x 10 x 2 Metern gefüllt werden. Das Braunkohlekraftwerk in Bełchatów – der größte CO$_2$-Emittent in Europa – füllt pro Sekunde mehr als ein solches Becken. Wir können stolz darauf sein.

Tomasz Ulanowski: *Cieplarniany przekręt* [Der Treibhausschwindel]. In: DUŻY FORMAT Nr. 46/1053 vom 14. November 2013, S. 26.

Polens Energiepolitik

Der Kraftwerkspark ist veraltet. 70 Prozent der Kohlekraftwerke sind älter als 30 Jahre. 40 Prozent sind sogar älter als 40 Jahre, und 15 Prozent der Anlagen laufen schon länger als 50 Jahre. Polen hat im Gegensatz zur Tschechischen Republik seit dem EU-Beitritt darauf verzichtet, die alten Kohlekraftwerke mit Filtern nachzurüsten. Bis 2030 müssten deshalb rund 12.000 Megawatt von insgesamt 38.000 Megawatt derzeit vorhandener Stromerzeugungskapazität stillgelegt werden, weil die Anlagen die Emissionsgrenzwerte für Schwefeldioxid, Ruß, Stickoxide und Quecksilber nicht einhalten. Derzeit ist Polen ein Stromexporteur, doch schon 2015 oder 2016 dürfte das Land zum Stromimporteur werden.

2009 hat Polen ein Energiekonzept vorgelegt, das vor allem den Bau zweier Atomkraftwerke vorsieht. Es wurden bereits Standorte ausgewählt und Polen hat ein umfangreiches Dokument[4] vorgelegt, in dem umrissen wird, was alles passieren muss, damit Polens zweiter Anlauf, Atommacht zu werden, gelingen kann. Allerdings ist

4   Łukasz Szkudlarek; Dominika Lewicka-Szczebak; Marek Kasprzak: Strategic environmental assessment report for the polish nuclear programme. 2011. Siehe: http://www.mugv.branden burg.de/sixcms/media.php/4055/ub_kurz_en.pdf (abgerufen am 4.11.2014).

Anteil am Primärenergieverbrauch 2030

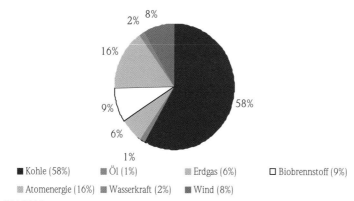

Kohle (58%)   Öl (1%)   Erdgas (6%)   Biobrennstoff (9%)

Atomenergie (16%)   Wasserkraft (2%)   Wind (8%)

Quelle: IEA 2012

schon in diesem ansonsten sehr optimistischen Dokument zu lesen, dass die Bau-
kosten für ein Atomkraftwerk kaum aufzubringen seien. Rund 12 bis 14 Milliarden
Euro, schätzen Experten, würde ein großes Atomkraftwerk mit zwei Erzeugungs-
blöcken kosten. Und das wäre nur der Bau, darin wären der Abbau, die Entsorgung
des Atommülls und all die anderen Folgekosten bis hin zum Aufbau einer komplett
neuen Verwaltung für die Atomaufsicht nicht inbegriffen. Es ist kaum anzunehmen,
dass Polen diese enormen Kosten tatsächlich wird aufbringen können.

Wie die Modernisierung des Kraftwerksparks tatsächlich umgesetzt werden könnte,
ist nach wie vor unklar. Auf europäischer Ebene versucht Polen jedenfalls so viel
Geld wie möglich dafür einzusammeln. Doch eine ernstzunehmende Planung für
einen zukunftsfähigen Kraftwerkspark, der viel stärker auf erneuerbare Energien
setzt, ist derzeit nicht erkennbar – obwohl es immer mehr polnische Thinktanks
gibt, die genau das vordenken in der Hoffnung, dass die Regierung darüber irgendwann auch nachdenkt. Nach der Entscheidung der EU-Kommission, die gigantische
Subventionsmaschine für das britische Atomkraftwerk Hinkley Point als zulässige
Beihilfe zu genehmigen, dürfte sich Warschau Hoffnungen auf ein ähnliches Paket
für ein polnisches Atomkraftwerk machen. Was aber fehlt, ist ein Investor, der die
Sicherheitsrisiken und die wirtschaftlichen Risiken der Atomkraft nicht scheut.

Energiesicherheit: ein banger Blick nach Russland

Die polnische Regierung pflegt wie viele andere Regierungen auch eine Politik des
»big is beautiful«, was in etwa bedeutet: je größer, desto besser. Doch das allein
erklärt die vielfach irrationalen Entscheidungen in der polnischen Energiepolitik
nur bedingt. Die treibende Kraft hinter der polnischen Energiepolitik ist Angst,
Angst vor Russland und Angst vor Deutschland. Dafür gibt es historisch bedingt
genügend Gründe. Das deutsch-polnische Verhältnis ist abgesehen von der Ener-
gie- und Klimapolitik heute nicht schlecht. Die Nachbarn kooperieren auf vielen
Politikfeldern. Es gibt einen regelmäßigen hochrangigen Austausch, es gibt ihn aber
auch auf vielen anderen Ebenen, in der Fachpolitik zwischen Verwaltungen bis hin
zu Gemeinden, die entlang der Grenze zusammenarbeiten.

In der Energiepolitik gibt es diese Kooperation nicht. Nordstream, die Pipeline von Russland nach Lubmin durch die Ostsee und an Polen vorbei, ist bis heute Grund für höchstes Misstrauen. Nach dem ersten ukrainisch-russischen Gaskonflikt einigte sich der damalige Bundeskanzler Gerhard Schröder (SPD) mit seinem Freund und damals schon einmal russischen Präsidenten Wladimir Putin auf den Bau einer Pipeline, die nicht durch die Ukraine führen sollte, aber eben auch nicht durch Polen. Nachdem Schröder als Kanzler abgetreten war, übernahm er den Vorsitz der Firma, die den Bau der Ostseepipeline vorantrieb und schließlich auch umsetzte. Für Polen war es eine schockierende Erfahrung, ausgerechnet von Deutschland und Russland ausgeschlossen zu werden. Selbst die Tatsache, dass über die Nordstream-Röhre eine Gasversorgung von Polen und der Ukraine ermöglicht werden kann, wenn die Pipeline durch die Ukraine mal wieder weniger Gas führt als erwartet, hat Polen kaum besänftigen können.

Die polnische Braunkohle reicht zwar noch ein paar Jahrzehnte. Aber die polnische Steinkohle ist inzwischen teurer als die Import-Steinkohle aus Russland. Das schlesische Kohlerevier mit noch rund 100.000 Kohlekumpeln wird so oder so zu einem großen sozialen Problem für Polen. Doch Polen verfügt über nicht geringe Mengen an Schiefergas – dabei sind Gasbläschen in dichtem Schiefergestein eingeschlossen und können mit der umstrittenen Fracking-Technik unter hohem Aufwand gefördert werden. Dabei werden viele Bohrstellen benötigt, über die ein Sand-Wasser-Chemikaliengemisch unter hohem Druck in den Untergrund verpresst wird. Dabei sprengt die Masse das Gestein auf und setzt das Gas frei, das durch die Bohrung entweicht und aufgefangen wird. Für die polnische politische Elite sah das aus wie die Lösung der Energieprobleme. Das eigene Gas würde Polen von Russland unabhängiger machen – und die Stromerzeugung würde sauberer, wenn die alten Kohlekraftwerke durch moderne Gaskraftwerke ersetzt werden könnten. Tatsächlich erwies sich das Fracking in Polen als kompliziert. Jedenfalls komplizierter als in den USA. Die beiden amerikanischen Investoren Chevron und Exxon-Mobil haben sich nach einigen Probebohrungen entschieden, das Abenteuer nicht zu wagen. Weitere Investoren stehen nicht Schlange. So bleibt das polnische Schiefergas vorläufig ein schöner Traum von der Unabhängigkeit.

Donald Tusk hat als Reaktion auf die Probleme mit dem polnischen Schiefergas eine europäische Energieunion ins Gespräch gebracht. Damit meint er vor allem eine Einkaufsunion für russisches Erdgas. Denn der russische Staatskonzern Gazprom verkauft das Gas in jedem Land zu einem anderen Preis, und es hängt von der Verhandlungsmacht des betreffenden Landes ab, wie hoch oder niedrig dieser Preis liegt. Angesichts der russisch-ukrainischen Krise gewinnt die polnische Energieunion auch in anderen europäischen Ländern Anhänger. Allerdings verstehen andere europäische Länder unter der Energieunion auch eine Union zur Erhöhung der Energieeffizienz, wogegen Polen wohl auch nichts hat, und eine bisher noch relativ unklare weitergehende Kooperation in der Energiepolitik. Polens Wirtschaft ist aktuell die kohlenstoffintensivste in Europa. Polen liegt beim Bruttoinlandsprodukt pro Kopf derzeit bei etwa 42 Prozent des EU-Durchschnitts, aber bei der Kohlenstoffintensität an zweiter Stelle. Der Pro-Kopf-Ausstoß von Kohlendioxid ist mit 10,3 Tonnen im Jahr auf deutschem Niveau. Wieviel davon Tusk als EU-Ratspräsident wird durchsetzen können, ist Ende 2014 noch nicht absehbar. Aber klar ist: Auch den baltischen Staaten, Tschechien und der Slowakei und dem in Sachen Pipelines bisher noch ziemlich abgehängten Balkan ist die Abhängigkeit von Russland nicht geheuer. Alles, was mehr Energie-Unabhängigkeit bringen könnte, werden diese Staaten wohl unterstützen.

Deutschland und Polen arbeiten kaum zusammen

Dass Deutschland seine Chancen, enger mit Polen zu kooperieren, in der Energie- und Klimapolitik nicht genutzt hat, ist schwer zu erklären. Einerseits ist es für politische Akteure in Berlin bequem, sich hinter Polens Verweigerungshaltung zu verstecken, um Fortschritte in der europäischen Klimapolitik zu hintertreiben. Seit 1990 hat das deutsche Umweltministerium mit dem polnischen Umweltministerium intensiv zusammengearbeitet. Es gab sogenannte Twinning-Projekte, bei denen Fachleute in den Verwaltungen ausgetauscht wurden, um die Probleme und Lösungen der jeweils anderen Seite kennenzulernen. Im Hochwasserschutz und in der Abfallwirtschaft hat das zu einer dauerhaften Kooperation geführt. Doch in der Energie- und Klimapolitik herrscht zwischen Deutschland und Polen über salbungsvolle Worte hinaus ziemliche Funkstille. Das Wirtschaftsministerium hatte bis zum jüngsten Regierungswechsel in Deutschland überhaupt keine offiziellen Dialoge mit dem polnischen Wirtschaftsministerium, moniert Staatssekretärin Ilona Antoniszyn-Klik. Im September 2014 gab es erstmals einen polnisch-deutschen Energiegipfel in Berlin. »Wir reden überhaupt erst, seit Sigmar Gabriel Minister ist«, sagt Antoniszyn-Klik.

Nach Angaben des Bundesumweltministeriums wird derzeit in der Gemeinde Daszyma ein Strohheizkraftwerk gebaut, das mit 2,7 Millionen Euro aus dem Umweltinnovationsprogramm Ausland des Umweltministeriums und weiterer 2,7 Millionen Euro aus dem polnischen Nationalfonds für Umweltschutz finanziert wird. Das Projekt, das von der Technischen Universität Lodz und der Universität Kassel sowie den Firmen CBI Pro Akademia und Seeger Engineering sowie der Gemeinde entwickelt worden ist, sollte 2014 abgeschlossen werden. Das Strohheizkraftwerk soll 6.200 Tonnen Kohlendioxid im Jahr sparen und zudem 24,8 Tonnen Stickstoffdioxid sowie 33,4 Tonnen Schwefeldioxid weniger ausstoßen als die beiden alten Heizkraftwerke, die es ersetzen soll. Es soll neben einer Stromerzeugungskapazität von 400 Kilowatt eine thermische Kapazität von 1,1 Megawatt haben. Es ist überhaupt erst das zweite deutsch-polnische Energieprojekt, das von der deutschen Regierung gefördert wurde. Das erste begann 2005 und sollte Ende 2013 abgeschlossen worden sein. Da ging es um die Modernisierung des Fernwärmenetzes der Stadt Zgorzelec, der Nachbarstadt von Görlitz. Görlitz hatte im Jahr 2010 an 48 Tagen im Jahr eine Feinstaubbelastung von mehr als 50 Milligramm pro Kubikmeter Luft gemessen. Und der Staub kam vom Heizkraftwerk der benachbarten polnischen Gemeinde. Mit 3,1 Millionen Euro Fördermitteln finanzierte das Umweltministerium die Sanierung mit.

Es gäbe zweifellos beim Aufbau erneuerbarer Energien wie Windrädern oder Solaranlagen, aber auch bei Investitionen in die Energieeffizienz viele Kooperationsmöglichkeiten. Und aus diesen praktischen Erfahrungen könnte im Verlauf der Zeit das

Vertrauen wachsen, das auch für einen konstruktiven politischen Dialog nötig wäre. Doch daran mangelt es weiterhin. Die polnische Regierung sieht die Gespräche mit Misstrauen, die Deutschland mit den westlichen Nachbarn über den Strommarkt, das grenzüberschreitende Stromnetz und mögliche Kapazitätsmechanismen für Kraftwerke führt. Dabei geht es darum, eine gesicherte Kraftwerksleistung finanziell zu fördern, damit es trotz der wetterabhängigen Stromerzeugung aus Wind und Sonne nicht zum Stromausfall kommt. Polen würde da gerne mitreden, zumal die deutschen erneuerbaren Energien auch die Wirtschaftlichkeit der vier großen polnischen Stromkonzerne infrage stellen.

Deutsche Direktinvestitionen in erneuerbare Energien in Polen: RWE Innogy nimmt nach weniger als einjähriger Bauzeit ihre neuen Windparks Piecki und Tychowo in Polen in Betrieb.

Der im Nordosten Polens gelegene Windpark Piecki wurde von Gamesa entwickelt und gebaut. Die 16 Windturbinen vom Typ Gamesa G90-2.0MW verfügen insgesamt über eine installierte Leistung von 32 MW und können damit jedes Jahr über 60.000 MWh Strom erzeugen. Die hier erzeugte Elektrizität reicht aus, um umgerechnet den Bedarf von über 30.000 Haushalten im Jahr zu decken und 60.000 Tonnen CO_2-Emissionen zu vermeiden. RWE Innogy hat das Projekt gemeinsam mit dem Energieversorger HSE mit Sitz in Darmstadt erworben, der einen Minderheitsanteil von 49 Prozent hält.

Der Windpark Tychowo befindet sich im Bezirk West-Pommern und besteht mit einer instal-lierten Leistung von rund 35 Megawatt aus 15 Siemens-Turbinen vom Typ SWT-2.3-93, die jeweils über eine Leistung von 2,3 Megawatt verfügen. Somit können jedes Jahr über 65.000 Megawattstunden Strom produziert werden. Die hier erzeugte Elektrizität reicht aus, um den jährlichen Bedarf von umgerechnet mehr als 32.000 Haushalten zu decken und 65.000 Tonnen CO_2-Emissionen zu vermeiden.

»Polen ist für uns ein besonders attraktiver Markt für den Betrieb von Onshore-Windkraftwer-ken. Gründe hierfür sind die beachtlichen Windressourcen, das große Wachstumspotenzial und die Kooperationsmöglichkeiten mit unserem Tochterunternehmen RWE Polska. Deshalb wollen wir in den nächsten Jahren die Entwicklung weiterer Windparks in Polen in Angriff nehmen«, erklärt Paul Coffey, Chief Operating Officer bei RWE Innogy.

Seit Oktober 2009 sind in Suwałki 18 Turbinen mit einer installierten Leistung von jeweils 2,3 Megawatt in Betrieb und versorgen 40.000 Haushalte mit Strom. Mit Piecki und Tychowo betreibt RWE Innogy nun drei Windparks in Polen. Zusammen mit dem Windpark Suwałki verfügt das Unternehmen hier über ein Onshore-Windportfolio von über 108 MW. »Der Boom der erneuerbaren Energien, den wir gerade in Polen erleben, führt zu neuen Herausfor-derungen für den gesamten Energiesektor«, sagt Filip Thon, Vorstandsvorsitzender bei RWE Polska. »Diese zwei neuen RWE-Investitionen werden unsere Windkapazitäten in Polen mehr als verdoppeln. RWE Polska ist eines der ersten Energieunternehmen in Polen, das ›grüne Energie‹ für Geschäftskunden anbietet. Dieses neu eingeführte Produkt wird besonders von Unternehmen nachgefragt, die sich auf nachhaltige Entwicklung fokussieren.«

In Polen waren laut dem polnischen Windenergieverband bis September 2010 knapp 1.100 Megawatt Windkraft installiert. Die polnische Regierung will die installierte Kapazität bis 2020 auf 6.100 Megawatt ausbauen. Um dieses Ziel zu erreichen, wird die Stromerzeu-gung aus erneuerbaren Energien in Polen über ein System »grüner Zertifikate« unterstützt. Stromanbieter sind verpflichtet, einen bestimmten Prozentsatz der in das Netz eingespeisten Energie auf Basis erneuerbarer Energien anzubieten. Von dieser Verpflichtung können sie sich über den Zukauf »grüner Zertifikate« befreien. »Polen ist für uns ein besonders attraktiver Markt für den Betrieb von Onshore-Windkraftwerken.«

Quelle: RWE Innogy (www.rweinnogy.com)

Doch einen ernst zu nehmenden Dialog über die Energie- und Klimapolitik gibt es derzeit nur in der Zivilgesellschaft. Die grün-nahe Heinrich-Böll-Stiftung hat einen mehrere Monate dauernden Dialogprozess über die Kohleabhängigkeit von Deutschland, Polen und Tschechien angeschoben.[5] Die European Climate Founda-tion hat gemeinsam mit mehreren polnischen Thinktanks eine Studie erarbeitet, wie Polen seine Energieversorgung dekarbonisieren könnte.[6] Gesine Schwan, vor

5   Rafaele Piria: Greening the heartlands of coal. Insights from a Czech-German-Polish Dialogue on
     Energy Issues. Berlin 2014.
6   Maciej Bukowski: 2050.pl. The journey to the low emission future. 2014.

Der Anteil der erneuerbaren Energien in der polnischen Energiewirtschaft soll im Jahr 2020 15 Prozent betragen. Das größte Potenzial liegt in der Biomasse als der günstigsten Energiequelle – bis wir auch die Sonne »zähmen« können. Eine wichtige und bislang ineffizient genutzte Energiequelle ist das Wasser. Dies wird noch durch die Zunahme der zum Alptraum werdenden Überschwemmungen bekräftigt. Die Wasserkraftwerke bringen viele Vorteile, da ihre Rückhaltebecken viel Schlamm abfangen – ohne die Staudämme wäre die Ostsee viel schneller verschlämmt.

Und die kleinen Wasserkraftwerke, die dort stehen, wo früher Mühlen waren, bilden in der Landesskala keine gigantische Reserve, werden jedoch mit ihren Möglichkeiten zur Versorgung vieler Dörfer unterschätzt. Die Einführung der Windenergie wird bei uns auf Widerstand stoßen, wir sind ja nicht Dänemark.

Andrzej Lubowski: *Szybki tor dla atomu* [Schneller Weg fürs Atom]. In: POLITYKA Nr. 39 vom 24. September 2014.

Jahren Regierungsbeauftragte für die deutsch-polnischen Beziehungen, hat die Studie in ihrer Humboldt-Viadrina School of Governance in Berlin öffentlich vorgestellt. Die Schule musste mittlerweile aus Geldmangel schließen. Aber die Studie ist dort einer größeren Fachöffentlichkeit aufgefallen und hat bei vielen ein Umdenken über die angeblich so inflexiblen polnischen Positionen ausgelöst. Im polnischen Sejm gibt es inzwischen eine informelle Arbeitsgruppe von Parlamentariern, die über eine bessere Förderung von erneuerbaren Energien beraten. Und Greenpeace hat seinen Länderreport »Energy-Revolution« für Polen pünktlich zum Klimagipfel in Warschau aktualisiert. In der Zivilgesellschaft kommt der Energiedialog langsam in Gang. Darauf könnten die Regierungen aufbauen.

PŁOCK

POLONIA · POLONI · POLAND · POLOGNE · ПОЛЬША · LENKIJA · PULUNYA · POIN · POELAND · POLSKO · POLSKA

Friedemann Kohler

Der Traum vom polnischen Atom

Hat die Geschichte in Polen einen Fehler gemacht? Oder hat ein gütiges Schicksal
Polen bewahrt? Das wichtigste Land in Mittelosteuropa, die größte Volkswirtschaft
der Region nutzt bislang keine Atomkraft.

»Als Land ohne Kernkraft ist Polen eine Insel«, klagt der Krakauer Physiker Jerzy
Niewodniczański, bis 2009 Leiter der polnischen Atomaufsicht PAA (Państwowa Agencja Atomistyki). In allen Nachbarstaaten liefern oder lieferten Kernkraftwerke Strom,
einige bauen weitere Reaktoren, Weißrussland steigt neu in die Kernenergie ein.

Polen ist die Ausnahme. Die bürgerlich-liberale Regierung unter Ministerpräsident Donald Tusk sah darin einen historischen Irrtum und machte sich daran, ihn
zu korrigieren. Einmal ist die Einführung der Kernkraft in Polen gescheitert, das
soll nicht noch einmal passieren. Bevor Tusk als EU-Ratspräsident nach Brüssel
wechselte, hat er sein Land auf einen langen und teuren zweiten Anlauf geschickt.
2024 – so das ehrgeizige Ziel – soll der erste polnische Reaktor die energiehungrige
Industrienation mit Strom versorgen. Bis 2030 sollen 6000 Megawatt Leistung am
Netz sein – mehr als das Vierfache von Deutschlands jüngstem Kernreaktor Neckar-
westheim 2.

Der Weg zur Kernenergie sei »das größte Projekt in der Geschichte des polnischen
Energiesektors und der Nachkriegswirtschaft überhaupt«, heißt es im offiziellen
Atomprogramm vom Januar 2014. Eine »Quelle des Fortschritts und der Innovati-
on« solle die Kerntechnik werden.

Das ist eine dramatische Weichenstellung, vor der die kleine polnische Anti-Atom-
Bewegung nachdrücklich warnt. Sie sieht Polen als atomkraftfreies Paradies, aus
dem die Regierung ihr Volk ohne Not vertreibt. Die Vorstellung ist verlockend:
Polen als Land, dem die Sicherheitsrisiken der Kernkraft erspart bleiben. Ein Land,
das keine »Ewigkeitskosten« für den Abriss der Atommeiler und die Endlagerung
von Strahlenmüll tragen muss. Ein Land, das ohne Umweg den Sprung vom dreckigen Kohlestrom zum sauberen Naturstrom schafft.
Kurz: Polens Atomkraftgegner träumen den gleichen Traum wie Deutschland.

In Sachen Atom haben die Nachbarländer gegensätzliche Richtungen eingeschlagen.
Es herrscht verkehrte Welt. Die ach so romantischen Polen schicken sich in die
Notwendigkeit und planen pragmatisch ihr erstes Kernkraftwerk. Und die angeblich
so nüchternen Deutschen schalten mit hohem Idealismus ihre Reaktoren ab und
hoffen auf die Energiewende: Eine hochmoderne Industriegesellschaft soll ohne
Kernkraft funktionieren.
Polen sieht sich im Einklang mit einer Renaissance der Kernkraft in Asien und
Europa, Deutschland geht einen Sonderweg. Beides ist eine Wette auf die Zukunft
mit ungewissem Ausgang.

Wie dringend Polen einen neuen Energiemix bei der Stromproduktion braucht, zeigt jede Überlandfahrt durch Oberschlesien. Dicke Rauchschwaden aus Kohlekraftwerken schwärzen den Himmel. Polen hängt an seinem einzigen heimischen Energieträger. Früher lieferte Kohle weit über 90 Prozent des Stroms, 2012 waren es immer noch 85 Prozent. Dabei sind die polnischen Kohlevorräte endlich. Zudem macht die Europäische Union (EU) Vorgaben beim Klimaschutz und beim Ausbau erneuerbarer Energien. Ab 2020 werden polnische Kraftwerke ihre Zertifikate für den Ausstoß von Kohlendioxid (CO_2) voll bezahlen müssen.

Zugleich wird den offiziellen Berechnungen nach der polnische Energiebedarf steigen. Einstweilen liegt der Verbrauch je Einwohner in Polen deutlich unter dem EU-Durchschnitt. Doch das Land hofft auf einen weiteren industriellen Aufschwung, es will Strom exportieren. Verbrauchte Polen 2010 noch knapp 120 Terrawattstunden Strom, wird es 2030 gut 160 Terrawattstunden benötigen, also ein Drittel mehr.

Die Lücke zwischen abnehmendem Kohlestrom und wachsendem Verbrauch soll der Atomstrom schließen – sicher, sauber und billig, so stellt es die Werbung der Kernkraftlobby dar. Wenn das Jahr 2030 kommt, sollen zwischen 12 und 19 Prozent der Elektrizität aus Kernkraftwerken stammen. Der Anteil an Kohle soll spürbar auf 59, vielleicht sogar 53 Prozent sinken. Ein Fünftel erneuerbarer Energien ist in den Mix eingerechnet, ein kleiner Rest kommt aus Öl und Gas.

Den Traum vom polnischen Atom träumen Wissenschaftler wie Professor Niewodniczański seit Jahrzehnten. Sie sind einem großen Namen verpflichtet. Schließlich war es die Polin Maria Skłodowska, verheiratete Marie Curie, die mit ihrem Mann Pierre in Paris ab 1897 die Radioaktivität erforschte, jene geheimnisvolle und gefährliche Strahlung mancher Elemente. Sie entdeckte das Polonium, das sie zu Ehren ihrer Heimat benannte, und das Radium.

Die Geschichte der polnischen Atomforschung nach dem Zweiten Weltkrieg begann nicht mit Adam, aber mit EWA. So wurde der Forschungsreaktor »Eksperymentalny, Wodny, Atomowy« abgekürzt, den das Institut für Atomenergie 1958 in Świerk, einem Stadtteil von Otwock nahe Warschau, in Betrieb nahm. »Er lief ohne Probleme, bis er nach 46 Jahren stillgelegt wurde«, erzählt Professor Niewodniczański.

Es folgten weitere Reaktoren mit fröhlichen Frauennamen, so Anna (1963), Maryla (1967), Agata (1973). Maria von 1974 war nicht – man hätte im katholischen Polen trotz Kommunismus auf diese Idee kommen können – nach der Gottesmutter benannt, sondern nach Marie Curie. »Der Reaktor war eine rein polnische Konstruktion, sehr ungewöhnlich.« Maria läuft bis heute.

Einen Eisernen Vorhang scheint es für die polnischen Atomwissenschaftler nicht gegeben zu haben.
Natürlich arbeiteten sie eng mit sowjetischen Kollegen zusammen. Aus der Sowjetunion kamen die Technik und das Nuklearmaterial. Man forschte im Atomstädtchen Dubna bei Moskau, aber auch am Zentralinstitut für Kernforschung der DDR in Dresden-Rossendorf. Es gab Kontakte zu bundesdeutschen Kollegen, zu franzö-

Primärenergieverbrauch, 1973–2030

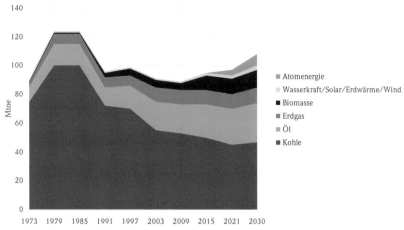

Quelle: OECD/IEA 2011

sischen oder amerikanischen Forschern – in der nuklearen Familie kannte man einander, berichtet Niewodniczański. »Ich bin auch nie gefragt worden, bei der Geheimpolizei zu unterschreiben.«

1972/73 beschloss die Volksrepublik Polen den Bau ihres ersten Kernkraftwerks. Als Standort wurde Żarnowiec bestimmt – gelegen an einem großen See in den kaschubischen Wäldern nördlich von Danzig.

Die Anti-Atom-Bewegung in Polen geht auf die 1980er Jahre zurück. Wojciech Kłosowski ist einer ihrer Veteranen. Heute berät der studierte Innenarchitekt polnische Städte und Dörfer in ihrer Entwicklung. Nachdem die Gewerkschaft Solidarność 1981 zerschlagen worden war, griff die vielfältige polnische Opposition zunehmend auch ökologische Themen auf.
Am 26. April 1986 explodierte der vierte Reaktorblock des sowjetischen Kernkraftwerks Tschernobyl bei Kiew. Es war der erste Super-GAU auf europäischem Boden, ein Unglück, wie es nicht hätte passieren dürfen. »Ein Mythos wurde zerstört«, sagt Kłosowski. »Dabei hatte man uns immer gesagt, dass die Technik sicher ist.« Auch über Polen zog die radioaktive Wolke aus der Ukraine hinweg. »Da ist etwas, das man nicht sieht, aber man weiß, dass es da ist.«

Kłosowski lebte damals in der Nähe von Lublin, wo das Örtchen Chotcza an der Weichsel als möglicher Standort für ein Atomkraftwerk im Gespräch war. Mit anderen Oppositionellen organisierte er Protestkundgebungen und meldete sie mit Bangen beim polnischen Geheimdienst SB in Lublin an. »Das Gespräch war erst hochoffiziell. Aber nach zehn Minuten sagte der Beamte: Ich bin selber Angler. Er wollte auch kein Kernkraftwerk an der Weichsel.«
Die Atompläne für Chotcza, Klempicz und andere Standorte wurden nach Tschernobyl aufgegeben.

Schon früh erhielten die polnischen Atomkraftgegner Unterstützung aus Deutschland. Kłosowski erinnert sich daran, dass der Slogan »Atomkraft nein danke!« erst

Protestaktion von Greenpeace in Erinnerung an die Katastrophe von Tschernobyl im Kontext aktueller Atompolitik der polnischen Regierung

»Die erste radioaktive Wolke kam über Polen wahrscheinlich gegen Mitternacht vom 27. auf den 28. April, sie wurde einige Stunden später entdeckt. In Tschernobyl selbst verringerte sich zu der Zeit die Strahlung aus dem brennenden Reaktor deutlich. Die Strahlung verminderte sich weiterhin, bis sie am 3. Mai plötzlich zunahm. Die zweite Strahlung, stärker als die vom 27. April, entstand, als die Reaktorkernschmelze in die darunter liegenden Wasserbehälter gelangte. Die radioaktive Wolke aus der zweiten Explosion ging an Polen vorbei Richtung Südeuropa. Ab dem 1. Mai verzeichnete man in Polen in der Luft sinkende Strahlungswerte, bei den Werten von Boden, Viehfutter, Milch u.a. sah es anders aus. Weder die polnische Regierung noch unsere Experten wurden durch die Sowjetunion über die Reaktorexplosion in Tschernobyl, über die Fluktuation der radioaktiven Isotope (z.B. den plötzlichen Anstieg am 3. Mai) und die Strahlungsrichtung in irgendwelcher Weise informiert, so haben wir sämtliche Schutzmaßnahmen auf der Grundlage unserer eigenen Beobachtungen getroffen. Trotz der seit 1984 im RGW geltenden Bestimmungen hat die Sowjetunion die polnische Regierung nicht »in der möglichst kürzesten Zeit« über die Katastrophe und deren Verlauf informiert, was die Vorbereitung der Schutzmaßnahmen etwa um anderthalb Tage verzögerte.
Die Informationspolitik der Regierung war in den ersten beiden Tagen schlecht. Am 28. April bekamen wir keine Informationen über die Katastrophe, da die Regierung erst spät am Tag über die radioaktive Strahlung in Polen erfuhr. Die letzten Rundfunk- und Fernsehnachrichten brachten eine kurze Meldung über den Unfall in Tschernobyl. Auf einem Treffen im Zentralkomitee der Polnischen Vereinigten Arbeiterpartei am frühen Morgen des 29. April wurde besprochen, dass die ersten Empfehlungen für das Ergreifen von Schutzmaßnahmen in den Morgen- und Vormittagsnachrichten im Rundfunk und anschließend in der Presse und im Fernsehen gebracht werden sollten. Am Ende des Treffens wurde jedoch beschlossen, diese Meldung nicht zu veröffentlichen. In der Nachmittagspresse erschien lediglich die verwirrende Nachricht, dass am 28. April über die nördlichen Regionen Polens in großer Höhe eine radioaktive Wolke hinweggezogen sei, dass man eine Regierungskommission gegründet habe und dass für niemanden Gefahr bestehe.«

Aus: Zbigniew Jaworski: *Jak to z Czarnobylem było* [Wie das mit Tschernobyl war]. In: Wiedza i Życie 5 (1996).

einmal missverständlich ins Polnische übersetzt wurde. Erst beim zweiten Versuch hieß es klar: »Energia atomowa? Nie, dziękuję!«

Der Bau von Żarnowiec stand unter keinem guten Stern. Den endgültigen Beschluss fällte die Führung von General Wojciech Jaruzelski ausgerechnet im Januar 1982, einen Monat nach Zerschlagung der Opposition. Die polnische Gesellschaft sah Żarnowiec als »Kind des Kriegsrechts«, als sowjetisches Diktat, erinnert sich Stanisław Latek, Chefredakteur der Zeitschrift Postępy Techniki Jądrowej (Fortschritte der Kerntechnik), in Warschau.

Ab 1984 wurde gebaut, doch dann kam das Unglück von Tschernobyl. »Nun hieß es: Stoppt Żarnobyl!«

Zwar wollte die Sowjetunion keine Siedewasserreaktoren RBMK wie in Tschernobyl nach Polen liefern, sondern Druckwasserreaktoren WWER-440 der zweiten Generation. Sie sind bis heute in Russland und der Ukraine, in Ungarn, Tschechien und der Slowakei im Einsatz.
»Aber die Polen haben generell Bedenken gegen russische Technologie«, sagt Latek.

Der Runde Tisch, der 1989 die Machtübergabe von den Kommunisten an die Opposition aushandelte, ließ nach heftigen Diskussionen die Frage von Żarnowiec offen. Doch als Ende jenes Jahres Frachter die zwei bei Škoda in Tschechien in Lizenz gebauten Reaktoren nach Danzig bringen wollten, gab es wütende Proteste. Atomkraftgegner gingen in Hungerstreik, ketteten sich an Bahngleisen an.
Der neue Ministerpräsident Tadeusz Mazowiecki erließ erst einen Baustopp, 1990 sagte er das Vorhaben endgültig ab.

Polens erster Anlauf zum eigenen Atom war gescheitert.
Nur die Bauruine steht bis heute in Żarnowiec am Seeufer. Hinter einem Stacheldrahtzaun ragen schmutzige Betonwände auf, eine unheimliche Stille lastet auf dem Gelände. Zwei Milliarden US-Dollar hat die Volksrepublik Polen hier versenkt.

»Der Stopp von Żarnowiec war der größte Fehler der postkommunistischen Wirtschaftspolitik«, sagt Tomasz Nowacki vom polnischen Wirtschaftsministerium. Das sei fast 25 Jahre danach Konsens in der Elite. Wäre das Kraftwerk ans Netz gegangen, stünde Polen bei der Stromversorgung heute ähnlich gut da wie die Nachbarn Ungarn und Tschechien. Der Jurist Nowacki, Absolvent der deutsch-polnischen Europa-Universität Viadrina in Frankfurt/Oder, ist stellvertretender Leiter der Atomabteilung des Ministeriums.
Dort ist in den vergangenen Jahren das neue polnische Atomprogramm geschrieben und immer wieder überarbeitet und angepasst worden.

Nachdem der AKW-Bau abgesagt worden war, fanden in Żarnowiec Musikkonzerte unter dem Motto »Wiese voller Energie« (Łąka pełna energii) statt.

Spricht man mit den Atombefürwortern, schwingt ein altes Leitmotiv polnischer Politik mit: Unabhängigkeit. Dabei geht es ausnahmsweise einmal nicht um Russland.
Bei der Kernkraft ist Polen nicht auf den großen Nachbarn angewiesen – anders als
beim Erdgas. Doch das russische Vorgehen in der Ukraine verstärkt den polnischen
Wunsch nach Autarkie im Energiebereich weiter. Zwar braucht auch das Atompro-
jekt internationale Partner. Aber das werden – so heißt es im Programm – »politisch
stabile Länder« sein. Nowacki nennt die USA, Frankreich, Japan oder Südkorea für
die Technik, Australien und Kanada als Uranlieferanten.

Vor allem aber will sich Polen in seine Entscheidung nicht dreinreden lassen.
»Jedes Land hat seine eigene, individuelle Situation, die in der EU respektiert werden sollte«, sagt Nowacki. Deutsche Bedenken werden zur Kenntnis genommen,
entscheidend sind sie nicht. Die polnischen Behörden haben aus dem Nachbarland
mehr als 40.000 Eingaben wegen der Atompläne bekommen – ostdeutsche Landes-
regierungen haben geschrieben, einfache Bürger, kampagnenmäßig meldeten sich
Grünen-Mitglieder oder Greenpeace-Anhänger. Die Protestbriefe häuften sich, als
Atomstandorte nahe der Grenze zur Diskussion standen. Einige Orte lagen direkt
an der Oder, Gąski an der pommerschen Küste oder Warta-Klempicz an der Warthe
bei Posen sind nicht viel weiter entfernt.

Das polnische Nuklearlager hält seinerseits den deutschen Atomausstieg für naiv.
Früher in den 1950er, 1960er Jahren habe man geglaubt, dass Atomkraft alle
Probleme löst, sagt Nowacki. »In der gleichen Phase sind wir jetzt beim Glauben
an die erneuerbaren Energien.« Auch der altgediente Krakauer Atomforscher
Niewodniczański erwartet ein Umdenken: »Ich bin sicher, dass Deutschland sich
noch einmal anders entscheiden wird.«

Das Atomprogramm ist zudem als Reifeprüfung für den Reformstaat Polen angelegt – als Bewährungsprobe, noch größer und teurer als die Fußball-Europameisterschaft 2012.

Über Jahre hinweg müssen Regierung, Parlament, Planer und Investoren ein stö-
rungsfreies Räderwerk bilden. Neue Starkstromtrassen müssen gebaut werden, für
Strahlenmüll müssen Zwischen- und Endlager gefunden werden.
Als Standort der ersten Reaktoren deutet wieder alles auf Żarnowiec oder das nahe
gelegene Choczewo in Kaschubien hin. Bis 2015 sollen für diese Orte Umweltgut-
achten vorliegen. »Wir rechnen damit, dass 2017 oder 2018 endgültig über den
Standort entschieden werden kann«, sagt Jacek Cichosz, Vorstandsvorsitzender des
Hauptinvestors PGE EJ1.

Die Nukleartochter des staatlichen Energiekonzerns Polska Grupa Energetyczna
(PGE) wird den Atommeiler bauen und betreiben. Andere Staatsfirmen wie der
Kupferproduzent KGHM, der Energiekonzern Tauron und der Versorger Enea sollen
sich beteiligen. In- und ausländisches Kapital ist willkommen, doch 51 Prozent
der Anteile will der Staat behalten. Auf 50 Milliarden Złoty wird die Investition
geschätzt, etwa 12,5 Milliarden Euro.
»Die Finanzierung wird zeigen, dass Polen ein ernst zu nehmender Akteur auf dem
europäischen Markt ist«, erwartet der Atombeamte Nowacki.

Aber wird das alles genauso kommen? Wird der große Plan klappen?
Bis der erste Atomstrom produziert wird, darf keinerlei Sand in das Räderwerk
geraten. In der Diskussion der vergangenen Jahre hat sich das Zieldatum für die
Inbetriebnahme des ersten Reaktors mehrfach nach hinten verschoben.
Die polnische Regierung listet in ihrem Programm Risiken für das Megaprojekt auf:
Der politische Schwung könnte verloren gehen oder die Akzeptanz in der Bevöl-
kerung, es könnte an Geld fehlen oder schlicht an Ingenieuren, die Polens neue
Kernkraftwerke steuern.

Über den politischen Schwung dürfte die Parlamentswahl Ende 2015 entscheiden.
Nicht alle polnischen Parteien sind so atom-freundlich wie die regierende Bürgerplattform PO.

Die polnische Bevölkerung hat sich über die Jahre immer gespalten gezeigt. Dabei war die Gruppe der Kernkraftbefürworter stets größer als die der Gegner. Doch ein großer Block von Unentschiedenen verhinderte eine klare Mehrheit. Die Atomlobby fühlt sich aber ermutigt, weil selbst das Reaktorunglück 2011 in Fukushima keine großen Ausschläge in der öffentlichen Meinung verursachte.

Im August 2014 ging das Wirtschaftsministerium mit Zahlen des Instituts PISM an die Öffentlichkeit: Danach befürworteten von 1000 Befragten 64 Prozent die Einführung der Kernkraft, die Ablehnung sank auf 24 Prozent – bei knapp zwölf Prozent Unentschiedenen. Doch zugleich fanden es 58 Prozent der Polen wichtig, erneuerbare Energien auszubauen. Über die Atomkraft sagten das nur 48 Prozent.

Der Fachkräftemangel ist ein Problem. Als Żarnowiec in den 1980er Jahren gebaut wurde, standen die Kader bereit. In der jetzigen Unsicherheit ist es schwierig, junge Studenten für den Beruf des Kernkraftingenieurs zu begeistern. Damals war auch die polnische Industrie mobilisiert für den Sprung ins Atomzeitalter. Heutzutage liefern noch 60 polnische Firmen Zubehör für Nuklearanlagen weltweit – mehr als nichts, aber auch nicht viel.
»Wir haben in dieser Technologie 25 Jahre verloren«, gesteht der studierte Kernphysiker Latek ein. Aus Sicherheitsgründen will Polen nichts anderes als modernste Leichtwasserreaktoren der sogenannten Generation 3 plus akzeptieren. All dies wird den zweiten Anlauf zum polnischen Atom sehr teuer machen.

Die polnischen Kernkraftgegner werden gegen den Atomkurs keine großen Volksmassen auf die Straße bringen können.
Stattdessen setzen sie darauf, dass der Regierung schlicht das Geld ausgeht. Oder dass sich das komplizierte Räderwerk des Atomeinstiegs an einer anderen Stelle festklemmt. So könnte die EU Steine in den Weg legen: Zum angestrebten europäischen Energiemix gehört Kernkraft zwar ausdrücklich dazu, doch Brüssel sieht subventionierten Atomstrom kritisch.

»Es ist wirtschaftlich das falsche Modell«, beharrt der erfahrene Atomgegner Kłosowski. »Atomkraft ist nicht die Medizin für die Krankheit, an der das polnische Energiesystem leidet.« Doch die Gegner kritisieren, dass die Festlegung auf Atomkraft den Einsatz anderer Medikamente gegen die Kohlekrankheit verhindert. Der Weg dauere zu lang. Schon 2016 droht eine Stromlücke, wenn alte Kohlekraftwerke stillgelegt werden, aber neue Kapazitäten fehlen.

»Es ist offensichtlich, dass die Regierung die Industrie in eine Sackgasse treibt«, sagt Dariusz Szwed. Der ehemalige Vorsitzende der kleinen grünen Partei Zieloni reist als Revolutionär in Sachen erneuerbarer Energie durchs Land. Der Anteil an Strom aus Wind, Biomasse oder Sonnenenergie wachse bereits, berichtet er. »2020 werden erneuerbare Energien in Polen wettbewerbsfähig sein.«
Das hört sich sehr nach deutscher Energiewende an.

Wahr werden wird nur einer der beiden Träume – der Traum vom polnischen Atom oder der Traum vom atomkraftfreien Paradies.

Reaktor ANNA in Świerk bei Warschau

Atomreaktoren in Polen

Seitdem in Polen 1958 der erste Reaktor EWA (Eksperymantalny, Wodny, Atomowy) im Atomforschungszentrum Świerk bei Warschau eingesetzt wurde, sind mehr als 50 Jahre vergangen. 1972 beschloss die Regierung, in Żarnowiec bei Danzig das erste polnische Atomkraftwerk mit sowjetischer Technologie zu bauen, mit konkreten Baumaßnahmen begann man jedoch erst 1982, wobei die Wirtschaftskrise der 1980er Jahre und die Atomkatastrophe in Tschernobyl den Bau behinderten, bis er 1990 von der Regierung Mazowiecki ganz aufgegeben wurde. 1990 waren in Świerk zwei Zeugnisse polnischer Atomreaktortechnik in Betrieb: EWA und MARIA. EWA wurde 1995 abgeschaltet, der 1964 gebaute Reaktor MARIA arbeitet bis heute mit einer Leistung von 30 MW.

In Świerk arbeiteten auch andere, kleinere Reaktoren. MARYLA aus dem Jahr 1963 war als Schulungsreaktor geplant (Leistung nur 100 W) und wurde nach einem Umbau u.a. für die Zubereitung von Brennelementen für EWA genutzt. 1973 entwickelten polnische Atomingenieure einen weiteren Schulungsmeiler AGATA, der Brennelemente für MARIA testen sollte. Darüber hinaus wurde an ihm künftiges Bedienungspersonal geschult. Der Reaktor ANNA entstand 1963 und hatte zunächst eine Leistung von 10 kW, ein eigenes Kühlungssystem und Bedienungspanel. Später wurde er zu einem Schnellbrüter (Prędka Anna) umgebaut und arbeitete mit sogenannten »schnellen Neutronen«. Die Krönung polnischer Atomtechnik stellte der UR-100 dar (Uniwersytecki Reaktor 100 kW), der an Stelle des veralteten MARYLA entstand. Er sollte serienmäßig produziert und an Atomphysik-Fachbereichen der polnischen Hochschulen zu Schulungszwecken eingesetzt werden. Nach erfolgreichen Tests wurde dieses Vorhaben, wahrscheinlich aus finanziellen Gründen, aufgegeben, der Reaktor selbst abmontiert und auf dem Gelände des Krakauer Bergbau- und Hüttenakademie AGH dem Zahn der Zeit überlassen.

Nach Krzysztof Wojciech Fornalski: *Reaktory jądrowe w Polsce* [Atomreaktoren in Polen]. In: Energia dla Przemysłu Nr. 3–4 (2011), S. 16–19 und ders.: *Anna, Agata, Maryla – zapomniane polskie reaktory* [Anna, Agata, Maryla – vergessene polnische Reaktoren]. In: Ekoatom Nr. 8 (2013), S. 9–17.

SZCZEBRZESZYN

波蘭 पोलैंड POLAND پولنڈ ПОЛЬША పోలాండ్ POLSKA போலந்து لهستان POLEN

Adrian Stadnicki / Julian Mrowinski

Anatomie eines Umweltprotestes Bürgerinitiativen gegen die Schiefergasförderung in Żurawlów*

David und Goliath, Żurawlów und Chevron

Nach dem Ende der Proteste herrscht wieder Ruhe in Żurawlów, der normale Alltag ist zurückgekehrt. Bis zuletzt stellte ein mit Heuballen, Gartenmöbeln und einem Beamer ausgestattetes Zelt den Mittelpunkt des Geschehens dar. Es war von Traktoren, die einen Feldweg blockierten, umgeben. Auf einem Banner ist weiterhin *occupy chevron*[1] zu lesen. Der Postbote lieferte Briefe und Pakete dorthin, der Arzt kam, um Erkrankte zu untersuchen, und ein mobiler Supermarkt versorgte die Kampierenden mit Lebensmitteln. Das Zelt wurde rund um die Uhr bewohnt, an manchen Tagen sogar von ganz Żurawlów. Jeder wollte sich aktiv an dem Protest gegen Chevron beteiligen. Die Aktivisten konnten anfangs nicht erahnen, dass sich die spontane Blockade einer Zufahrtsstraße zu einem der spektakulärsten polnischen Umweltproteste ausweiten sollte. Darüber hinaus wird in Polen der Ökologie sowie bürgerlichem Engagement geringe Bedeutung beigemessen.[2]

Mit der Zeit erschienen weitere Zelte, mehrere Banner, die Straße blockierende Traktoren, eine Kamera, die der Welt rund um die Uhr vom Geschehen in Żurawlów berichtete, eine Ansammlung von Nationalflaggen aus Deutschland, den USA und Südafrika, aus der Tschechischen Republik, Frankreich und Rumänien, die Unterstützer aus Solidarität mit sich brachten und der Symbolik wegen hinterließen. Die Eigendynamik und Dauer des Protestes der Bürgerinitiative gegen die Schiefergasförderung in Polen *occupy chevron* hatte niemand vorhersehen können. »Keiner von uns hätte sich das so vorgestellt – und schon gar nicht mit diesem Ausgang«, berichten die Anwohner. Nach 400 Tagen des zivilen Ungehorsams hat sich Chevron offiziell zurückgezogen. Das Protestcamp wird langsam geräumt, das Zelt steht leer.

Das Beispiel Żurawlóws spiegelt Verhaltensweisen der Befürworter und Gegner der Schiefergasförderung in Polen wider. Es wurden vielerorts Konzessionen von der polnischen Regierung an große Unternehmen wie Total, Chevron und ExxonMobil erteilt, die Probebohrungen genehmigen. Proteste sind folglich in der Regel allge-

*   Die Autoren danken der Deutsch-Polnischen Gesellschaft Berlin für die zuvorkommende und umfangreiche Unterstützung bei der Realisierung dieses Projekts.

1   Zur Online-Präsenz der Bürgerinitiative: http://occupychevron.tumblr.com sowie die gleichnamige Facebook-Seite.

2   Siehe dazu: Adam Ostolski: Ökologie, Demokratie und Moderne. Umweltproteste in Polen seit 1989. In: Dieter Bingen u.a (Hrsg.): Legitimation und Protest. Gesellschaftliche Unruhe in Polen, Ostdeutschland und anderen Transformationsländern nach 1989 (Veröffentlichungen des Deutschen Polen-Instituts, Bd. 31). Wiesbaden 2012, S. 204f.

genwärtig. Deswegen mag man sich wundern, warum ausgerechnet Żurawlów, eine Ortschaft in Südostpolen, fernab der nächsten Stadt, dermaßen in den nationalen wie internationalen Fokus der Proteste gegen das sogenannte Fracking in Polen rückte.[3]

Das kleine Dorf befindet sich inmitten ländlicher Prärie. Eine provinzielle Atmosphäre, freilaufende Kühe und viele Störche prägen das Bild der Ortschaft. Ein Bus fährt zweimal am Tag in Richtung Zamość, in die nächstgrößere Stadt, bekannt als das »Padua des Nordens«. Die Straßen sind holprig. Die Fahrt erinnert an jene alten Zeiten, in denen Schlaglöcher das Autofahren prägten. Am Wochenende beschränkt sich der Verkehr auf eine Fahrt pro Tag, um gläubigen Bewohnern zumindest den Besuch der Heiligen Messe zu ermöglichen. Es ist eine Ortschaft im strukturschwachen Südosten Polens, nicht allzu weit von der ukrainischen Grenze entfernt. Dank der Schwarzerde sind die Böden hier sehr fruchtbar, der großen Menge an qualitativ hochwertigen Wasservorkommen wegen blüht die Landschaft prächtig. Nahezu alle Bewohner in dieser Gegend sind Landwirte. Sie leben von der Natur und die Natur ist ihr Leben. Sie protestieren mit dem Slogan »Sie [die Landwirte] ernähren und

Die Ökologiebewegung in den 1980er Jahren

Charakteristisch für das Konstellationsklima der 1980er Jahre waren vor allem die im Frühjahr 1985 gegründete Bewegung »Freiheit und Frieden« (WiP) und die 1984–1985 entstandene Umwelt- und Friedensbewegung »Wolębyć« (Ich bin lieber). Die Tschernobyl-Katastrophe gab 1986 den Ökologiebewegungen einen zusätzlichen Schub, gleichzeitig rückte das Anti-Atomkraft-Thema in den Vordergrund. Vielerorts entstanden vegetarisch-ökologische Gruppen, die Fragen der Gesundheit, des Lebensstils und der Rechte von Tieren in die Bewegung integrierten. Zu einer weiteren Belebung kam es 1988 im Zuge der Proteste von jungen Arbeitern und Studenten. Die Ökologiebewegung und ihre Organisationen holten während der gesamten 1980er Jahre Menschen aus ihrer Zurückgezogenheit ins Private und gewannen sie für ein Engagement bei kleineren oder größeren Konflikten um geplante oder bereits gestartete Bauvorhaben. Ob die Atomkraftwerke in Zarnowitz und Klempicz, Zuchtbetriebe in den Beskiden, Mülhalden oder städtebauliche Initiativen wie der Ausbau der Warschauer Krzycki-Straße oder ein Hotelprojekt im Krakauer Planty-Park – jedes nichtökologische Bauvorhaben konnte Proteste auslösen und zu einem Lehrstück gesellschaftlichen Engagements werden. Derlei Proteste brachten den Umweltschützern die Sympathien der Bevölkerung ein. Daneben waren sie aber auch anderweitig aktiv, generierten Fachwissen und bildeten sich selbst und andere weiter. Parallel zu den unmittelbaren Aktionen wurden also grüne Ideen formuliert, die anschließend im ersten, zweiten und dritten Umlauf[1] kursierten.

Quelle: Adam Ostolski: *Ökologie, Demokratie und Moderne Umweltproteste in Polen seit 1989.* In: Dieter Bingen u.a. (Hrsg.): Legitimation und Protest. Gesellschaftliche Unruhe in Polen, Ostdeutschland und anderen Transformationsländern nach 1989. Wiesbaden 2012, S. 210.

1 Mit »erster Umlauf« werden legale, von der Zensur genehmigte Publikationen bezeichnet, »zweiter Umlauf« steht für Samisdat-Publikationen der Opposition, »dritter Umlauf« für subkulturelle Blätter jeglicher Couleur.

3 Die Forschungsreise nach Polen fand im Rahmen des Projektkurses »Ziviler Ungehorsam in Osteuropa« statt, der integraler Bestandteil des Masterstudiengangs »Osteuropastudien« am Osteuropainstitut der Freien Universität Berlin ist. Mitglieder der Gruppe sind: Anastasia Bamesberger, Martin Hoffstadt, Julian Mrowinski und Adrian Stadnicki. Der Artikel basiert auf Gesprächen mit den Aktivistinnen und Aktivisten.

Der Klimawandel ist wie Krebs

Tomasz Ulanowski spricht mit Professor Hans Schellnhuber, Direktor des Potsdam-Instituts für Klimafolgenforschung

Tomasz Ulanowski: Ist Schiefergas eine Alternative zur Steinkohle? In Westeuropa bewertet man das Schiefergas als eine Bedrohung für die erneuerbaren Energien. Für das durch die Steinkohle »schwarz gefärbte« Polen wäre die Schiefergasanwendung in der Industrie ein Riesenfortschritt.
Hans Schellnhuber: Selbstverständlich würde das Schiefergas in Polen eine Brücke zwischen der Steinkohle und den erneuerbaren Energien bilden. Die Technologie der hydraulischen Rissbildung beunruhigt mich nicht. Natürlich kann die Technologie in stark besiedelten Ländern wie z.B. in Deutschland nicht angewendet werden. Sie kann in großen Ländern wie den USA und in kleinen, wenig besiedelten wie Polen zum Einsatz kommen. Dabei müssen die Naturschutzbestimmungen eingehalten werden.
Polen würde bei der Umstellung aufs Schiefergas nicht nur deutlich die CO_2-Emission reduzieren, sondern auch die Luftqualität verbessern. Ich würde jedoch vor einer Euphorie, dass ein Eldorado entdeckt wurde, warnen. Irgendwann sind die Schiefergasbestände ausge-schöpft, aber bevor es dazu kommt, wird es immer teurer. Ihr müsst also in die modereneren Technologien investieren, z.B. in die erneuerbaren Energien.
Ulanowski: Sagen Sie eben das der Bundeskanzlerin Merkel, wenn Sie sie in Sachen Klima-wandel beraten?
Schellnhuber: Ich denke, dass die Bundesregierung die Situation Polens sehr gut kennt und dass sie sie versteht. Deutschland will Polen auf keinen Fall in die Ecke drängen. Umso mehr, als wir selbst Gas benötigen. Wir steigen aus der Atomkraft aus und entwickeln erneuerbare Energien, aber wir müssen sie ergänzen. Zurzeit machen wir das mit der günstigen Braunkoh-le, doch gerne würden wir günstiges Gas aus Polen statt des teuren aus Russland importieren. Ich denke, es ist nicht verkehrt, wenn ich sage, dass sich die meisten Deutschen über die Freundschaft zwischen unseren Ländern freuen. Und die meisten sind gegenüber Russland misstrauisch.

Zmiany klimatu są jak rak [Klimawandel ist wie Krebs]. In: Gazeta Wyborcza vom 9.–11. November 2013.

verteidigen«. Polens »Bauer des Jahres 2014« beackert hier seine Felder, auf denen Bio-Produkte gedeihen.

Ein mickriger David also, ein 100 Einwohner beheimatendes Dorf namens Żurawlów, versucht sich des mehr als einhundert Milliarden schweren Goliaths, Chevron, zu erwehren. Markanter könnten die Gegensätze zwischen den Hauptak-teuren wohl nicht sein.

(K)Ein erstes Treffen

Es sprach sich herum, dass das US-amerikanische Unternehmen eine Konzession für Probebohrungen in unmittelbarer Nähe Żurawlóws erwarb. Aufgrund dessen informierten sich die Anwohner über die Vor- und Nachteile der hydraulischen Fraktur, zunächst im Internet, gegen Ende des Protests sogar auf Fachtagungen. Die Menge an diesbezüglichem Infomaterial füllt inzwischen ein Dutzend voller Ordner.

In Zusammenarbeit mit dem Ortsvorsteher und dem Landrat lud die Firma Chevron die Anwohner am 19. Januar 2012 zu einer Informationsveranstaltung in das hie-sige Gemeindehaus ein. Man wollte sich von der besten Seite zeigen. Ein Catering-

Der wachsende Energiebedarf zwingt Polen, neue Energiequellen zu suchen. Eine der zunehmend häufiger vorgeschlagenen Lösungen ist der Bau von Atomkraftwerken. Nehmen wir an, dass sich der Abbau von polnischen Schiefergasvorkommen ebenfalls als realistisch erweist. Soll Polen in einer solchen Situation auf die Entwicklung von ...-energie setzen? (%)

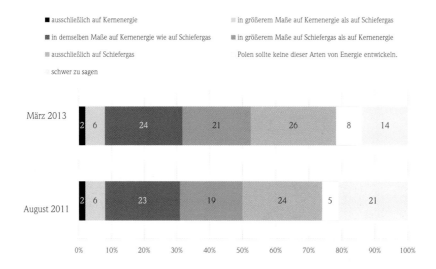

Quelle: CBOS BS/51/2013: Polacy o energetyce jądrowej i gazie łupkowym [Die Polen über Atomenergie und Schiefergas]. Warszawa 04/2013; hier nach Polen-Analysen Nr. 154 http://www. laender-analysen.de/polen/pdf/PolenAnalysen154.pdf

Service wurde beauftragt und es gab ein großes Buffet. Den Bürgern wollte man von den Vorteilen der Energie aus Polen für Polen berichten. Es sollte für Akzeptanz geworben werden. Denn diese sei für eine erfolgreiche Schiefergasförderung unabdingbar. Nur gemeinsam könne man davon profitieren. Das Verhalten potenziell betroffener Anwohner lässt sich aber in der Regel mit *»NIMBY«, not in my backyard* – nicht vor meiner Haustür – umschreiben. Um die Akzeptanz zu fördern, wurden Vorschläge gemacht, in Żurawlów zu investieren. Die Anwohner lehnten dies nach einigem Hin und Her ab. »Chevron investiert und erkauft sich damit unsere Akzeptanz. Darauf wollten wir uns nicht einlassen«, betont eine Bewohnerin.

Die Mehrheit der Bewohner lehnte die Schiefergasförderung von Anfang an ab. Über den neuen, landeseigenen Rohstoff freute man sich, über die neue Fördertech-

Glauben die Polen an den Klimawandel? Ja, sie glauben daran. Bei einer Umfrage unter erwachsenen Polen haben ca. 81% der Befragten erklärt, dass der Klimawandel ein ernstes oder ein sehr ernstes Problem für die Welt darstellt. Bei einer Befragung junger Menschen ergab sich Ähnliches – 78% stimmten der Interpretation zu. Relativ wenige Personen sind der Meinung, dass dem Klimawandel natürliche Prozesse zugrundeliegen und dass die Menschheit keinen Einfluss auf deren Verlauf hat. In der Gruppe der erwachsenen Befragten waren 12,5% dieser Meinung, in der Gruppe der jungen Befragten 10,5%. Trotz der im Internet häufig vertretenen Meinung, die den Klimawandel negiert, stellt sich also heraus, dass prozentual gesehen nur wenige Polen so denken.

Adrian Wójcik: *Niewiara kilku młodych przekonanych* [Zweifel einiger junger Überzeugter]. In: Polit`YKA` vom 23. November 2013.

nologie hingegen nicht. Dennoch begrüßten die Anwohner zunächst die Initiative von Chevron. Sie wünschten eine Auskunft mit Blick auf die Konzession und weitere Pläne. Sie wollten wissen, was geplant sei und vor allem, ob es bei einer bloßen Probebohrung bleibe oder ob tatsächlich gefrackt werden sollte. Entscheidend war, dass sie das Vorgehen ablehnten. Zu groß seien die Risiken. »Wir leben hier auf den wichtigsten Wasservorkommen Polens und im Naturschutzgebiet NATURA2000«, führt einer der Protestierenden an.

Die Bewohner des kleinen Dorfs luden externe Wissenschaftler, Hydrologen von der Universität Lublin und Journalisten ein, um dem Unternehmen auf Augenhöhe zu begegnen. Zudem trat man in Żurawlów mit Personen in Kontakt, die bereits mit der Schiefergasförderung in Polen in Berührung gekommen waren. Diese reisten aus Lodz, Danzig, Thorn, Breslau, Krakau und Warschau an, um die Anwohner im Umgang mit dem multinationalen Großkonzern zu unterstützen. Anwohner der umliegenden Dörfer, Szczelatyń und Rogów, kamen ebenfalls zu der Infoveranstaltung. Offensichtlich waren auch diese Bürger besorgt um ihr (Heimat-)Land, das sie schon seit Generationen beackern.

Der von Chevron angemietete Bus traf pünktlich um 15 Uhr ein. Die Mitarbeiter der Firma, Angestellte des Polnischen Geologischen Instituts sowie der Landrat betraten den Saal. Sie wurden vom Ortsvorsteher empfangen und in den Saal

gebeten. Irritiert von der Menschenmenge im Gemeindesaal und offenbar negativ überrascht von der Anwesenheit der Medien, wurde seitens Chevron erklärt:
»Dieses Treffen ist ausschließlich für die Anwohner Żurawlóws organisiert worden.
Wir bitten darum, das zu akzeptieren. Wenn die Kameras die Räumlichkeiten nicht
verlassen, verlassen wir diese.« Auf die Frage, warum die Medien nicht erwünscht
waren, erhielten die versammelten Bürger keine Antwort. Bis auf zwei Professoren
verließen alle im Bus angereisten Personen das Informationstreffen unmittelbar
nach dessen Beginn. Die Wissenschaftler teilten mit, Auskunft geben zu wollen.
Doch die Auskunft erschien den Anwohnern in grotesker Weise anmaßend. Die
Aussage, das verschmutzte, mit Chemikalien belastete Wasser werde von Żurawlów
mit LKWs nach Danzig gefahren, das ca. 650 Kilometer entfernt ist, beäugten die
Anwohner ebenso kritisch wie die Behauptung, bei den Chemikalien handle es sich
hauptsächlich um natürliche und harmlose Stoffe, wie beispielsweise Zitronensäure.
Ähnliche Informationen lassen sich auch auf Flyern der Firma finden.[4]

Aufruhr machte sich im Gemeindehaus breit. Sollte das von Chevron organisierte Informationstreffen tatsächlich ohne den Gastgeber stattfinden? Waren diese
Informationen glaubwürdig? Die Bürger fühlten sich umgangen und fürchteten,
weiterhin umgangen zu werden. Man erhoffte sich eine offene und kritische, auf
Tatsachen basierende und unvoreingenommene Diskussion. Ein ehrliches Abwägen der Pro- und Contra-Argumente. Sie wollten wissen, was vor ihrer Haustür in
Zukunft geschehen wird, und sie wollten darüber mitbestimmen können. Letzteres
sahen sie gefährdet, es wirkte, als zählte ihre Meinung nicht. Einige Anwohner,
die anfangs der Förderung des neuen polnischen Rohstoffes nicht abgeneigt waren,
änderten daraufhin ihre Meinung.

Schnell entstand der Eindruck, Chevron wolle sich auf eine offene Diskussion nicht
einlassen und spiele nicht mit offenen Karten. »Chevron will nur sprechen, nicht anderen zuhören und schon gar nicht offen diskutieren«, schlussfolgerte einer der Anwohner. Die erste Begegnung der Bewohner von Żurawlów mit dem polnischen »Schiefer-
gas-Eldorado«, wie die Gazeta Wyborcza titelte[5], enttäuschte die Protestierenden.

Zwischen den Bewohnern und dem Energiekonzern herrschte von diesem Zeitpunkt an eine immer länger andauernde Eiszeit. Chevron betonte stets, man sei zu
Gesprächen bereit, allerdings nur unter Ausschluss der Öffentlichkeit. In Grabowiec
wurde in der Gemeinde ein Informationspunkt eingerichtet. Angesichts der Risiken
der Technologie und des (Nicht-)Auftritts des Konzerns bei dem selbst initiierten
Treffen wuchs in Żurawlów die Zustimmung zu aktivem Widerstand, zum zivilen
Ungehorsam. David sollte sich gegen Goliath wehren.

---

4   Vgl. http://www.chevron.pl/documents/Freeing_Up_Energy_pl.pdf, S. 8, aufgerufen am
    29.9.2014.
5   Vgl. Andrzej Kublik: Gazowe Eldorado [Schiefergas-Eldorado]. In: Gazeta Wyborcza vom 6. Juni
    2010, S. 1.

Der Anfang vom Ende: Beginn der inneren Mobilisierung der Anwohner

Am 13. März 2012 plante Chevron die für die Probebohrung nötigen Bauarbeiten stillschweigend einzuleiten. Schweres Baugerät rückte frühmorgens gegen 4 Uhr an. Dennoch konnte keines der Baufahrzeuge seine Arbeiten an diesem Tage verrichten. Die Protestierenden blockierten die einzige Zufahrtsstraße, die zu dem von der Firma gepachteten Grundstück führt. Es handelte sich um einen Feldweg, an den nun das leer stehende Zelt grenzt. Eine Zufahrtsstraße, deren Nutzung ausschließlich den Landwirten vorbehalten ist. Die Bewohner Żurawlóws, so sagen sie, sahen in dieser Maßnahme einerseits die einzige Möglichkeit, Chevron zur Rede zu stellen und Informationen über das geplante weitere Vorgehen zu erhalten. Andererseits wurde die Blockade als *ultima ratio* herangezogen, um die eventuelle Förderung von Schiefergas zu verhindern. Mit dieser Aktion begann der zivile Ungehorsam in Żurawlów. Man wollte auf keinen Fall, dass Chevron das Feld betrete, sofern die Absichten nicht offengelegt würden. Aus Sicht der Protestierenden würde der Beginn der Bauarbeiten einen *point of no return* darstellen, von dem aus es kein Zurück mehr gebe.

Die Unterstützer des Protests finanzierten einen Anwalt, der fortan mit zunehmender Arbeit beschäftigt werden sollte. Parallel zur Blockade klagten die Anwohner gegen einen Bescheid, der Chevron die Bauarbeiten unter dem Gesichtspunkt des

Sind Sie im Allgemeinen ... (%)

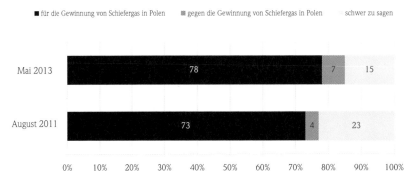

Wenn in der Nähe Ihres Wohnortes Schiefergas gefördert werden sollte, wären Sie dann für und gegen diese Entscheidung? (%)

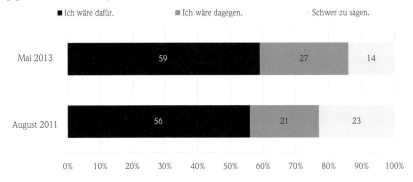

Sind Sie der Meinung, dass die Schiefergasförderung ungefährlich ist für ...? (%)

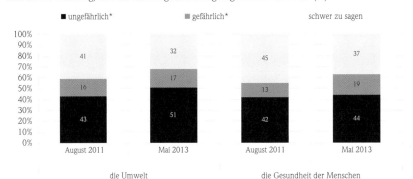

*Die Antworten »vollkommen ungefährlich (gefährlich)« und »eher ungefährlich (gefährlich)« wurden zusammengefasst.

Quelle: CBOS BS/76/2013: Społeczny stosunek do gazu łupkowego [Das Verhältnis der Bevölkerung zu Schiefergas]. Warszawa 06/2013; hier nach Polen-Analysen Nr. 154 http://www.laender-analysen.de/polen/pdf/PolenAnalysen154.pdf

Umweltschutzes genehmigte. Ohne diese Genehmigung durfte der Konzern nicht mit den Probebohrungen beginnen. Zu dem Zeitpunkt des geplanten Baubeginns lag die Entscheidung des Gerichts jedoch noch nicht vor. Eigentlich hätte Chevron mit den Arbeiten ohnehin auf den Entscheid der Richter warten müssen, so die Protestierenden. Die Bürger setzten erste Hoffnungen auf die Entscheidung des Gerichts und wollten unbedingt so lange auf dem Feld verharren, bis Recht gesprochen wurde.

Die Blockade des Feldwegs führte zu einer großen Menschenansammlung. Neben den Arbeitskräften von Chevron und den protestierenden Bürgern Żurawlóws kamen die Polizei, der Landrat und das Ordnungsamt hinzu. Den Gesetzeshütern war es unmöglich, den Feldweg zu räumen. Es handelte sich ja um keine öffentliche Straße. Die Baufahrzeuge andererseits wollten das von Chevron erworbene Feld befahren. Eine Pattsituation war entstanden. Es kam zu einer Auseinandersetzung um die Rechtmäßigkeit der Proteste. Der Schwerpunkt der Diskussion verschob sich allerdings schnell auf die Rechtmäßigkeit des Vorgehens von Chevron.

Die Protestierenden verwiesen auf die fehlende Sondergenehmigung zum Befahren des Feldwegs durch die schweren Baufahrzeuge. »Wir weichen nicht, solange diese nicht vorliegt«, ließen die Anwohner Żurawlóws verlauten. Der Gemeindevorsteher, der Landrat und die Polizei beschwichtigten, indem sie anmerkten: »Die Dokumente sind jetzt nicht da, aber Chevron bringt sie gleich. Chevron wird sie sofort aus Warschau bringen lassen.« Es wurde gewartet. Als die Dokumente nach acht Stunden noch nicht vorlagen, hieß es: »Wenn die Dokumente heute nicht da sind, dann kommen sie morgen. Und wenn nicht morgen, dann übermorgen. Die Genehmigung wird erteilt werden!« Zudem sollten die Bauarbeiten in der Brutzeit einiger geschützter Vogelarten, die sich von Anfang März bis Mitte Juni erstreckt, durchgeführt werden. Es war der 13. März 2012. Ein weiteres Mal verwiesen die Protestierenden auf gültige Rechtsvorschriften, die für diese Zeit eine Bausperre vorsahen. Lapidar fragte der Landrat die Protestierenden: »Wo sind denn diese Vögel? Ich kann sie nicht sehen.«

Der Versuch, gültige Rechtsvorschriften zu umgehen, führte schließlich zur inneren Mobilisierung der Protestierenden. Sie bezeichneten es als arrogant, sich über die für alle Teile der Gemeinschaft und Gesellschaft geltenden Rechtsnormen hinwegzusetzen. Die Stimmung wandelte sich von der anfänglichen Skepsis in aktiven

Protest um: »Was kann uns passieren, wenn wir protestieren? Die brechen doch das Recht! Nicht wir!« Die Bürger beschlossen, den Feldweg so lange zu blockieren, bis alle rechtlichen Mittel ausgeschöpft waren oder Chevron freiwillig resignierte. Bis es soweit war, sollten 400 Tage vergehen.

Fortan stemmte sich bis auf zwei Landwirte, die Chevron ihre Felder überließen, ganz Żurawlów gegen die anstehende Probebohrung. Die Ortschaft trat von diesem Zeitpunkt an als kleine, aber geschlossene Gemeinschaft auf. Die Umgebung um den Feldweg herum veränderte sich rasant. Traktoren und Anhänger blockierten diesen permanent. Banner wurden aufgestellt, auf denen unter anderem zu lesen war: »Chev*v*ron*g*. Stoppt die Förderung von Schiefergas; Vergifter, verschwindet von unseren Feldern.« Medien, Besucher und Sympathisanten reisten an, um sich vor Ort ein Bild der Lage zu machen.

Der Protest gegen Chevron dominierte das Leben der Aktivisten. »Jeder half, wie er nur konnte. Wir standen in ständigem Kontakt zueinander. Wir lösten uns gegenseitig bei der Wache ab. Einer von uns organisierte das Zelt, ein anderer die Solaranlage, mit der die Kamera betrieben wird. Wir wollten sauberen Strom. Im Winter brauchten wir eine Heizung. Einige, die es sich leisten konnten, hörten sogar auf zu arbeiten«, fasst eine Bewohnerin zusammen.

»Es war ein ständiges Auf und Ab«, fährt die Frau fort, »wir konnten immer nur auf der rechtlichen Grundlage protestieren, Chevron auf die Finger schauen und Unzulänglichkeiten melden. An einem Tag wurde uns Recht zugesprochen, am nächsten Tag Chevron. Unsicherheit prägte die Zeit auf dem Feld. Das Ergebnis war immer offen.«

Die Anwohner werden gefragt, ob es nicht niederschmetternd und kräftezehrend sei, sich gegen ein Milliardenschweres Unternehmen zu wehren. Darauf antworten sie mit einem kühlen: »Ja. Das ist es.« Für einen Moment herrscht Stille, dann wird die knappe Aussage erläutert: »Das, was uns von Anfang an antrieb, war, auf die Rechtsverstöße seitens Chevron aufmerksam zu machen. Wir hatten doch gar keine andere Möglichkeit. Unser Protest basierte einzig und allein auf den rechtlichen Rahmenbedingungen. Da das Recht auf unserer Seite stand, hat uns dieser Umstand in unserem Handeln bestärkt und uns motiviert durchzuhalten, egal, was kommen sollte.« Die Anwohner betonen immer wieder die Gleichheit vor dem Gesetz, für David und Goliath gelten dieselben Regeln. »Hätte es diese Regeln nicht gegeben«, merkt einer der Anwohner an, »niemals hätten wir so lange durchgehalten. Man hätte uns gebrochen. Warum soll Chevron einfach ohne die erforderlichen Sondergenehmigungen mit den Bauarbeiten beginnen dürfen? Wir als Landwirte brauchen diese auch!«, unterstreichen die Bewohner Żurawlóws.

Reaktionen von Chevron

Der Durchhaltewillen und die Widerstandskraft der Protestierenden sollten nicht nur durch Chevron auf die Probe gestellt werden. Eine Reaktion des Konzerns

erfolgte kurz nach Beginn der Proteste. Die Firma schlug den Rechtsweg ein. Die amerikanische Rechtsanwaltskanzlei McKenna wurde beauftragt, den Anführer der Bürgerinitiative ausfindig zu machen, um diesen juristisch zu belangen. Eine Protestierende, die selbstbewusst zu der versammelten Menge sprach, wurde sogleich als Leiterin identifiziert. In ihr dachte man die Anführerin dieser Protestbewegung gefunden zu haben und zeigte sie an. Das erste Gerichtsverfahren wurde mit einer Forderung von 1.000 PLN eingeleitet. Fünf weitere sollten noch folgen. Die Betroffene merkt an, sie besuche jede Woche das Gericht, und fügt hinzu, die Einwohner ließen sich weder einschüchtern, noch würden sie Kosten scheuen.

Schon bald kam täglich ein »Kameramann« zum Protestlager, der in der Regel Naturaufnahmen machte. Sobald jedoch die Aktivisten gefilmt wurden, rechneten die Anwohner mit einer Aktion seitens Chevron. So eilten beispielsweise Mitarbeiter der Firma herbei, um Werkzeuge und andere Utensilien von ihren Pickups abzuladen. Daraufhin begannen die Protestierenden das Baumaterial wieder auf die Autos zurück zu hieven. Das diente Chevron vor Gericht als Beweis dafür, dass die Aktivisten unbefugt Material von Chevron nutzen. Schon seit einem Jahr läuft dieses Verfahren vor Gericht. »So sieht die Zermürbungstaktik von Chevron aus«, kommentiert einer der Aktivisten diese Aktion. »Wegen jeder Banalität wird man vor Gericht gebracht. Jetzt sitzen wir im Gericht und schauen zusammen mit der Richterin 70 Stunden Filmmaterial«, fährt er fort.

Die Aktivisten versuchten polnische Politiker auf lokaler, regionaler und nationaler Ebene für die Geschehnisse in Żurawlów zu sensibilisieren – vergeblich. Entgegen jeglichen Hoffnungen der polnischen Bürger stellten sich hochrangige Politiker auf die Seite des US-amerikanischen Unternehmens. Die Exekutive hatte den Gemeindevorsteher sogar aufgefordert, den Protest aufzulösen, damit Chevron nicht weiter

in seinen Tätigkeiten behindert wird und die Probebohrungen endlich beginnen können. Die Ablehnung der Proteste in Żurawlów seitens der polnischen Eliten wurde vielmehr zu einem weiteren Hindernis für den Widerstand der Bevölkerung.

Druck sei darüber hinaus von oben auf die lokalen Behörden ausgeübt worden, sagt eine Aktivistin, der Landrat habe Angestellte in seiner Behörde angewiesen, keine Dokumente auszufüllen, die die Arbeit von Chevron behindern könnten. Betroffene Angestellte im öffentlichen Dienst zeigten sich beeindruckt. Auch wenn nicht wenige dem Protest nicht abgeneigt waren, nahmen sie nicht aktiv daran teil. Da die Besetzung der Stellen in der Gemeinde dem Landrat obliegt, fürchteten viele um ihren Arbeitsplatz. Das Verhältnis zwischen Chevron und den lokalen Behörden wird wie folgt zusammengefasst: »Wenn die Amerikaner kommen, dann stehen unsere Beamten hier stramm.«

Ein ähnliches Bild zeichnete sich auf Fachtagungen ab. Zahlreiche Protestierende nahmen an Konferenzen teil, mit dem Ziel, Wissen zu generieren. Auf einer solchen Konferenz meldete sich ein Repräsentant des Aufsichtsamts für Umweltschutz zu Wort und trat für weniger strenge und zuvorkommende Kontrollen ein, um Firmen wie Chevron nicht abzuschrecken und zu Investitionen zu motivieren. Von diesem Herrn hatten die Aktivisten eigentlich andere Worte erwartet. Doch wirklich verwundert hat diese Aussage niemanden. Es war lediglich ein Beweis dafür, dass staatliche Institutionen an Entscheidungen der Regierung gebunden sind, die das Fracking befürwortet.

Die Bürger in Żurawlów sahen sich somit nicht nur einem Goliath ausgesetzt. Die Akzeptanz der Proteste war insgesamt gesehen sehr gering, mit vereinzelten Ausnahmen. »Gerettet hat uns nur, dass sich die EU eingeschaltet und die Regierung aufgefordert hat, Repressalien uns gegenüber einzustellen«, fügt die vermeintliche Anführerin verschmitzt lächelnd hinzu, »und dass Chevron ohne gültige Konzession nicht bohren darf sowie der Umstand, dass die ganze Welt von uns wusste und uns sehen konnte.« Mit der EU meint die Aktivistin den britischen und den französischen EU-Parlamentarier Keith Taylor und Joseph Bové, die sich für die Protestbewegung in Żurawlów gegenüber der polnischen Regierung stark gemacht haben.

David besiegt Goliath

Im Juli 2014 war es dann soweit. Chevron zog sich in einer Nacht-und-Nebelaktion zurück, im Gegensatz dazu scheint die Popularität der Bürgerinitiative aus Żurawlów zu bleiben bzw. sogar anzusteigen. Aus *occupy chevron* ist die ökologische Initiative *zielony Żurawlów*[6] entstanden. Denn die Protestierenden möchten die Erfahrungen aus dem 400-tägigen Protest für umweltbezogene Ziele einbringen. Dem Thema Ökologie soll damit im gesellschaftlichen Diskurs Nachdruck verliehen werden. Mit Erfolg, wie sich herausstellt. Żurawlów gewann einen von Greenpeace Polska initiierten Wettbewerb und freut sich seitdem über neue Solaranlagen für die Ortschaft. Ob die aus *occupy chevron* hervorgegangene Initiative *zielony Żurawlów* der ökologischen Bewegung in Polen zukünftig zum Durchbruch verhilft, bleibt mit Spannung abzuwarten. Die Voraussetzungen hierfür sind gegeben, war doch der Protest der lokalen Bevölkerung gegen Chevron letztlich erfolgreich.

6   Zur Online-Präsenz siehe die gleichnamige Facebook-Seite: www.facebook.com/zurawlow.

SOLINA

ПОЛЬША · ПОЛЬСКО · LENKIJA · POLAND · POLOGNE · POLEN · POLONIA · ЛАХИСТОН · POLSKA

Die Partei ist ein Raum für die gemeinsame Arbeit an Veränderung

Justyna Samolińska im Gespräch mit Adam Ostolski

Justyna Samolińska: Wie ist Adam Ostolski zu den Grünen gekommen? Hast du dich schon vorher politisch engagiert?

Adam Ostolski: Wie die meisten Grünen habe ich mein Engagement in den sozialen Bewegungen begonnen. In den 1990er Jahren war ich in der Umweltbewegung engagiert. In der Gruppe, der ich angehörte, haben wir besonderen Wert auf die Rechte der Tiere gelegt. Die erste Demonstration in meinem Leben war eine Protestkundgebung vor einem Zirkus gegen die Dressur von Tieren. Ich erinnere mich sehr lebhaft daran. Damals war ich in der achten Klasse und habe zum ersten Mal in meinem Leben durch ein Megaphon gesprochen.

Im Studium habe ich mich aus allen Aktivitäten herausgezogen, aber nach einigen Jahren kehrte die Leidenschaft für Politik zurück. Es begann die Zeit von Manifa[1] und Gleichheitsparade[2], später folgten die großen Demonstrationen gegen den Krieg im Irak.

2002 entstand mit der Krytyka Polityczna[3] ein Milieu, das ich von Anfang an mitgestalte und das ein linkes Element in die Öffentlichkeit und an die Universität einbrachte. Bei den Demonstrationen und auf Treffen, die von der Krytyka Polityczna organisiert wurden, bin ich oft auf Grüne gestoßen. Auf eine natürliche Weise begann ich sie – uns – als politische Vertretung dieses Elements zu betrachten.

Samolińska: Die Grünen sind eine Partei vieler Widersprüche. Einer der Hauptvorwürfe, die ich höre, wenn von dieser Partei die Rede ist, ist das Beiwort »bürgerlich« – die gesamte Wählerschaft der Partei konzentriert sich in den Großstädten. Andererseits betreffen die grünen Postulate doch vorwiegend das Land, die ökologische Landwirtschaft, die Achtung vor der Natur, die Unterstützung kleiner, lokaler Gemeinschaften, wie etwa der in Żurawlów[4]. Wie kann man diese beiden Ebenen zusammenbringen?

---

1 Als Manifa bezeichnet man Frauendemonstrationen am 8. März, die von linken Organisationen, darunter der polnischen Grünen-Partei, organisiert werden. (Alle Anm. von der Redaktion.)
2 Die Warschauer Gleichheitsparade ist die größte Demonstration gegen Intoleranz und soziale Ausgrenzung in Mittel- und Osteuropa und findet jedes Jahr im Sommer statt. Sie wird von linken Gruppen, darunter Schwulen- und Lesbenorganisationen, veranstaltet.
3 Über das Milieu der Krytyka Polityczna siehe auch Philipp Goll und Stefanie Peter: In der Schönen Neuen Welt. In: Jahrbuch Polen 2011 Kultur, S. 88–102.
4 Siehe dazu auch den Beitrag von Adrian Stadnicki und Julian Mrowinski in diesem Jahrbuch.

Ostolski: Vergiss bitte nicht die Kleinstädte (lacht). Ich stamme selbst aus einer Kleinstadt, mein Großvater war Krankenwagenfahrer, meine Großmutter Buchhalterin, aber sie hatten auch ein Stück Feld, das sie bewirtschafteten. Heute wohne ich in einer Großstadt und wähle die Grünen. Da bin ich aber keine Ausnahme, denn eine ganze Menge Leute in Polen haben Biografien, die nicht in die simple Zweiteilung Stadt/Land passen wollen.

Es ist wahr, dass viele grüne Ideen unmittelbar die Lebensbedingungen auf dem Lande betreffen. Die dezentralen erneuerbaren Energien, das sind lokale Arbeitsplätze. Der Einsatz für lokale Bahnverbindungen, das ist der Kontakt zur Welt. Kürzlich haben die Grünen anlässlich der Reform der Gemeinsamen Agrarpolitik im Europäischen Parlament dafür gekämpft, dass die EU-Subventionen mehr den Familienbetrieben zugutekommen und nicht den Großbetrieben. Aber das wichtigste ist eine Veränderung des Denkens in Bezug auf die Beziehungen zwischen Stadt und Land. Manche versuchen, politisches Kapital aus den negativen Emotionen der Stadtbewohner gegenüber dem Land zu schlagen, besonders aus Überheblichkeit oder Egoismus. Die Kampagne »Stoppt die Janosik-Kommunalsondersteuer«[5] oder die Ideologie des »Polarisations-Diffusions-Entwicklungsmodells«[6] sind dafür gute Beispiele. Als Grüne wollen wir die Wählerinnen und Wähler überzeugen, dass sie sich für eine andere Vision aussprechen, die auf Solidarität und der Tatsache beruht, dass wir aufeinander angewiesen sind.

Samolińska: Eine der wichtigsten grünen Forderungen ist der Übergang zu einer Niedrigemissionswirtschaft aufgrund der Notwendigkeit, dem Klimawandel entgegenzuwirken. In der polnischen Realität ist das schwierig, denn die Wirtschaft bei uns stützt sich zu 95% auf Kohle. Ist in Polen eine ähnliche Wende vorstellbar, wie sie sich seit einigen Jahren in Deutschland vollzieht?

Ostolski: Wie ein chinesisches Sprichwort sagt, beginnt eine tausend Meilen weite Reise mit dem ersten Schritt. Die deutsche Energiewende ist ein imponierendes Projekt, von dem man sich sehr wohl inspirieren lassen kann, das wir jedoch nicht einfach automatisch kopieren können. Faszinierend an der deutschen Energiewende ist besonders, dass diese nicht nur eine Umstellung auf andere Energiequellen, sondern auch eine gesellschaftliche Veränderung bedeutet, die Übernahme der Energieerzeugung durch Privatpersonen und Genossenschaften. In Ländern mit einer schwächeren Genossenschaftskultur bringen die gleichen rechtlichen Lösungen nicht den gleichen Effekt. Vor allem müssen wir dafür sorgen, dass wir bei dieser Gelegenheit nicht die Energiearmut vergrößern. Deshalb beobachte ich mit großem Interesse die weniger bekannte, aber ebenso interessante Transformation, die gerade in Frankreich unter der rot-grünen Koalition begonnen wird. Die allgemeine Richtung ist dieselbe: Verringerung des Anteils der Atomenergie am Energiemix und Förderung der erneuerbaren Energiequellen. Aber Frankreich hat mit der

---

5   Gemeint ist eine Art »Länderfinanzausgleich«, bei dem reiche Kommunen zur Kasse gebeten werden, um schwächer entwickelte Regionen zu unterstützen. Der Volksheld Janosik war eine Art Robin Hood im polnisch-slowakischen Grenzgebiet.

6   Siehe dazu Iwona Sagan: Polnische Regional- und Metropolenpolitik: Kohärenz oder Konkurrenz? In: Jahrbuch Polen 2012 Regionen, S. 29–39.

Einführung progressiver Stromgebühren sowie einem Regierungsprogramm für die Wärmedämmung an Gebäuden begonnen, und zwar besonders an denjenigen, in denen die Armen wohnen. Das ist auch ein sehr anregendes Beispiel.

Samolińska: Du hast dich lange gegen die Kandidatur zum Parteivorsitzenden gewehrt, obwohl du immer zu den wichtigsten Personen dieser Partei gehörtest. Weshalb hast du dich in diesem Jahr entschlossen, den Kampf um die Führung aufzunehmen?

Ostolski: Ich versuche einfach an der Stelle zu arbeiten, an der meine Arbeit am meisten Nutzen bringt. 2006, als man mich zum ersten Mal zur Kandidatur über-

redete, war ich frisch gewählter Vorsitzender des Warschauer Kreises und dachte,
dass ich mehr erreiche, wenn ich die Warschauer Grünen zu einem eigenständigen
Start bei den Kommunalwahlen führe. Trotz vieler skeptischer Stimmen ist uns das
gelungen, überwiegend dank des Engagements von Agnieszka Grzybek und Magda
Mosiewicz, die Personen aus vielen unterschiedlichen Milieus und Organisationen
dazu bewegten, auf grünen Listen zu kandidieren. Das war eine sehr ermutigen-
de Erfahrung, die mir gezeigt hat, dass wir uns als Partei nicht in einem Vakuum
bewegen.

Eine wichtige Erfahrung war für mich auch die Arbeit bei ZIELONE WIADOMOŚCI
[Grüne Nachrichten], die ich einige Jahre lang zusammen mit Beata Nowak
redigiert habe. Dank Beata wurde diese Zeitschrift zu einer Brücke zwischen den
Grünen und den sozialen Bewegungen und dank der kontinuierlichen Arbeit von
Bartłomiej Kozek auch zu einer Art grünem Think Tank. Jetzt hatte ich das Gefühl,
dass ich in der Rolle des Parteivorsitzenden mehr erreichen kann, denn ich sehe,
dass die nächsten zwei Jahre für die Grünen und für Polen entscheidend sein können. Wir befinden uns mitten in einer Phase der Neuausrichtung der politischen
Bühne, und jetzt entscheidet sich, wer dort mitspielen wird. Mir liegt daran, dass
die Polinnen und Polen nicht dazu verurteilt sind, nur zwischen den »grauen Partei-
en« des politischen Establishments wählen zu müssen.

Samolińska: Seit du Parteivorsitzender bist, sind viele neue Mitglieder in die Partei
eingetreten. Wenn wir einmal ausschließen wollen, dass sie nicht wegen deines
persönlichen Charmes gekommen sind – was denkst du, ist bei den Grünen unter
deinem und Agnieszkas Vorsitz attraktiver geworden als vorher?

Ostolski: Schwierig, das so einfach auszuschließen, aber versuchen wir es (lacht).
Wir bitten unsere neuen Mitglieder, die Motive zu nennen, aus denen heraus sie in

die Partei eingetreten sind, daher muss ich hier nicht raten. Die entscheidende Rolle hat das klare Signal gespielt, dass wir beschlossen haben, auf eigenen Beinen zu stehen. Die Ankündigung, bei der Wahl als eigenständige Partei anzutreten, zieht Personen an, die heute im Parlament keine Vertretung haben und in den Grünen eine Chance für Veränderung sehen. Das sind Menschen, die bereit sind, kontinuierlich zu arbeiten, und die nicht vom schnellen Erfolg abhängig sind, zugleich aber wollen, dass ihr Engagement sich in der Realität niederschlägt. Die Partei, die ich zusammen mit Agnieszka Grzybek aufbaue, ist einfach ein Raum für die gemeinsame Arbeit an Veränderung.

Samolińska: Welche Forderungen der Grünen sind für dich persönlich die wichtigsten?

Ostolski: Das hängt davon ab, wie persönlich ich darauf antworte ... Ich möchte meinen Partner heiraten können und gemeinsam in einer neugebauten kommunalen Wohnung leben. Auf dem Dach des Gebäudes sollen Solarzellen stehen, und unsere Kinder sollen in eine gute öffentliche Schule gehen – oder auch sicher mit dem Fahrrad dorthin fahren können –, die aus progressiven Steuern finanziert wird. Das ist meine Vision vom bürgerlichen Glück (lacht). Und das soll alles in Polen sein und nicht in einem Land, in das man dafür auswandern muss. Es ist also wirklich schwierig, aus dem grünen Programm eine Forderung herauszupicken, dieses Programm bildet eine ziemlich homogene Einheit, da es einer bestimmten Weltsicht entspringt. Für mich ist am wichtigsten, dass die Grünen eine Systemalternative vorschlagen – besser gesagt, dass sie dazu einladen, eine solche Alternative gemeinsam zu suchen und aufzubauen.

Samolińska: Ihr habt kürzlich angefangen, mit den Gewerkschaften zusammenzuarbeiten. Ist das eine Flucht vor der großstädtischen Wählerschaft?

Ostolski: Eher der Versuch einer stärkeren Verankerung der grünen Aktivitäten in der realen Gesellschaft und eine Erweiterung der sozialen Bewegungen, mit denen zusammen wir Polen verändern wollen. Die Zusammenarbeit mit den Gewerkschaften ist tatsächlich in letzter Zeit sichtbarer, aber hinter uns liegen schon einige Jahre kontinuierlicher Arbeit. Heute kommen uns die Umstände mehr zugute, denn die Regierung der Bürgerplattform und der Bauernpartei hat den gesellschaftlichen Dialog völlig vernachlässigt, die traditionellen Methoden gewerkschaftlicher Tätigkeit stoßen auf eine immer dickere Mauer, und daher werden auch die Gewerkschaften offener für neue Partner und neue Handlungsmöglichkeiten.

Wir haben engere Kontakte zu den Gewerkschaften im öffentlichen Dienst geknüpft: zum Polnischen Lehrerverband und zum Gesamtpolnischen Gewerkschaftsverband der Krankenschwestern und Hebammen. Es geht nicht nur darum, dass wir viele gemeinsame Forderungen in Bildung und Gesundheitswesen haben. Lehrer und Krankenschwestern verfügen über ein einzigartiges Wissen darüber, was tatsächlich in diesen Bereichen geschieht und wo am dringendsten Verbesserungen notwendig sind. Schon seit Jahren arbeiten wir am Aufbau dieser Beziehungen: Wir waren im Protestzeltlager »Weißes Städtchen«, haben die anschließenden Proteste

der Krankenschwestern unterstützt, ebenso wie den vom Lehrerverband eingereich-
ten Bürgerentwurf eines Gesetzes über die Einbeziehung der Kindergärten in die
Bildungsförderung.

Wichtig sind für uns auch die Gespräche mit der Gewerkschaft der Bergleute. Wir
sind überzeugt, dass man gerade mit den Bergleuten über die Klimapolitik und die
Herausforderungen sprechen muss, vor denen Polen diesbezüglich steht. Ihr Stand-
punkt ist natürlich ein anderer als unserer, denn wir wollen die Rolle der Kohle in
der Wirtschaft verringern. Aber durch die Aufnahme der Diskussion haben wir die
Chance, einen Weg der energetischen Transformation zu erarbeiten, der demokratischer und sozial gerecht sein wird. Vor Kurzem ist es uns gelungen, sogar mit der
»Solidarność« ein gemeinsames Handlungsfeld zu finden, obwohl wir bezüglich
der Klimapolitik und in Weltanschauungsfragen vollkommen unterschiedlicher
Meinung sind. Die »Solidarność« ist zusammen mit dem Institut für Bürgerange-
legenheiten die wichtigste Stütze für die Arbeiten am Bürgerentwurf des Gesetzes
über Volksabstimmungen. Uns ist auch daran gelegen, den demokratischen Einfluss
von Bürgerinnen und Bürgern auf die Angelegenheiten des Staates zu vergrößern.
Deshalb beteiligen wir uns an den Treffen, die die Arbeit an diesem Projekt zum
Thema haben.

Samolińska: Wenn du die größte Niederlage und den größten Erfolg der Partei in
den vergangenen zehn Jahren nennen solltest, was wäre das?

Ostolski: Ich denke, die größte Niederlage war, dass wir den Aufwand gescheut haben, uns als eigenständige Partei an den Wahlen zu beteiligen. Die Vereinbarungen
nach den Wahlen haben uns dies und jenes ermöglicht, aber insgesamt haben viele
Menschen, die uns hätten wählen können, keine Gelegenheit gehabt, von unserer
Existenz zu erfahren.

Der größte Erfolg ist für mich die Art und Weise, wie wir die Debatte über die Stadtpolitik verändert haben. Als wir 2010 im Kommunalwahlkampf für Krystian Legierski gesagt haben, die Stadt solle billige Kommunalwohnungen bauen, war das eine Forderung, die total außerhalb des Mainstreams lag. Heute müssen die Stadtbehörden sich rechtfertigen, warum sie keine Wohnungen bauen. Ich hoffe, dass auch unsere anderen Forderungen in der Stadtpolitik, wie etwa die Verkehrsberuhigung oder die Verabschiedung von Raumordnungsplanungen durch Referenden, sich in der öffentlichen Debatte ähnlich durchsetzen werden.

Samolińska: Und deine Erfolge und Niederlagen als langjähriger Funktionär und seit einigen Monaten Parteivorsitzender?

Ostolski: Ich habe hart gearbeitet, deshalb hoffe ich, dass die größten Erfolge noch vor mir liegen (lacht). In den nächsten zwei Jahren wird es vier Wahlkämpfe geben, die die politische Landschaft in Polen für einen langen Zeitraum prägen werden. Die Zeit ist kurz, daher kann ich mir Niederlagen nicht erlauben.

Samolińska: Wo werden die polnischen Grünen und Adam **Ostolski** in zehn Jahren stehen?

Ostolski: Innerhalb von zehn Jahren wird sich die Welt, in der wir leben, stark verändern. Ich habe leider keine Kristallkugel dabei, deshalb kann ich nur sagen, was meine Wünsche sind. Dem Adam **Ostolski** wünsche ich, dass er sich, nachdem er Polen gerettet hat (lacht), wieder seiner wissenschaftlichen Arbeit widmen kann. Und den Grünen – zurückblickend auf die von ihnen geleistete Arbeit –, dass sie ehrlich werden sagen können, ihr Engagement habe einen Sinn gehabt.

Das Interview erschien in der Publikation »Zieloni 10 lat dla zmiany«, Warszawa 2013.

Zieloni 2004

Die polnische grüne Partei vertritt ein ökologisches und freiheitlich-liberales Programm. Sie wurde am 6. September 2003 gegründet; zu ihren Anhängern gehören Aktivisten verschiedener ökologischer, feministischer sowie menschenrechtlicher Bewegungen. Bisher hat sie keine nennenswerten Wahlerfolge in Polen erzielt, dennoch ist sie im medialen Diskurs, etwa in der Stadtpolitik, durchaus präsent. Derzeitige Ko-Vorsitzende sind Agnieszka Grzybek und Adam Ostolski (siehe das Interview in diesem Jahrbuch).
Zu den wichtigsten Bereichen ihrer politischen Aktivität gehören u.a. die Gleichberechtigung von Frauen und Männern, der Kampf um eine gesunde Ernährung und saubere Luft, soziale Reformen, eine liberale Drogenpolitik, informelle Partnerschaftsmodelle sowie die Förderung erneuerbarer Energiequellen. Sie sprechen sich für die Einführung der europäischen Standards in Polen aus: für höhere Löhne, höhere Arbeitsplatzsicherheit und den Kampf gegen jegliche Form rassistischer oder sozialer Diskriminierung.
www.partiazieloni.pl

SUDETY

POLSKA POLAND POLEN POLONIA POLOGNE POLSKO PUOLA ПОЛЬША

Michał Olszewski

Ökologie und Gerechtigkeit: ein schwieriges Verhältnis

Im Herbst 2013 hatte ich die Gelegenheit, dem jährlichen Treffen der Weltbank-Gruppe als Beobachter beizuwohnen. Seit einigen Jahren geht ihm eine einwöchige Tagung von NGOs aus der ganzen Welt voraus. Jenes Treffen war allerdings außergewöhnlich: Die Weltbank gab offiziell bekannt, neue Kriterien für die Unterstützung von Entwicklungsländern einführen zu wollen. Eines dieser Kriterien ist die Vereinbarkeit der jeweiligen Investition mit der Klimapolitik. Mit anderen Worten: Die Chancen, dass geplante Kohlekraftwerke oder Bergwerke Subventionen erhalten, sind minimal. Weltbank und Internationaler Währungsfonds wollen keine schmutzigen Technologien mehr fördern. Der durchschnittliche Europäer, der sich um die Zukunft des Planeten Sorgen macht, sich der katastrophalen Folgen der globalen Erwärmung bewusst und davon überzeugt ist, dass die einzig mögliche Entwicklung eine nachhaltige Entwicklung ist, kann solchen Entscheidungen nur Beifall klatschen.

In Washington zeigte sich jedoch, dass nicht allen nach Klatschen zumute ist. Was sollen Länder wie Indien, Indonesien oder Mosambik dazu sagen, die ihre Zukunft gerade in der Kohle sehen? Was ist mit Ländern, die im Eiltempo abgelegene Provinzen elektrifizieren wollen und auf möglichst billige Energiegewinnung aus sind? In Indien warten dreihundert Millionen Menschen auf einen Zugang zu Elektrizität, im subsaharischen Afrika ca. sechshundert Millionen. Was sagen Regierungen, die kein Interesse an der Auflistung externer Kosten haben, weil sie sich ganz auf kurzfristige Herausforderungen konzentrieren?

Wie die Diskussion über Ökologie zwischen dem reichen Norden und den Ländern des Südens, die einen wenigstens bescheidenen Wohlstand anstreben, in der Praxis aussieht, zeigte sich beim Treffen von NGOs mit den Vertretern mehrerer afrikanischer Regierungen. Die NGOs in Washington versuchen die Weltbank dazu zu bewegen, große hydrotechnische Projekte für umweltschädlich zu erklären und ihnen somit die Kredite zu streichen. Das versetzt die Regierungsbeamten der afrikanischen Länder in Rage. Sonnenkollektoren, Windmühlen? Zu teuer, zu unsicher. Sie wollen Energie – sofort, jetzt, noch heute. Sie wollen große Staudämme bauen und Rohstoffe fördern. Sie werfen uns, den Vertretern des reichen Nordens, vor, dass wir wieder einmal darüber entscheiden, auf welche Art und Weise sie sich entwickeln sollen. Auf den vorsichtigen Hinweis, dass sich das nördliche Entwicklungsmodell als außerordentlich kostenträchtig erwiesen habe, reagieren sie mit Gelächter: Ihr hier, in euren bequemen, klimatisierten Bürogebäuden, weit weg von echtem Elend und echten Grenzsituationen, habt eure Macht auf Kohle und Erdöl gebaut – aber anderen wollt ihr das verbieten. Das ist der Eindruck, den Afrika hat, zumindest was seine offiziellen Vertreter betrifft.

Ich spreche von Washington, weil mich diese Bilder selbst Monate später noch verfolgen: das monumentale, dezent graue Gebäude der Weltbank, der Vatikan der Finanzwelt – und auf allen Stockwerken in den Korridoren Menschenmassen aus dem Süden, die auf die nächsten Panels, Debatten und Vorschläge warten. Sie sind aus dem Jemen, aus Palästina, Indien oder Mosambik angereist und wollen Gerechtigkeit und Geld. Sie sollen den Beamten dabei helfen, den gordischen Knoten aus Gerechtigkeit, Ökonomie und Umweltschutz zu durchschlagen. Die Spannung zwischen diesen Sphären ist mit Händen zu greifen und, ehrlich gesagt, schockierend; denn schließlich sollte die Ökologie ein Instrument zur Lösung gesellschaftlicher Probleme sein. Stattdessen verlässt man Washington mit dem Gefühl, dass es beunruhigend oft zu Situationen kommt, in denen es dort, wo sich diese Sphären berühren, zu funken beginnt.

Gewiss lässt sich leicht aufzeigen, dass der soeben skizzierte Konflikt ein Scheinkonflikt ist und der Sieg des Modells eines schnellen Wachstums längerfristig überaus hohe Folgekosten nach sich zieht. Das Problem besteht nur darin, dass die Diskussion um den Bau neuer Kohlebergwerke oder Talsperren den Kern der Ökologie berührt: Afrika, Asien und Südamerika möchten, Entschuldigung: sie haben bereits den Weg einer radikalen Modernisierung eingeschlagen, die sich nicht um externe Kosten oder langfristige Auswirkungen bekümmert. Der Süden fühlt sich (übrigens zu Recht) in keiner Weise für die Folgen der globalen Erwärmung verantwortlich – im Gegenteil: Er ist es, der ihr in erster Linie zum Opfer fällt. Der Süden möchte mit Handys telefonieren, Auto fahren, in Einfamilienhäusern wohnen, Straßen asphaltieren und Seltene Erden fördern, mit aller Gewalt die Regenwälder abholzen, vom Land in die Städte ziehen, Huhn statt Reis essen und schnell und ohne Rücksicht auf die langfristigen Konsequenzen Kapital akkumulieren. Mit anderen Worten: Der Süden möchte bewusst jenes Entwicklungsmodell kopieren, auf das Europa und die Vereinigten Staaten ihre Macht gebaut haben. Schelte oder auch nur sorgenvolle Ermahnungen werden in Uganda oder Ghana als neue, verschleierte Form des Kolonialismus aufgefasst: Diesmal sind es nicht die Schiffe von König Leopold, die Afrika ansteuern, sondern die Ideen einer nachhaltigen Entwicklung.

***

Ich bin noch nie in Indien oder Afrika gewesen, doch ich meine, dass es sich aus einer Reihe von Gründen lohnt, die Prozesse zu betrachten, die in den einst verächtlich als »Dritte Welt« bezeichneten Ländern vor sich gehen.

Erstens: Wenn die Vermutung richtig ist, dass der Klimawandel zu heftigen gesellschaftlichen Reaktionen im Weltmaßstab führen wird, dann sind deren Ausgangspunkte vor allem im Süden zu suchen. Der anscheinend unvermeidbare Konflikt um das Nilwasser zwischen Ägypten und Äthiopien sowie den kleineren Ländern am Oberlauf des Flusses bedeutet, dass es noch mehr Boote mit Flüchtlingen geben wird, die versuchen, nach Europa zu gelangen. Die rasch voranschreitende Wüstenbildung in Ländern wie dem geteilten Sudan wird dazu führen, dass der Streit um Land, wie er bereits jetzt zwischen Hirten- und Bauernstämmen geführt wird, noch

blutiger werden wird. Haben wir zur Lösung dieser Probleme noch eine andere Idee als Karawanen mit wenig wirkungsvoller humanitärer Hilfe?

Zweitens: Das Dilemma, vor dem Länder auf der Suche nach billigen Energiequellen und Rohstoffen stehen, hat tatsächlich die Dimension eines tragischen Konflikts und eignet sich zur Beschreibung der Situation mehr oder weniger in jedem Land (von Enklaven wie Nordkorea einmal abgesehen). Der aggressive Entwicklungsweg ist eine Sackgasse und erinnert an die Taktik der verbrannten Erde, nur eben auf eigenem Territorium. Er ist jedoch eine Antwort auf die ebenso aggressiv wachsenden Konsumbedürfnisse der Bürger. Die Rückkopplung, die zwischen diesen beiden Tendenzen auftritt, macht deutlich, wie schwierig es ist, einen *Modus Vivendi* zu finden, der die Sicherung von Wohlstand und zugleich einen wirkungsvollen Umweltschutz ermöglicht. Die Konsumansprüche der rasch anwachsenden weltweiten Mittelklasse wird der bereits heute über Gebühr ausgebeutete Planet nicht aushalten, aber es ist auch schwer zu sagen, wie man ihr diese Ansprüche verweigern könnte, ohne zu drastischen, diktatorischen Maßnahmen zu greifen. Kann man den Chinesen befehlen, zum Fahrrad als Transportmittel zurückzukehren? Soll man die Preise für Flugtickets drastisch anheben, den Verzehr von Fleisch, den Bau zu großer Wohnungen oder den Kauf überflüssiger technischer Spielereien verbieten? Guter Witz. Doch irgendetwas muss man tun.

Drittens: Der Widerstand des »Südens« gegen die Umweltpolitik in ihrer europäischen Variante ist durchaus legitim. Europa hat das Recht, zur Reduktion des CO_2-Ausstoßes aufzurufen, ohne die ein wirkungsvoller Kampf gegen den Klimawandel schwer vorstellbar ist. Doch mit demselben Recht kann der Süden auf die Statistik verweisen, aus der eindeutig hervorgeht, dass zwischen 1950 und 2007 Europa für 26 Prozent des CO_2-Ausstoßes verantwortlich war, das südliche Asien für fünf Prozent und Südamerika für drei Prozent. Ebenso hat der Süden das Recht, uns Europäern Heuchelei vorzuwerfen (auch wenn wir uns ihrer sicherlich nicht vollständig bewusst sind): Der durchschnittliche Deutsche ist – trotz seines Wissens um den Klimawandel – für einen um ein Mehrfaches höheren CO_2-Ausstoß verantwortlich als ein Inder, er produziert Unmengen von Abfall (Rohstoffe!) und isst viel Fleisch (Emissionen, Umweltverschmutzung!). Man sollte sich also ehrlicherweise die Frage stellen, ob Europa nicht vielleicht versucht, anderen Ländern jene Lasten aufzubürden, die es selbst nicht zu schultern vermag. Von dem bereits erwähnten Nordkorea abgesehen kenne ich kein Land, das den ungesättigten Appetit seiner Bürger wirkungsvoll gezügelt hätte – und warum auch. Der feine Unterschied besteht lediglich darin, dass es Länder gibt, in denen es nicht zum guten Ton gehört, sich allzu offen zu materiellen Wünschen zu bekennen (zufällig sind das die Länder mit einem gesicherten Wohlstand), und andere, in denen frank und frei darüber gesprochen wird. Um einen Geschmack vom Leben in den letzteren zu bekommen, muss man nur zum Beispiel nach Almaty fliegen, wo die Konzentration von Autos der Marke Lexus und Hummer oder anderer Wunder der Allradtechnologie alle zulässigen Normen überschreitet.

***

Doch zurück nach Europa. Ich lebe in einem relativ wohlhabenden Land – und dennoch ist der Hunger nach materiellen Gütern hier immer noch deutlich spürbar. Das vergangene Vierteljahrhundert war eine Periode kontinuierlich anwachsenden Wohlstands. Der Motorisierungsgrad in den großen polnischen Städten übertrifft inzwischen den Berlins, mehr als die Hälfte aller Polen wohnt in Einfamilienhäusern, was angesichts katastrophaler Fehler in der Raumbewirtschaftung eine Entwicklung in ihrer kostenträchtigsten, amerikanischen Form nach sich zieht. Die Polen wollen gut essen, sie wollen das Leben genießen, sie wollen, dass der Karneval des

Das Land der grünen Kathedralen
Michał Olszewski spricht mit Adam Wajrak

Michał Olszewski: Was machst du eigentlich in der Tatra? Hier ist alles zertrampelt, jährlich kommen zwei Millionen Gäste hierher. Auf wilde Natur trifft man hier nicht mehr.
Adam Wajrak: Da irrst du dich gewaltig. Ich habe genauso gedacht und entdeckte die Tatra erst spät, was ich bereue. Die Bieszczady faszinierten mich, weil man dort noch die wildeste Natur findet. Über zwanzig Jahre reiste ich dorthin, habe dort aber noch nie einen Bären gesehen. Hier in der Tatra habe ich sie bereits gesehen. Orte wilder Natur mit großen Raubtieren sind hier nur einen Sprung von belebten Wanderwegen entfernt. In der Tatra kannst du dich auf einen Stein setzen und die Natur kommt selber auf dich zu. Man muss nicht für eine Alaska-Reise Tausende Dollars ausgeben, denn alles gibt es hier bei uns, außer Wildlachsen. Ich erinnere mich an einen Morgen in Kondratowa: Zuerst kam aus dem Wald ein Wolf, der verscheuchte den Adler, dann kam ein Bär und danach ein Birkhuhn. [...]
Im dicht bebauten Polen gibt es beinahe tausend Wölfe. Im großen, leeren Norwegen gibt es ein paar Dutzend Wölfe und jedes Jahr beantragen die Jäger eine Erlaubnis für einen neuen Abschuss. Wir haben Wölfe, Wisente, Bären, Gämsen, Luchse, Elche – große, sehr sensible Tiere. Sie leben neben uns, niemand schießt sie ab.
Unser Staatspräsident wurde im Wahlkampf gezwungen, sein Hobby, die Jagd, zu unterlassen. Das ist, europäisch gesehen, ein Phänomen. Ich behaupte, dass sich unser Naturbewusstsein in den letzten 25 Jahren weit entwickelt hat. Natürlich wissen wir, dass die unberührte Natur ein Gut in diesem Land ist, vergleichbar mit solchen Kulturgütern wie der Wawel-Kathedrale. Wir haben hier viele grüne Kathedralen.
[...]
Die Meinung, die Natur werde nur von den Menschen verstanden, die täglich mit ihr in Kontakt kommen, ist falsch. Du würdest staunen, wie wenig die Einwohner der Ortschaften, die in der Region des Nationalparks liegen, von der Natur wissen und verstehen. Das ist nichts Außergewöhnliches: Indianer wie Bergbewohner, alle haben die gleiche Einstellung: Die Natur ist dazu da, um sie zu nutzen.
Gäbe es nicht die Zentralen Staatsorgane, hätten wir keinen Tatra-Nationalpark mit Murmeltieren und Gämsen. Die Einheimischen nehmen in der Regel nicht wahr, dass sich in ihrer Nähe irgendetwas Außergewöhnliches befindet. Das wird nur aus der Perspektive eines Königs, eines Parlaments, eines Staatspräsidenten gesehen. Die Auerochsen sind wahrscheinlich deshalb ausgestorben, weil die Bauern trotz des königlichen Verbots ihr Vieh in den Wäldern bei Jaktorów weideten. Das Rindvieh übertrug die Krankheiten auf die Ochsen und sie starben aus.
Ich muss zugeben, dass sich die Einstellung der Gemeinden in Białowieża in den letzten Jahren geändert hat. Als wir hierhergezogen sind, bedeutete der Anblick eines Wisents für die Einheimischen Alarm: Das Tier galt als Schädling, es musste mit Steinen verjagt werden, es wurde von Hunden gehetzt. Heute existiert eine neue Gruppe von Menschen, sie gehen in den Wald, beobachten die Vögel, führen Touristen. Sie ärgern sich nicht über Borkenkäfer, denn sie wissen, dort, wo die Borkenkäfer leben, leben auch die Spechte. Und wenn jemand auf die Idee kommen sollte, ein Wisent zu verjagen, kann er eins auf den Kopf bekommen. Es können Beihilfen und Entschädigungen in Anspruch genommen werden, die Menschen verstehen, dass Wisente Geld in die Region bringen, da sie Touristen heranlocken. [...]

Kraj zielonych katedr [Das Land der grünen Kathedralen]. In: Tygodnik Powszechny Nr. 22 vom 1. Juni 2014.

Konsums, der das graue Einerlei des Kommunismus abgelöst hat, möglichst lange andauern möge. Ähnliche Träume haben die Inder und die Brasilianer.

Die Frage, ob er sich für Ökologie im weitesten Sinne interessiere, wird der durchschnittliche Pole im Brustton der Überzeugung bejahen. Wir wollen gesunde Wälder, sauberes, klares Wasser in Seen und Flüssen, wir wollen keinen Smog, der im Winter die Städte vergiftet. Man muss zugeben, dass der Kampf gegen die Umweltverschmutzung in Polen – sowohl wegen der Rezession als auch infolge gezielter

Die zehn am stärksten verschmutzten Städte in der EU laut Le Monde (2014). Die Tabelle zeigt Tage im Jahr mit Smog-Werten über der WHO-Norm:

1	Sofia	320
2	Mailand	272
3	Krakau	210
4	Marseille	200
5	Plovdiv	189
6	Madrid	188
7	Turin	174
8	Breslau	166
9	Rom	157
10	Warschau	152

Quelle: http://polska.newsweek.pl/smog-zanieczyszczenie-polska-newsweek-pl,artykuly,341457,1.html (abgerufen am 9.10.2014)

Maßnahmen – seit dem Ende des Kommunismus gewaltige Fortschritte gemacht hat. 1989 stand Polen vor einer ökologischen Katastrophe. Nach den Berechnungen von Professor Maciej Nowicki, einem der führenden polnischen Ökologen der letzten Jahrzehnte, ist im Laufe der vergangenen 25 Jahre die Emission von Schwefeldioxid um 80%, von Stickstoffdioxid um fast 50% und von Feinstaub sogar um 90% zurückgegangen. Der saure Regen, der Wälder, Gesundheit und Baudenkmäler ruinierte, gehört der Vergangenheit an. Der Energieverbrauch der Wirtschaft sinkt, der Waldbestand des Landes nimmt zu, und Rot- und Damwildherden, Vögel sowie große Raubtiere werden als selbstverständliches Element der Landschaft gesehen, obwohl das noch bis vor Kurzem keineswegs der Fall war. Nowicki weist darauf hin, dass zum Zeitpunkt des politischen Umbruchs von 822 Städten gerade mal 274 über biologische Kläranlagen verfügten; 172 Städte hatten mechanische Anlagen und alle übrigen überhaupt keine, sodass die Abwässer ungeklärt ins Wasser gelangten. Mehr als 40% des Wassers fielen aus der polnischen Klassifizierung nach Reinheitsklassen heraus. Hinter den trockenen Zahlen verbergen sich Tragödien wie die hohe Säuglingssterblichkeit oder der fatale Gesundheitszustand der damaligen Bewohner Oberschlesiens.

Gleichzeitig vollzieht sich noch ein anderer Prozess: Sobald sie von der Ebene unverbindlicher Bekenntnisse auf den Boden der Praxis wechselt, wird die Ökologie immer öfter als Bedrohung für die Interessen der lokalen Gemeinschaften oder gar für die Staatsraison wahrgenommen. Seit dem Jahr 1989, als die Ökologen, die damals ein Teil der demokratischen Opposition waren, als unverzichtbare Gruppe galten, hat ein fundamentaler Wandel stattgefunden. Die wohlfeilen Bekenntnisse sollten uns nicht täuschen: Ökologie ist für viele Polen etwas Verdächtiges, fast eine Art fünfter Kolonne – Sand, der in das Getriebe einer Gesellschaft gestreut wird, die in Richtung Wohlstand marschiert. Überaus populär ist in den polnischen Medien das Etikett »Ökoterrorist«, das jedem angeheftet wird, der gegen den Bau einer neuen Straße, eines Skilifts in bislang unberührter Bergwelt oder eines neuen Kohlekraftwerks zu protestieren versucht. In Polen steht die Ökologie im Widerspruch zur allgemeinen Auffassung von sozialer Gerechtigkeit. Der beste Beweis dafür ist

Die Feinstaubwerte in polnischen Städten im Jahresdurchschnitt nach dem Bericht der Weltgesundheitsorganisation WHO 2014:

Danzig	18 µg / m³ (niedrigster Wert in Polen)
Elbląg	19 µg / m³
Koszalin	19 µg / m³
Zielona Góra	20 µg / m³
Olsztyn	20 µg / m³
Stettin	23 µg / m³
Bydgoszcz	26 µg / m³
Lublin	27 µg / m³
Lodz	29 µg / m³
Posen	29 µg / m³
Rzeszów	30 µg / m³
Warschau	32 µg / m³
Breslau	35 µg / m³
Kattowitz	42 µg / m³
Zabrze	45 µg / m³
Nowy Sącz	51 µg / m³
Rybnik	54 µg / m³
Krakau	64 µg / m³ (höchster Wert in Polen)

In Übereinstimmung mit den Richtlinien der WHO ist der für die Gesundheit maximal zulässige Grad der Verschmutzung 20 Mikrogramm. Der aktuelle weltweite Durchschnitt liegt bei 70 Mikrogramm.
Quelle: http://dziecisawazne.pl/skazenie-miast-zanieczyszczonym-powietrzem-raport-who/ (abgerufen am 9.10.2014)

Smog am Wawel
Andrzej Guła, Aktivist in der Initiative Krakauer-Smog-Alarm, die sich für die Luftverbesserung in Krakau einsetzt, erklärt, KAS sei eine Initiative, die weder gegen die Bergleute noch gegen die polnische Steinkohle auftrete:
»Krakau hat die am meisten verschmutzte Luft in Polen. Die Konzentration einiger Schadstoffe ist so hoch, dass ihr Einatmen gesundheitsschädlich ist. Das betrifft insbesondere den hohen Gehalt an Benzpyren, einer toxischen, krebserregenden Substanz, deren Konzentration in der Krakauer Luft hundert Mal höher ist als in London. Zum größten Teil wird die Luftverschmutzung durch die Befeuerung der Haushalte mit Kohle und Holz verursacht«, erklärt Guła.

Adam Grzeszak: *Ale czad* [Was für ein Smog]. In: POLITYKA Nr. 42 vom 16.–22. Oktober 2013.

der Streit um den gordischen Knoten einer auf fossilen Brennstoffen basierenden Wirtschaft. Gerecht ist es, wenn die Regierung den Bergbau oder konventionelle Kraftwerke mit riesigen Summen subventioniert. Gerecht sind beträchtliche Privilegien für Bergleute. Ungerecht, ja sogar schädlich ist jeder Versuch, die polnische Abhängigkeit von der Kohle zu verringern.

Ein symbolischer Ort, an dem der Riss zwischen diesen beiden Sphären besonders deutlich wird, ist die Kleinstadt Szczucin im nordöstlichen Kleinpolen. Hier

wurde fast ein Vierteljahrhundert lang die größte polnische Fabrik für asbesthaltige
Materialien betrieben. Die Bevölkerung vor Ort war von einer epidemiologischen
Katastrophe betroffen – die Leute erkrankten reihenweise an Lungenkrebs. Noch
1998 überschritt die Konzentration von Asbestfasern in der Luft die zulässigen
Normen um das Fünfzigfache, in der Fabrik selbst um das Tausendfache. Eine hohe
Konzentration stellten die Wissenschaftler auf den Sportplätzen der Schulen und
auf dem Marktplatz fest. Im Jahre 2003 war das Risiko, an einer Asbestlunge zu
sterben, in Szczucin bei Männern um das 68-fache, bei Frauen um das 32-fache
höher als im Landesdurchschnitt. Das Alter der Todesopfer sank kontinuierlich:
Die an Krebs erkrankten Frauen starben im Durchschnitt zehn Jahre früher als
1975. Auf der Grundlage der Kirchenbücher hat der Gemeindepfarrer Sołtys eine
Statistik erstellt, aus der hervorgeht, dass zwischen 1988 und 2004 ca. 10–20%
aller Todesfälle in Szczucin durch Krebs verursacht wurden. Häufiger als anderswo
starben die Bewohner nicht nur an Lungen-, sondern auch an Bauchspeicheldrü-
sen- und Darmkrebs. Trotzdem: Als 1999 der Betrieb (vor allem aus ökonomischen
Gründen) stillgelegt werden sollte, kam es zu Protesten der Bewohner. Jene, die
sich für eine möglichst rasche Schließung der Fabrik einsetzten, beklagten sich,
dass sie anonyme Drohungen erhielten und dass Nachbarn und Freunde sich von
ihnen abwandten. Die Krebsgefahr wurde als Schicksal verstanden – der Verlust der
Verdienstmöglichkeit als Schlag, der die ganze Gemeinschaft zu treffen drohte. So
kam es auch, denn mit der Eternitfabrik verschwanden auch andere Betriebe aus
Szczucin. Die Bewohner wurden von der teuflischen Fabrik zwangsbefreit, aber sie
erfuhren keinerlei finanzielle Unterstützung, und so reagierten sie auf die einzig
mögliche Entscheidung mit Verbitterung. Mehr als zehn Jahre mussten vergehen,
bevor die Menschen all das abschütteln konnten und begannen, nach einem neuen
Lebensentwurf für sich zu suchen.

Das Misstrauen der Polen oder jedenfalls eines großen Teils von ihnen gegenüber
der Ökologie lässt sich noch an einem weiteren Beispiel ablesen: Seit mehr als zehn
Jahren ist es den Behörden trotz intensiver Bemühungen nicht gelungen, auch nur
einen neuen Nationalpark einzurichten – zu groß ist der Widerstand der lokalen
Gemeinschaften. Aus der Perspektive der Bewohner in den an die Nationalparks
angrenzenden Gebieten sind die einzigen Assoziationen, die das Stichwort Ökologie
weckt, kostspielige Einschränkungen und Verbote. Ähnlich denken Bergleute, Straßenbauer, Fischer, Förster ... Sie alle wollen – na klar doch – die Umwelt schützen,
aber nur unter der Bedingung, dass ihre eigenen Interessen dabei nicht zu kurz
kommen. Dieses Prinzip gilt in jedem Winkel des Globus. Ihr wollt die Regenwälder
in Brasilien retten?, fragen Politiker in Rio. Bitte schön, aber nicht mit brasiliani-
schem Geld. Ihr wollt den Ausstoß von Kohlendioxid reduzieren? Viel Erfolg, aber
bitte ohne den Kohleabbau einzuschränken – und so weiter, und so fort. Umweltschutz ist notwendig, aber gleichzeitig an sehr vielen Orten unmöglich, ohne dass
es zu heftigen Konflikten kommt.

Dass Kompromisse gefunden werden können, belegt ein aktuelles Beispiel aus
Krakau, der Stadt mit der drittgrößten Luftverschmutzung in der EU. Von der
Krakauer Luft während der Heizperiode könnte man stundenlang ein Lied singen,
denn infolge der ungünstigen geografischen Bedingungen sowie Zehntausender

Kohleöfen in den Privatwohnungen erinnert sie eher an einen Giftcocktail. Die Einwohner leiden an Allergien und Asthma und erkranken häufiger als in anderen Regionen des Landes an bestimmten Krebsarten. Umweltschützer haben errechnet, dass der durchschnittliche Krakauer im Lauf eines Jahres so viele Giftstoffe einatmet, als hätte er 2.000 Zigaretten geraucht. Nach einem Jahr intensiver Arbeit von NGOs und Beamten des Magistrats sowie des Marschallamts kam es zu einer Entscheidung, die einen Präzedenzfall in diesem Teil Europas darstellt: Die lokalen Behörden verboten die Verwendung fester Brennstoffe wie Kohle, schweres Heizöl oder Holz in Privathaushalten.

Wie ist das möglich? Warum ließ sich eine so radikale Forderung durchsetzen? Ausschlaggebend war ein großzügiges Förderprogramm, das den ärmsten Bewohnern helfen soll, die Umstellung von Kohle auf andere Heizmethoden zu verschmerzen. Die Umweltsituation in der Stadt ist katastrophal, aber ohne ökonomische Instrumente hätte kein Politiker ein so großes Risiko auf sich genommen.

***

Auf lokaler Ebene lassen sich Tausende solcher Beispiele wie das aus Krakau finden, doch der weitere Kontext – der Blick auf Afrika, Asien und Europa aus der Vogelperspektive – stimmt nicht sonderlich optimistisch. Auch nach jahrelangen erbitterten Diskussionen, zahllosen Meetings, mehreren Klimagipfeln und mehr oder weniger verbindlichen Regelungen ist es nicht gelungen, das zu verändern, was für die globale Umweltpolitik den Lackmustest darstellt: Der Ausstoß von Kohlendioxid wächst nach wie vor. Ich habe nicht vor, mich darüber auszulassen, ob und in welchem Maße das vom Menschen produzierte CO_2 für die globale Erwärmung verantwortlich ist – solche Überlegungen kommen in der gegenwärtigen Phase wohl zu spät und sind vollkommen überflüssig. Die Klimaskeptiker sollten jedoch im Auge behalten, dass sich die Emissionswerte auf verschiedenen Ebenen interpretieren lassen – unter anderem dahingehend, dass die brummende Weltwirtschaft, ganz mit der Produktion immer weiterer materieller Güter beschäftigt, nicht daran denkt, auch nur für einen Moment das Tempo zu drosseln. Mit brutaler Ehrlichkeit beschreibt das Harald Welzer in seinem hervorragenden Buch *Klimakriege*, in dem er Europa und Afrika gemeinsam in den Blick nimmt und die bittere Unterscheidung zwischen Überzeugungen und Verhaltensweisen einführt:

»Welches der klassischen Themen der Umweltbewegung man auch nimmt – Landschaftsverbrauch durch Straßenbau und Urbanisierung, das Anwachsen des Individualverkehrs, die permanente globale Steigerung der emittierten Treibhausgase, die Meeresverschmutzung, Missbildungen von Neugeborenen in besonders belasteten Gebieten wie um den Aralsee –, all das, was die ohnehin vorhandenen Probleme durch die Globalisierung weiter erhöht, scheint dem Alltags*bewusstsein* weitgehend entrückt. Es ist hier nicht der Ort, die zum Teil haarsträubenden Fehlentwicklungen im Umweltbereich, insbesondere in den Ländern des ehemaligen Ostblocks, aber auch in den USA zu referieren, aber es ist darauf hinzuweisen, dass die ökologische Vorreiterrolle, die einige amerikanische Bundesstaaten wie Kalifornien

Nichtregierungsorganisationen verlassen aus Protest den Klimagipfel in Warschau 2013.

oder europäische Länder wie Deutschland oder Österreich übernommen haben, durchaus lokale Erfolge erbracht hat, aber an der globalen Entwicklungsrichtung der wachsenden Ressourcenausbeute und Umweltverschmutzung nichts ändern kann. – Was sich primär in den vergangenen dreißig Jahren verändert hat, ist das Problembewusstsein, nicht das Problem.«[1]

Können wir uns eine Umkehr dieses Trends auf friedlichem Wege vorstellen? Und auf der anderen Seite: Wollen wir den überhitzten Globus mit anderen als friedlichen Methoden herunterkühlen? Um die Frage noch weiter zuzuspitzen: Stehen wir auf der Seite des Mörders Ted Kaczynski, des berüchtigten »Unabombers«, den die Überzeugung, die technologische Entwicklung sei die größte Bedrohung für die Umwelt und damit für die Menschheit, seinerzeit dazu trieb, Bombenattentate zu begehen? Oder entscheiden wir uns für die friedliche, aber im globalen Maßstab allem Anschein nach unwirksame Methode der kleinen Veränderungen? Werden wir kurzfristige soziale Gerechtigkeit nicht vielleicht mit langfristigen Katastrophen bezahlen?

Ich entscheide mich für die zweite Methode: Es gibt keinen anderen Weg als Hartnäckigkeit, langwierige, zähe Verhandlungen, die von den Spezialisten für die Makroperspektive so belächelten lokalen Lösungen, Diskussionen mit den Bewohnern von Białowieża, mit Regierungsbeamten aus Uganda oder Bergwerksbesitzern in Indonesien.

Die Rolle des Unabombers hat nämlich die Natur übernommen. Ein paar besonders trockene oder regenreiche Jahre nacheinander in irgendeiner Weltgegend genügen,

1   Harald Welzer: Klimakriege. Wofür im 21. Jahrhundert getötet wird. Frankfurt am Main, 4. Aufl. 2014, S. 50.

damit man in Europa versteht, welche Folgen das vom Menschen aus dem Gleichgewicht gebrachte Klima hat.

Und wenn das doch nicht genügt?

Das würde bedeuten, dass unser Festhalten am gegenwärtig gültigen Entwicklungsmodell nicht mehr und nicht weniger ist als Selbstmord und dass nicht einmal die eindeutigen Signale, die uns die Natur sendet, daran etwas zu ändern vermögen. Alles Reden von Gerechtigkeit oder Ungerechtigkeit verlöre dann natürlich jeglichen Sinn – der Natur ist der Begriff der Gerechtigkeit fremd.

Die Natur ist einfach nur da, und immer öfter bricht sich ihre zerstörerische Kraft Bahn.

Aus dem Polnischen von Jan Conrad

PACANÓW

·POLSKA·POLAND·POLONIA·POLOGNE·POLONYA·POLSKO·POELAND·POLEN·

Die Moral des T-Shirts

Grzegorz Sroczyński im Gespräch mit Jonasz Fuz

Grzegorz Sroczyński: Wie entsteht heutzutage Kleidung?

Jonasz Fuz: Soll ich ganz vorn beginnen?

Sroczyński: Ja. Beim Design. Du bist ja Designer.

Fuz: Bei einem Treffen mit einem potenziellen Auftraggeber hieß es: »Bei uns gibt es kein Design mehr. Wozu noch offene Türen einrennen? Unsere Lieferanten aus China wissen schließlich am Besten, was genäht werden soll.«

Sroczyński: Wissen sie das?

Fuz: Man designed die Kleider nicht, sondern bestellt sie von den Fotos, die die Fabrik in Bangladesch oder China schickt. »Sollen wir für euch die gleichen machen?«, fragen sie. Sie nähen für die globalen Branchenriesen, die die Schnittmuster, Farben und Trends diktieren. Und wenn sie eine Kollektion produziert haben, fotografieren sie sie und schicken die Aufnahmen in die ganze Welt. Achte mal drauf: Alle Kleider sehen heute gleich aus. Wenn einer die Etiketten vertauschen und die falschen einnähen würde, könntest du die Marken nicht voneinander unterscheiden.

Sroczyński: Und weiter?

Fuz: Du suchst die Modelle von den Fotos aus, und dann bestellst du Probeexemplare der Kleidung in drei verschiedenen Ländern: China, Bangladesch und Indien. Dann wartest du ab, bis sie sie zusammen mit einem Angebot schicken. Du nimmst das billigste Angebot, das aber eine einigermaßen ordentliche Qualität hat. Und dann bist du im Stress, weil der Container mit dem Herbst rechtzeitig in Polen sein muss, d.h. im Juni.

Sroczyński: Der Container »mit dem Herbst«?

Fuz: Mit der Herbstkollektion. Die Sachen werden auch im Herbst genäht, aber ein Jahr vorher.

Sroczyński: Jetzt, in diesem Moment werden in China und Bangladesch die Kleider für nächstes Jahr genäht?

Fuz: Ja. Schließlich vermoden die Sachen nicht.

Sroczyński: Sie »vermoden« nicht?

Fuz: Sie kommen nicht aus der Mode. T-Shirts, Röcke, Long sleeves. Die Mode-trends kann man zwei Jahre im Voraus vorhersehen, genäht wird mit einem Jahr Vorlauf.

Sroczyński: Aber innerhalb von zwei Jahren ändern sich die Trends dreimal!

Fuz: Nein.

Sroczyński: Und dann kommt plötzlich ein Hype, dass man Rot trägt.

Fuz: Was erzählst du denn da! Es sind doch die großen Firmen, die entscheiden, ob es zu diesem Hype kommt. Und er kommt nicht, wenn schon alles in Gelb genäht ist.

Sroczyński: Im Container mit dem Herbst.

Fuz: Ja. Schließlich gibt es Modemessen, Showrooms, zu Fotosessions werden Prototypen ausgeliehen, die für das nächste Jahr genäht werden. Die Firmen stehen im Kontakt mit Stylisten und Modeabteilungen. Außerdem verlassen sich alle auf dieselben Trendbüros, von denen es fünf gibt – die haben das Sagen auf der ganzen Welt.

Sroczyński: So wie die Ratingagenturen auf den Finanzmärkten.

Fuz: Ja. Für viel Geld prognostizieren sie Trends, und alle kaufen diese Prognosen von ihnen.

Sroczyński: Was kostet denn ein Kleid in einer Fabrik in Bangladesch?

Fuz: Das kommt darauf an, wie groß die Firma ist, die du vertrittst: zwei Läden oder dreihundert?

Sroczyński: Dreihundert.

Fuz: Ein einfaches Kleid, von dem tausend Stück bestellt werden, kostet – sagen wir – 7,70 Dollar. Das ist das Startgebot. Und dann verhandelst du.

Sroczyński: Wieviel kostet es also am Ende?

Fuz: Du gehst runter bis auf 6,50 Dollar für das Kleid.

Sroczyński: Also 20 Złoty.

Fuz: Ja.

Sroczyński: Und was wird dieses Kleid in einem polnischen Laden kosten?

Fuz: Das kommt darauf an, wie die Marke sich positioniert.

Sroczyński: Und nicht auf das Kleid?

Fuz: Ach wo! Dasselbe Kleid kann 50 Złoty unter dem Label eines Supermarkts kosten, 159 Złoty in einem Markenladen der mittleren Kategorie oder 249 Złoty in einem Edelmarkenladen.

Sroczyński: Aus 20 Złoty kann ich also im Laden 159 oder sogar 249 Złoty machen. Das ist ja das Zwölffache.

Fuz: Was man verdienen kann, das verdient man auch. So läuft das Geschäft. Der Reingewinn fällt niedriger aus, wegen der Zollgebühren und der Steuern. Aber es stimmt schon – mit Klamotten verdient man hervorragend.

Sroczyński: Ist so eine große Gewinnspanne für dich denn moralisch?

Fuz: Dazu möchte ich mich nicht äußern.

Sroczyński: Du hast diese Fabriken doch besucht. Wie sieht es da aus?

Fuz: Ich habe für ein paar Bekleidungsfirmen gearbeitet, ich beaufsichtigte den Nähbetrieb in China und in Bangladesch. Ich fuhr hin, schaute mir die Fabriken an. Ich achtete darauf, unter welchen Bedingungen die Menschen arbeiten. Hier sind die Fotos. Anfangs dachte ich, dass alle dort ständig unglücklich sind. Aber dann stellte ich fest, dass sie einfach müde sind.

Sroczyński: Haben sie sich beklagt?

Fuz: Ach wo. In ihrer Kultur gehört es sich nicht, dass man sich beklagt. Schau, das hier ist eine Näherei in China. Das Mädchen schläft auf den Jeans-Hosen, die schon bald von Leuten aus Europa als kultig gekauft werden.

Sroczyński: Wie lange dauerte denn eine Schicht?

Fuz: 14 Stunden. Während der Schicht gab es eine Pause, man hörte ein Klingelsignal, und die Leute schliefen wie auf Kommando ein. Schau, hier sieht man es. Sie lassen den Kopf nach unten sacken, lehnen sich an die Nähmaschinen und sind sofort eingeschlafen. Und nach einer Stunde weckt die Klingel sie wieder auf. Nach der Arbeit gehen die Näher und Näherinnen aus der Provinz in ihre Unterkünfte. Jeder hat ein Bett und ein Köfferchen. Und die Einheimischen gehen nach Hause.

Sroczyński: Und wer ist das?

Fuz: Der Besitzer dieses Betriebs. Ein Chinese, sehr nett. Er hat vor allem die Aufgabe, jeden Tag Delegationen von Franzosen, Italienern oder Spaniern mit einem phantastischen Abendessen in einem guten Restaurant zu empfangen.

Sroczyński: Gab es kein Fotografierverbot?

Fuz: Er hatte nichts dagegen. Wenn ich nichts zu tun hatte, konnte ich mich mit dem Fotoapparat in der ganzen Fabrik frei bewegen. Seine Fabrik war offen, aber in der Region gibt es einige Tausend Fabriken, eine neben der anderen, und die meisten darf man nicht betreten. Dort, wo es echte Missstände gibt, lassen sie Europäer nicht rein. Ich kann nicht ausschließen, dass die Firmenvertreter vor Ort mich nicht zu ein bisschen aufgehübschten Orten gefahren haben, wo die Bedingungen einigermaßen stimmten. Einen Teil der Bestellungen haben sie vielleicht irgendwohin in die Provinz weitergeleitet, wo hundertmal schlechtere Bedingungen herrschen, das ist schwer zu kontrollieren. Einige Firmenbesitzer wenden ein kompliziertes Bestrafungssystem an: Singen bei der Arbeit steht unter Strafe, für das Verlassen des Arbeitsplatzes wird man bestraft, und auch, wenn man eine Minute zu spät aus der Pause kommt. Obwohl der Mindestlohn 4,60 Yuan pro Stunde beträgt – das ist im Perlenfluss-Delta gesetzlich geregelt –, kann man ihn mit den Strafen umgehen und weniger zahlen.

Sroczyński: Wozu hast du Fotos gemacht?

Fuz: Um nicht abzustumpfen. Ich war mir im Klaren darüber, dass auch ich ein Glied in dieser Kette bin.

Sroczyński: In Bangladesch sind die Arbeiter einer Näherei auf die Straße gegangen. Sie forderten die Anhebung der Mindestlöhne von 38 auf 108 Dollar im Monat. Sie wurden von der Polizei auseinandergetrieben.

Fuz: Sie werden das nicht erkämpfen können. Die Gewerkschaften dort sind zahllos, sie erreichen wenig. Dazu kommt, dass auf die Textilbranche über 70 Prozent des Exports von Bangladesch entfallen, das sind gigantische Einnahmen. Die Regierung möchte keine Veränderungen, denn das Land soll »wirtschaftsfreundlich« sein. Außerdem gibt es eine weitverzweigte Korruption.

Sroczyński: Vielleicht muss man sie zwingen.

Fuz: Wie denn?

Sroczyński: Mehr bezahlen. Nehmen wir mal an, ich wäre der Chef eines Branchenriesen. Ich fahre nach Bangladesch und sage: »Leute, statt sieben Dollar für ein Kleid zahlen wir euch 14 Dollar. Aber dafür muss es bei euch den Acht-Stunden-Tag geben, und ihr müsst die Löhne erhöhen.«

Fuz: Haha!

Sroczyński: Was »haha«?

Fuz: Das Businessprinzip funktioniert so, dass du die Gewinne vergrößerst und vervielfachst. Wenn du anfängst, mehr für ein Kleid zu bezahlen, dann musst du in deinen Läden die Preise erhöhen. Und dann wirst du Kunden verlieren.

Sroczyński: Bei einem Gewinn von 1.200 Prozent? Soll das ein Witz sein?

Fuz: Die Kleiderkonzerne gehen von ihren Profiten nicht ab. Frag mich nicht, wieso.

Sroczyński: Wieso?

Fuz: Du hast nichts kapiert. Die Leute, die dieses Geschäft betreiben, werden jeden Cent mehrfach umdrehen. Wir reden hier über den Lohn der Näherin, aber wenn mehrere Firmenchefs aus der Branche hier mit uns am Tisch säßen, würden sie dir etwas völlig anderes sagen. Das sind zwei völlig verschiedene Wahrheiten. Sie sagen zum Beispiel, dass Geschäft die Gewinnmaximierung der Profite bedeutet. Und wenn einer dabei nicht mitmacht, ist er raus aus dem Geschäft.

Sroczyński: Dann organisieren wir eben für die Chefs ein Treffen mit dem Philosophen Zygmunt Bauman. Er wird zum Beispiel sagen: »Verzichtet auf einen Teil des Profits, und im Gegenzug werdet ihr ein ehrliches und ethisches Geschäft haben und die Welt ein bisschen besser machen.« Und ein PR-Profi wird sofort hinzufügen: »Und obendrein könnt ihr euch dessen noch rühmen.«

Fuz: Wo denn? In Polen?

Sroczyński: In Polen auch.

Fuz: Sehr witzig. Den Polen ist das Schicksal der Näherin herzlich egal, sie wollen bloß billig einkaufen.

Sroczyński: Klar werden sie billig einkaufen, denn schließlich haben wir doch festgestellt, dass bei diesen Kleidern gigantische Gewinnspannen drin sind. Die Chefs haben einen großen Spielraum. Anderes Beispiel: Der Preis eines Marken-T-Shirts in einem polnischen Laden beträgt 69 Złoty, und die Näherin in Bangladesch bekommt davon – wie errechnet – ungefähr 40 Groschen. Wieso ist es so problematisch, ihr 80 Groschen mehr zu geben? Das ist doch ein lächerlicher Betrag. Sie würde 1,20 Złoty an einem T-Shirt verdienen, das wäre für sie eine dreifache Lohnerhöhung, also so viel, wie die Arbeiter der Nähereien auf den Straßen von Dhaka verlangen, aber die Polizei knüppelt sie nieder.

Fuz: Die Firmeninhaber werden sich selbst ihre Gewinne nicht beschneiden. Ich habe mit diesen Leuten gearbeitet und kenne diese Mentalität. Sie werden nicht darauf verzichten, sich einen neuen Infiniti FX zu kaufen, die Tochter muss zum Studium nach London fahren, sie meinen ständig, sie müssten ihren Lebensstandard verbessern.

Sroczyński: Gier.

Fuz: Gar nicht mal. Das System ist eben so. Der Einzelhandel – und die großen Textilkonzerne sind heutzutage vor allem im Handel tätig – funktioniert nach dem einfachen Gesetz, dass man so billig wie möglich kauft und so teuer wie möglich verkauft. Sonst schluckt dich die Konkurrenz. Wie oft soll ich dir das noch sagen?!

Sroczyński: Wie – sie schluckt mich? Du hast doch die gigantische Gewinnspanne! Wenn du der Näherin 80 Groschen gibst, erzielst du immer noch hervorragende Gewinne, du kannst dir das Studium für die Tochter leisten und neue Schlitten! Und die Näherin hat genug zu essen. Und die Welt ist ein bisschen besser.

Fuz: »Aber warum soll ich das aus meiner eigenen Tasche bezahlen?«, wird er dich fragen. »Was geht mich das überhaupt an?«

Sroczyński: Dann wird Bauman zu ihm sagen: »Weil du ein Mensch bist.«

Fuz: Ja. Und im nächsten Moment gehst du zusammen mit deiner Firma bankrott, denn die Konkurrenz in der Branche spart sich solche netten Gesten und erzielt einen höheren Profit.

Sroczyński: Soll sie doch. Na und?

Fuz: Du wirst auch noch umfallen. Du nervst mit deinen Fragen, denn du zwingst mich, mich in den Chef einer Bekleidungsfirma hineinzuversetzen. Der bin ich aber nicht, und der wollte ich gerade aus ethischen Gründen auch nie sein. Aber von mir aus, ich bin jetzt mal der *advocatus diaboli* und sage: Du fällst um, weil du im Verhältnis zu deiner Unmoral noch viel unmoralischer bist. Noch nicht mal dieses eine Prinzip – der Profit ist am wichtigsten –, noch nicht mal das hast du. Ein Gesinnungswechsel bedeutet gefährliche Konsequenzen.

Sroczyński: Was für welche?

Fuz: Du zahlst der Näherin dreimal so viel, ja?

Sroczyński: Ja.

Fuz: Das heißt, du beweist Empathie und übernimmst Verantwortung für diesen Teil der Welt, ja?

Sroczyński: Genau.

Fuz: Dann bist du ein anderer Mensch. Du landest in einer anderen Matrix. Denn wenn du A sagst, musst du auch B sagen. Du setzt dich mit Zygmunt Bauman zusammen, ihr denkt über das Los der Näherin in Bangladesch nach. »Aber warum sollte man sich bloß um die Näherin sorgen?«, fragt Bauman plötzlich. Neben der Näherei befindet sich eine Färberei, sie leitet die ganze Chemie in den Fluss, und das Dorf stirbt an Krebs. Und an einem anderen Ort ist es der Anbau der Baumwolle, aus der deine Kleider genäht werden, besprüht mit nicht zugelassenen Pestiziden, damit es billiger wird. Und die ganze Umgebung ist verseucht. Es ist schön, ein bewusster Geschäftsmann und moralisch handelnder Chef zu sein, aber in Wirklichkeit ist das eine blutige Angelegenheit, denn ein Gesinnungswechsel kostet. Und wenn so ein Chef die Welt retten will, dann muss er das Kleid nicht für 20 Złoty kaufen, sondern für 200. Und ist bankrott.

Sroczyński: Nein.

Fuz: Doch. Schließlich hat das satte Europa seine Produktion dorthin verlagert, um nicht die Standards einhalten zu müssen, die hier gelten. Die Konzerne nähen doch deshalb dort, weil die Leute 15 Stunden unter furchtbaren Bedingungen für 40 Groschen pro T-Shirt arbeiten. Und obendrein darf man noch den Fluss vergiften.

Sroczyński: Was wäre denn deiner Meinung nach ein angemessener Profit? 1.000 Prozent? 2.000 Prozent?

Fuz: Angemessen ist in dieser Branche der Profit dann, wenn du die ganze Konkurrenz austrickst. Jedes börsennotierte Unternehmen will derzeit ein großer internationaler Konzern werden. Seine Aktionäre sind korrumpiert durch die Aussicht auf Profit, sie wollen viel, schnell und üben entsprechenden Druck aus. Ein Chef, der beginnt, sich nach anderen Werten zu richten, setzt sich dem Vorwurf aus, dass er zum Schaden der Aktionäre handelt. Wenn er beginnt, die Löhne in Bangladesch zu erhöhen, statt die Profite zu maximieren, setzen sie ihn ab. So einfach ist das. Denn das ganze Gebäude stürzt in sich zusammen. Im Retail herrscht Krieg ...

Sroczyński: Im was?

Fuz: Im Einzelhandel herrscht Krieg. Es gibt Hunderte von Kleider-Labels, und die kämpfen ums Überleben. Jeder der Branchenriesen meint, er müsse noch größer werden. Wenn er nicht jedes Jahr hundert neue Läden aufmacht, dann wird er von der Konkurrenz abgehängt. Und der gigantische Gewinn auf jedes Kleid, der dich so aufbringt – außer neuen Schlitten und Prämien für die Chefs –, finanziert die Eröffnung neuer Läden und das gigantische Wachstum der Firmen.

Die Chefs der Bekleidungskonzerne sind für Hunderte von Läden zuständig, und vor allem um die kümmern sie sich. Da spielt die Musik! Sie beschäftigen »Undercover-Kunden«, die reinkommen, einkaufen, die Verkäuferinnen anmeckern und dann einen Bericht schreiben. In jedem Laden sind Kundenzähler eingebaut, und später wird mit der Zahl der Kassenbons verglichen. Wenn es zu viele gibt, die reinkommen und nichts kaufen, wird das Personal angeschnauzt oder entlassen. Ein ausgeklügeltes System wurde entwickelt, um dir dieses T-Shirt aus Bangladesch im Laden für 59 Złoty aufzudrücken.

Sroczyński: Wieviel verdienen denn die jungen Leute, von denen man in den Ketten bedient wird?

Fuz: In Polen? Sieben Złoty in der Stunde.

Sroczyński: Und dafür sollen sie freundlich und effizient sein?!

Fuz: Haben sie denn eine Wahl? Für ihre Stelle ist die ganze Zeit eine Anzeige geschaltet. Das ist eine Form der Einschüchterung.

Sroczyński: Einschüchterung?

Fuz: »Suchen per sofort Store Manager für die Marke X in der Galerie Y« – solch eine Anzeige erscheint, obwohl der Laden längst einen Store Manager hat, und der arbeitet seit zwei Jahren dort. Ich kenne Ladenketten, wo das Personal sich nicht hinsetzen darf, es gibt keinen Stuhl, noch nicht mal an der Kasse. Es gibt eine Kette, bei der Vertreter des ausländischen Inhabers – als Kontroll-Dreigespann – kommen und erstmal generell die jungen Frauen zusammenscheißen, unabhängig davon, ob sie ihre Arbeit gut oder schlecht machen. Die Verkäuferinnen haben natürlich alle studiert, aber sie können keine andere Arbeit finden. Also sitzen sie da fest. Der Chef eines Ladens muss heutzutage mindestens zwei Fremdsprachen können und einen Hochschulabschluss haben, am besten in zwei Fachrichtungen, um irgendein blödsinniges Schuhgeschäft zu leiten. Noch nicht mal von einem Politiker erwartet man so eine Qualifikation!

Oder das Thema Diebstahl. Oftmals werden die Verluste dem Personal vom Lohn abgezogen. In einem Laden in einer großen Warschauer Einkaufspassage macht das 6.000 Złoty pro Monat. Du gehst schließlich nicht mit dem Kunden in die Umkleidekabine.

Sroczyński: In vielen Läden bekommt man vor der Umkleidekabine ein Märkchen mit der Anzahl der Kleidungsstücke. Und beim Zurückgeben wird geprüft.

Fuz: Ja. Aber einige haben einen neuen Sport: Sie kaufen im Internet ein Gerät zum Entfernen der Sicherheitsclips, kommen in einem alten durchgeschwitzten Pulli und machen einen abmontierten Clip dran. Sie waschen die Kleidung nicht, sondern tauschen sie gegen neue aus. Die Anzahl stimmt. Und die Verkäuferin bezahlt dann den Pulli von ihrem Gehalt.

Ich verfolge die Meinungen über Arbeitgeber regelmäßig im Internet, und der Tenor über die Bekleidungsbranche ist fatal. Aus diesen Stimmen erkennt man, dass in vielen Firmen absolutes Misstrauen gegenüber den Mitarbeitern herrscht. Das ist ein großes Problem, vor allem in Polen. Viele Firmenbesitzer vertrauen niemandem außer der eigenen Familie, niemand sonst darf mitentscheiden oder Gewinne machen.

Sroczyński: Kann man denn, wenn man sieben Złoty in der Stunde bezahlt, einen guten und loyalen Mitarbeiter haben?

Fuz: Das geht nicht.

Sroczyński: Warum wissen die Eigentümer der polnischen Firmen das nicht?

Fuz: Manche wissen es. Aber die meisten verhalten sich so, wie die Gesellschaft es eben zulässt. Und die Standards bei den zwischenmenschlichen Beziehungen sind bei uns so, dass man mit den Leuten umspringen kann, wie man will. Dazu kommt noch die extreme Ideologie des freien Markts. Der Firmeninhaber darf alles, denn schließlich bietet er die Arbeitsplätze. Ich habe oft gehört: »In Polen ist Arbeit ein Privileg und ein Luxus.« Warum bezahlen sie sieben Złoty? Weil es Hunderte gibt, die bereit sind, für sieben Złoty zu arbeiten.

Du hättest gern ringsherum lauter Wokulskis[1], die sich einer sozialen Verantwortung verpflichtet fühlen. Sie gehen in die Armenviertel und überlegen, wie man Abhilfe schaffen kann, wie man die Welt verbessern kann. Fehlanzeige! Ein solches Ethos gibt es nicht mehr.

Aus dem Polnischen von Jutta Conrad

Das Gespräch ist der Gazeta Wyborcza-Beilage Duży Format, Nr. 45 vom 7. November 2013 entnommen.

Copyright © by Grzegorz Sroczyński

---

1   Stanisław Wokulski ist eine Figur aus dem 1890 erschienenen Roman *Lalka* [Die Puppe, dt. von Kurt Harrer, Berlin 1954] des Positivisten Bolesław Prus. Er gilt als der Inbegriff des Unternehmers mit sozialer Verantwortung. (Anm. d. Übers.)

URSYNÓW

VARSOVIA · WARSAW · VARŠUVA · BAPШABA · VARSOVIE · WARSCHAU · VARŠAVA · WARSKOU

Gabriele Lesser

Stadtbewegungen in Polen

Gut gelaunt schüttelt Jacek Wójcicki die Hände seiner Wähler und Wählerinnen, gibt dem Lokalfernsehen noch schnell ein Interview und stürmt die Treppen des Rathauses hinauf. Müdigkeit nach der langen Wahlnacht ist ihm nicht anzusehen. Ganz im Gegenteil. Der 33-jährige Ökonom, bislang Bürgermeister einer Dorfgemeinde, strotzt nur so vor Energie. Zwar galt Wójcicki bei den polnischen Kommunalwahlen im Herbst 2014 als einer der großen Favoriten im westpolnischen Gorzów Wielkopolski, doch rechnete niemand damit, dass der Kandidat der Bürgerinitiative »Menschen für die Stadt« schon im ersten Wahlgang über 60 Prozent aller Stimmen holen könnte. »Gorzów Wielkopolski – Die neue Hauptstadt der Stadtbewegungen!« feierten ihn daraufhin die »Partisanen« im Lande, wie sich die Aktiven selbst gern bezeichnen.

Ein Radfahrer in Posen

»Ein Radfahrer wird Posen regieren«, titelte Polens größte seriöse Tageszeitung Gazeta Wyborcza nach den Stichwahlen zwei Wochen später. Ein Radfahrer in der Autostadt Posen! Jacek Jaśkowiak, der neue Oberbürgermeister Posens, hatte sich zwar 2014 von der liberalkonservativen Regierungspartei Bürgerplattform aufstellen lassen, doch bekannt geworden war er durch sein langjähriges Engagement für die Bürgerinitiative »My-Poznaniacy« (Wir Posener). 2010 kandidierte er zum ersten Mal gegen den amtierenden Oberbürgermeister Ryszard Grobelny. Damals noch ohne Erfolg. Nun soll eine der ersten Amtshandlungen des »Radfahrers« Signalcharakter haben: Der große Parkplatz vor dem Rathaus soll einer Fußgängerzone weichen – mit Cafés, ein paar Bäumen und Straßenmusik. Jaśkowiak will den Posenern das Stadtzentrum zurückgeben. Statt neuer Schnellstraßen, noch mehr Autos, Lärm und Gestank soll es Fahrradwege geben, Fußgängerzonen und viel Kunst und Kultur. »Mehr Lebensqualität in der Stadt« ist auch seit Jahren das Motto der Bürgerinitiative »My-Poznaniacy«.

In Posen nahm alles seinen Anfang

Der Erfolg in Posen ist für die Stadtbewegungen besonders wichtig, da hier vor knapp zehn Jahren alles seinen Anfang nahm. Damals hatte die Stadtverwaltung den Bürgern vollmundig versprochen, das Brachland am Rand der Hochhaussiedlung Rataje in einen Park zu wandeln. Plötzlich war jedoch keine Rede mehr davon. Stattdessen sollten dort weitere Wohnblocks hochgezogen werden. Statt nun jede Hoffnung auf ein bisschen Grün in der Betonwüste aufzugeben, protestierten die Menschen lautstark, gingen auf die Straße und forderten die Einhaltung des Versprechens. Um politisch schlagkräftiger zu sein, bildete sich eine ungewöhnliche Koalition heraus: Nachbarn der Rataje-Siedlung, Umweltschützer, Linke, katholische Gemeindemitglieder, Wissenschaftler und ehemalige Mitarbeiter der Stadtverwal-

tung. Der so entstandene Verein »Wir Posener« gewann dieses erste Scharmützel
mit der Stadt. Die Blocks wurden nicht gebaut.

»Die Städter haben ein Recht auf ihre Stadt«

Im Jahr 2011 lud die Bürgerinitiative »Wir Posener« zum ersten großen Kongress
der Stadtbewegungen nach Posen ein. Neun Stadtinitiativen schlossen sich der neu
gegründeten Allianz an. Ihr Motto »Die Städter haben ein unverzichtbares Recht
auf ihre Stadt« oder – als Kurzformel – »Die Stadt gehört uns« verbindet seither alle
Stadtbewegungen Polens. Erst verhalten, dann immer lauter und selbstbewusster
fordern sie seither von den Stadtverwaltungen eine ganz konkrete Politik ein: mehr
Fahrradwege und mehr Grün in der Stadt, weniger Lärm und Staub, Absenkung der
Bürgersteige für Rollstuhlfahrer und Eltern mit Kinderwagen, Schutz des ursprünglichen Weichselufers in Warschau, Widerstand gegen die geplante Winter-Olympiade
in Krakau und – fast überall – Kampf gegen die Verschandelung der Stadtlandschaft
mit hässlicher Reklame und überflüssigen Lärmschutzwänden. »Die Leute haben
es einfach satt, die immer gleichen Politiker zu sehen und die immer gleichen
Diskurse zu führen«, erklärt Kacper Pobłocki das Aufkommen der Stadtbewegungen
in fast ganz Polen.

Die Allianz der Stadtbewegungen

Pobłocki, Wissenschaftler an der Adam-Mickiewicz-Universität in Posen, ist heute
Chef und Koordinator der rasch wachsenden »Porozumienie Ruchów Miejskich« –
»Allianz der Stadtbewegungen«. Bis Dezember 2014 hatten sich dieser Allianz elf
Bürgerinitiativen angeschlossen, darunter »Warschau gehört uns« in Polens Hauptstadt, »Zeit der Städter« im zentralpolnischen Thorn, »Gemeinsam für Oppeln«
in Oberschlesien und »Recht auf die Stadt« in Posen. Neben den elf Initiativen in
der Allianz gibt es noch weitaus mehr Stadtbewegungen in Polen. Sie haben sich
bisher noch keiner Dachorganisation angeschlossen. Wie viele es insgesamt sind, ist
schwer zu schätzen. Die Zahl hängt auch von der Definition ab. Rechnet man nur
diejenigen Stadtbewegungen, deren Ziel auch der Einzug in den Gemeinderat oder

Stadtrat ist, dürfte die Zahl bei einigen Dutzend liegen. Nimmt man hingegen all diejenigen hinzu, deren Mitglieder sich für ihre Gemeinde, ihren Stadtteil oder die ganze Stadt einsetzen, dürfte die Zahl bei einigen Zehntausend liegen.

»In den letzten 25 Jahren hat sich in unseren Städten nicht allzu viel geändert«, kritisiert Pobłocki den seiner Ansicht nach zu langsamen Wandel. »Die Zeit der Langzeit-Bürgermeister ist vorbei.« Seine Allianz unterstützte bei den Kommunalwahlen 2014 rund 1.000 Kandidaten in elf Städten. Nach den Stichwahlen für die Bürgermeister und Stadtpräsidenten fällt die Bilanz zwar nicht eben überragend aus. Dennoch kann die Allianz der Stadtbewegungen zufrieden sein. Zum ersten Mal hat sie politisch deutlich Flagge gezeigt und ein Potenzial erkennen lassen, das sich in Zukunft ausbauen lässt. Schon heute sind die wahren Sieger bei den Kommunalwahlen nicht die Vertreter der etablierten Parteien im polnischen Parlament, sondern die sogenannten »unabhängigen Kandidaten«. Sie haben das Gros der Stimmen geholt.

Erfolge und Niederlagen

Außer Gorzów Wielkopolski und Posen, dessen neuer Bürgermeister aber über das Ticket der Bürgerplattform (PO) ins Rathaus zog, konnten die Stadtbewegungen noch einen Überraschungssieg in Słupsk an der Ostsee und in Wadowice, dem Geburtsort von Papst Johannes Paul II., feiern. In Słupsk gewann Robert Biedroń, der erste offen schwule Abgeordnete im polnischen Parlament, die Stichwahl gegen den bisherigen Stadtpräsidenten. Und in Wadowice gaben die Wähler dem links-liberalen Intellektuellen Mateusz Klinowski ihre Stimme, einem Mann, der sich selbst als Atheisten bezeichnet, offen für die Legalisierung von »weichen Drogen« eintritt und seine politische Heimat in der Stadtbewegung »Freies Wadowice« hat. Leicht wird er es als Bürgermeister von Wadowice allerdings nicht haben. Denn auf Unterstützung aus dem Stadtrat kann er kaum hoffen. Kein einziger seiner Mitstreiter hat ein Mandat errungen. Die Mehrheit im Stadtrat stellen vielmehr Mitglieder der rechtsnationalen Recht und Gerechtigkeit (PiS).

Auch in Warschau verkündet die Stadtbewegung »Warschau gehört uns« einen Sieg, obwohl sie nur in drei von insgesamt 18 Stadtteil-Rathäusern einzieht: Praga-Nord, Żoliborz und – mit vier Stadträten – ins prestigeträchtige Rathaus von Śródmieście (Zentrum). Dort sind sie nun bis 2018 das Zünglein an der Waage, denn außer ihnen gibt es nur noch elf Räte von der Bürgerplattform und zehn von Recht und Gerechtigkeit. Die Gefahr, die mit dieser neuen »Macht« verbunden ist, ist noch nicht allen »Partisanen« bewusst, wird aber schon hier und da angesprochen: Für jeden Misserfolg, jede falsche Entscheidung, jede Verschwendung öffentlicher Gelder werden in Zukunft auch sie verantwortlich sein.

Auch in den meisten anderen Stadtteil-Rathäusern Warschaus sitzen ab 2014 Vertreter von Stadtbewegungen, die allerdings (noch) keinem Trägerverein wie der Allianz angehören. So etwa die »Nachbarn für Wesoła«, die »Bürger-Initiative von Białołęka«, »Gemeinsam für Ursus«, der »Bürgerverein des Städtchens Wilanów« und andere. Eine herbe Schlappe musste allerdings die Bürgerinitiative »Soziales Warschau« hinnehmen, die in allen 18 Stadtteilen Warschaus Kandidaten aufstellte, aber keinen einzigen Sitz erringen konnte. »Wir haben fast keinen Wahlkampf gemacht«, erläutert der Vorsitzende Maciej Łapski das enttäuschende Ergebnis. »Das war ein Fehler. In vier Jahren werden wir besser aufgestellt sein.« Auch Joanna Erbel, die Gallionsfigur der Warschauer Stadtbewegungen und grüne Kandidatin für das Stadtpräsidentenamt, musste sich mit weniger als fünf Prozent der Stimmen zufrieden geben.

Die Bürger wollen das Schicksal ihrer Städte endlich in die eigene Hand nehmen ...

Im Juli 2014 haben die Bewohner von 12 polnischen Städten (Warschau, Krakau, Płock, Danzig, Posen, Breslau, Gleiwitz, Thorn, Schweidnitz, Oppeln, Ratibor, Landsberg an der Warthe) die Nichtregierungsorganisation *Porozumienie Ruchów Miejskich* (PRM) gegründet, die nur das Eine als Ziel hat: die Verbesserung des Gemeinwohls ihrer Mitbürger.

Die ehrenamtlichen Aktivisten gehen auf die Straßen und stecken die Stadtbewohner mit ihren Ideen an. Sie wünschen sich eine freundliche und gemütliche Stadt, deren Entwicklung in Einklang mit den Bedürfnissen der Einwohner steht. Sie sind fest davon überzeugt, dass jede Stadt andere Bedürfnisse im Programm hat und deswegen individuell betrachtet werden muss. Ein »universales« existiert daher nicht. Ihre Vision einer lebenswerten Stadt hat aber bereits mit drei allgemeinen Problemen zu ringen:
– dem Mangel an einer präzisen und effektiven Planung der Entwicklungspolitik der Städte, was für ein chaotisches Erscheinungsbild sorgt und letztlich kostentreibend ist.
– der falschen Einschätzung des Bürgerwillens durch Kommunalpolitiker, die sich der wahren Probleme der Bürger nicht bewusst sind. Das spiegelt sich in sinnlosen Prestigeprojekten wider.
– veralteten rechtlichen Regelungen und Gesetzen, die im Grunde jeglichen sozialen Fortschritt verhindern.

Nun wollen die Stadtbewohner die Entwicklung ihrer Städte selbst in die Hand nehmen und die ersten Früchte ihrer Arbeit kann man schon sehen: die Veranstaltung eines Referendums in Krakau gegen das Ausrichten der Olympischen Spiele in dieser Stadt, ein erfolgreicher Widerstand gegen Bauträger, die die Stadt Posen vor der Fußball-Europameisterschaft 2012 umbauen wollten, sowie die Rettung alter Baumalleen in Gleiwitz vor der Abholzung. Die Mitglieder der PRM sind an konkreten Lösungen interessiert, nicht an abstrakten Ideen. Sie stehen in Opposition zur kommunalen Verwaltung und wagen auch politische Verantwortung. So stellten sich viele unabhängige Stadt-Aktivisten beim Kampf um die Ämter der Stadtpräsidenten 2014 zur Wahl: Joanna Erbel in Warschau oder Joanna Scheuring-Wielgus, die Anführerin der Bewegung *Die Zeit der Bürger* (Czas Mieszkańców) in Thorn, die auch in den dortigen Stadtrat gewählt wurde. Auch sie gehört zu den Menschen, die ein »zweites Kopenhagen« aus ihrer Stadt machen möchten: eine bürgerfreundliche Stadt mit vielen Erholungsmöglichkeiten im Grünen und dem Fahrrad als dem bevorzugten Verkehrsmittel.

Jerzy Ziemacki: *Z partyzantki do urzędu* [Von der Partisanin ins Amt]. In: Wysokie Obcasy Nr. 43 vom 8. November 2014.
http://ruchymiejskie.pl/

»Städte und Menschen«

Schon 2013 startete Polens führendes politisches Magazin POLITYKA ein unge-
wöhnliches publizistisches Projekt. Ein Jahr lang – Monat für Monat – stellten
Journalisten und Experten eine andere polnische Metropole vor. Sie sprachen mit
den Bewohnern, sahen sich Kultur, Politik und Wirtschaft an, beschrieben Vorzüge
und Probleme der jeweiligen Stadt. Zu Wort kamen immer auch die »Partisanen«
der Stadtbewegungen. Das Kompendium »Städte und Menschen«, das rechtzeitig
zu den Wahlen erschien, gilt schon heute als neue »Bibel« der Kommunalpolitiker,
zeigt es doch neben dem aktuellen Soll und Haben jeder Metropole auch Lebensstandard, Architektur und Urbanistik in groß angelegten Übersichten auf.

Keine Stadt ist wie die andere. Jede hat ihre ganz eigenen Vorzüge, Probleme und
politischen Konflikte. Entscheidend ist nicht nur die geografische Lage – mitten im
Land, an der Ostsee, nahe der Tatra, an der Ost-, West- oder Südgrenze Polens –,
sondern auch die soziale Zusammensetzung der Einwohner: Männer und Frau-
en, Junge und Alte, Einheimische und Zugereiste, Arme und Reiche, Intelligenz,
Arbeiter und Bauern. Was alle Bürger gleichermaßen empört, ist die Arroganz der
Macht. Dass politisch zunächst uninteressierte Menschen plötzlich auf die Straße
gehen und sich dann auch längerfristig engagieren, hat meist mit prestigeträchtigen
Großprojekten zu tun, die technisch und – dank der EU-Zuschüsse – auch finanziell
»machbar« sind, aber am Bürgerwohl völlig vorbeigehen: Straßen durch Naturschutzgebiete, ein neuer Regionalflughafen statt des Ausbaus der Bahnverbindungen, ein gigantischer Aquapark im Stadtzentrum statt kleiner Stadtteil-Schwimm-
bäder, überdimensionierte Sportstadien, Philharmonien und Museen. Nicht alle
Stadtbewegungen sind über einen Kamm zu scheren. Ihr Erfolg oder Nichterfolg
hängt auch davon ab, wie sehr Bürgermeister und Stadtpräsidenten das Potenzial
für die eigene Politik erkennen. Drei ausgewählte Beispiele, Warschau, Krakau und
Białystok, zeigen dies.

Warschau

Seit Jahrzehnten versuchen Einzelpersonen wie Bürgerinitiativen die im Zweiten
Weltkrieg zerstörte Innenstadt Warschaus wieder in ein lebendiges Stadtzentrum
zu verwandeln. Obwohl die Altstadt kurz nach dem Krieg wiederaufgebaut wurde,
blieb sie lange nur ein Touristenmagnet. Dies änderte sich erst mit dem Beitritt
Polens zur Europäischen Union. Plötzlich gab es Zuschüsse für die Revitalisierung
der Städte. Seither hat sich vieles in Warschau zum Besseren gewandelt. Doch die
großen Plätze sind bis heute entweder leer und unwirtlich wie der Pilsudski-Platz
vor dem Denkmal des unbekannten Soldaten oder sie dienen als riesige Parkplätze
wie der Plac Defilad vor dem Kulturpalast, der Theaterplatz vor der National-Oper
oder der Bankplatz vor dem Rathaus. Hin und wieder locken sie die junge Szene
an, Studenten, Künstler, Intellektuelle, die aber ebenso rasch, wie sie gekommen
ist, auch wieder weiterzieht, wenn woanders ein paar neue In-Kneipen aufmachen.
Einer der Aktiven, der mit spektakulären Weichsel-Aktionen schon früh auf sich
aufmerksam machte, ist Przemysław Pasek. Seine Stiftung »Ja, Wisła« – »Ich, die
Weichsel« protestierte immer wieder gegen die größte Kloake im Lande, zu der

die Politiker die »Königin der Flüsse« in Polen degradiert hatten. Dank großzügiger
EU-Mittel entstanden entlang der Weichsel und auch direkt in Warschau große
Klärwerke, sodass das Flusswasser vielleicht noch nicht unbedingt zum Baden
einlädt, aber doch inzwischen wieder Fische darin leben. Pasek war es auch, der
den Warschauern klar machte, dass andernorts Stadt und Fluss in guter Symbiose
leben und die Menschen ihren Fluss keineswegs als Feind betrachten. Es dauerte
zwei Jahrzehnte, bis die ersten Kilometer Radweg auf der rechten Weichselseite
(Warschau-Praga) gebaut wurden und die ersten Strandbars eröffneten. Während
unterhalb der Altstadt der Czerniakowski-Hafen bereits modernisiert wurde, wartet
das riesige Terrain des Port Praski (Prager Hafen) noch auf seine Revitalisierung. Bei
den Kommunalwahlen 2014 kandidierte Premysław Pasek auf einer der Listen der
Stadtbewegungen, ohne Erfolg allerdings. Er will sich nun auf die Schaffung eines
Weichsel-Museums konzentrieren.

Krakau

Ausgerechnet eine Winterolympiade wollte die südpolnische Stadt Krakau im Jahr
2022 ausrichten. Dabei ist die Luft Krakaus im Winter zum Schneiden dick. Früher
war es die Lenin-Hütte in Nowa Huta, deren gelbe Schwefelschwaden über Krakau
lasteten und das Atmen erschwerten. Heute sind es der Hausbrand in den Kohleöfen und die Auspuffabgase, die regelmäßig für Smogwarnung in Krakau sorgen.
Noch immer heizt ein großer Teil der Krakauer mit Kohle, Koks, Holz und billigem
Kohlegranulat. Viele stecken alles in den Ofen, was irgendwie brennt: Haushalts-
abfälle, Lumpen, alte Möbel, leere Plastikflaschen. Seit 2012 warnt die Bürgerinitiative »Krakowski Alarm Smogowy« – »Krakauer Smog-Alarm« immer wieder
vor den krebserregenden Staubpartikeln, die die Krakauer mit jedem Atemzug im
Winter in ihre Lungen pumpen. Nach Bulgarien ist Polen dasjenige Land in der EU,
das die höchste Schadstoffdichte in der Luft aufweist. Allein unter den ersten zehn
von insgesamt 365 untersuchten EU-Städten sind sechs polnische mit extremer
Luftverschmutzung: Krakau und Nowy Sącz in Südpolen sowie Gleiwitz, Zabrze,
Sosnowiec und Kattowitz im oberschlesischen Kohlerevier. Anders als viele denken,
sind nicht die Kohlekraftwerke die größten Dreckschleudern, sondern die Millio-

nen Kohleöfen, in denen billiges Brennmaterial wie Kohlestaub oder -granulat aus
Kohleschlamm verbrannt wird.

Als Polen 2004 der EU beitrat, warf es die bisher verbindlichen Qualitätsnormen
für Kohle in den Müll. Das Problem: Die in der EU verbindlichen Richtlinien
liegen bis heute in den Schubladen der Warschauer Regierung und wurden nie in
polnisches Recht umgesetzt. Auf Drängen der Initiative »Krakauer Smog-Alarm«
verabschiedete dann aber das Parlament der Wojewodschaft Kleinpolen 2013 ein
Gesetz, das in Krakau und den umliegenden Orten Kohleöfen und das Verbren-
nen von Kohlegranulat und Müll in Hausöfen verbot. Die alten Öfen sollten durch
Gasheizungen oder den Anschluss an die Fernheizung ersetzt werden. Jeder konnte
einen finanziellen Zuschuss für die Umrüstung beantragen.

Kurz darauf erklärte allerdings das Woiwodschafts-Verwaltungsgericht in Krakau das
Gesetz für ungültig, da die Themen Heizmaterial und Luftreinheit die Kompetenzen
des Regionalparlaments überstiegen. Dies müsse Warschau entscheiden. Jetzt liegt
die Streitfrage allerdings erst mal vor dem Obersten Verwaltungsgericht. Die Bürgerinitiative »Krakauer Smog-Alarm« hält das Urteil für falsch, da es dem Regional-
parlament das Recht abspricht, in dieser ganz besonders luftverschmutzten Region
etwas für die Luftreinheit und damit die Gesundheit der Menschen in genau dieser
Region zu tun. Und in einem Referendum entschieden sich die Krakauer gegen
die Ausrichtung der Winterolympiade 2022. Das Geld soll für wichtigere Zwecke
ausgegeben werden.

Białystok

Den unrühmlichen Ruf der »Hauptstadt des Rassismus in Polen« wieder loszu-
werden ist sehr viel schwieriger, als sich dies die Lokalpolitiker von Białystok in
Ostpolen vorgestellt hatten. Das erste Antirassismus-Programm Polens »Białystok
für die Toleranz« macht sich zwar auf dem Papier ganz gut, doch hat sich seit
dessen Einführung Ende 2013 kaum etwas zum Besseren gewandelt. Nach wie
vor kommt es zu Ausschreitungen gegenüber Ausländern und wird antisemitische
Hetze an Hauswände und Trafostationen geschmiert. Auch die Tataren, die seit
dem Mittelalter in Ostpolen leben, müssen immer wieder Hakenkreuze und »Polen
den Polen«-Parolen übermalen oder gar – wie im Sommer 2014 – »Schweine-Graf-
fiti« von der denkmalgeschützten Holz-Moschee im Tatarendorf Kruszyniany bei
Białystok entfernen.

Bürgerinitiativen wie das »Normalny Białystok« oder das Theater »Trzy Rzecze«
versuchen dem Alltagsrassismus in der Stadt etwas Positives entgegenzusetzen.
Während Journalisten, Lehrerinnen, Künstlerinnen und Schauspieler der »Norma-
los« Happenings in der Stadt veranstalten, große Multi-Kulti-Graffiti an Hauswände
malen, in Schulen spezielle Antidiskriminierungs-Trainings durchführen, zeigt Rafał
Gaweł vom Theater »Trzy Rzecze« konsequent jede rassistische Straftat an. Zum
internationalen Skandal kam es, als Dawid Roszkowski, einer der Staatsanwälte
in Białystok-Nord, behauptete, dass das Hakenkreuz in Wirklichkeit ein in Asien
weitverbreitetes Glückssymbol sei und es daher keinen Grund gebe, ein Strafver-

Die Bekenner der Wende

Diese Wende hat nicht die Weite der Transformation, sie beeinflusst jedoch immer mehr unseren Alltag. Als Kult wird nicht mehr die Kultur der Hipster angesehen (Jugendliche aus vermögenden Familien, die ausgefallene Ideen suchen). Der Trend sind Zwei-plus-zwei-Familien, Leiharbeiter, aus Korporationen Ausgetretene (lediglich die mentalen). Ihre Arbeitszeit liegt im Landesdurchschnitt, zur Arbeit fahren sie mit dem Fahrrad.

Die Wende vollzieht sich vor allem in den Großstädten, es ist jedoch nicht die Regel. Die Wende vollzieht sich in der Gruppe der 20- und 30-jährigen, das ist aber auch nicht die Regel. Es geht diesmal nicht um große Dinge wie den Sturz eines Staatssystems, es geht hier um den Alltag. Um die Ernährung, um Transportlösungen, um die Müllreduzierung, um die Verantwortung im Konsumieren, um die Kindererziehung – es geht darum, dass wir uns weniger leisten können. »Weniger« – wörtlich und im übertriebenen Sinne. Wörtlich, da die Idee, dass das Wirtschaftswachstum auf Langzeitkrediten aufgebaut werden kann, ein Reinfall war. Im übertriebenen Sinne – es ist an der Zeit, Abstand von der Generation der Transformation zu nehmen, von der Generation, die, gelöst vom sozialistischen Polen, konsumierte und lebte, um zu haben.

Diejenigen, die den Wandel mit einem tieferen Gedanken verbinden möchten, sprechen von der Konkurrenz, vom Lebenstempo, vom ständigen Wachstum, von der Diktatur des Konsums. Sie sehen die Wende als eine Reaktion auf eine immer tiefer greifende soziale Spaltung, auf Separation und Gewalt – auch in Bezug auf den Planeten, als Reaktion auf Unordnung – auch visuelle Unordnung, als Reaktion auf die Macht des Stärkeren, die wir auf den städtischen Straßen beobachten. Diejenigen, die den Wandel praktizieren, sagen: Vielen Dank, es reicht, mehr brauchen wir nicht. Wir können uns weniger leisten: weniger Stress, weniger Lärm, weniger Einkäufe, weniger Sachen und Müll. Im Prinzip können wir uns auch weniger Geld leisten.

Marta Sapała: *Wyznawcy Zmiany* [Die Bekenner der Wende]. In: POLITYKA Nr. 19 vom 7.–13. Mai 2014.

fahren wegen Hakenkreuz-Schmierereien zu eröffnen. Als der Theaterdirektor dies publik machte, empörten sich zunächst Generalstaatsanwalt Andrzej Seremet und Innenminister Bartłomiej Sienkiewicz in Warschau. Doch das Disziplinarverfahren gegen den Staatsanwalt verlief im Sande. Und nun hat der Theaterdirektor selbst ein Verfahren am Hals – angestrengt von eben jener Staatsanwaltschaft, die in den Hakenkreuz-Schmierereien in Białystok »Glückssymbole« erkennen wollte.

Anfang 2014 gründete Gaweł mit finanzieller Unterstützung der US-amerikanischen Regierung das »Monitoring-Zentrum rassistischen und xenophoben Verhaltens« in Białystok. Zusammen mit Gleichgesinnten durchforstete er das polnische Internet und fand Aufrufe wie »Für die Jagd auf Roma gibt es immer ein Bierchen«, »Białystok ist eine so große und attraktive Stadt, dass die Nigger ihre ganze Sippschaft nachziehen« oder »Das goldene Prinzip heißt: Nur ein toter Muslim ist ein guter Muslim«. Wieder stellte Gaweł Dutzende Strafanträge. Doch während die Staatsanwaltschaft Białystok-Süd daraufhin tatsächlich zu ermitteln begann, knöpfte sich – wie die Lokalausgabe der GAZETA WYBORCZA berichtete – die Staatsanwaltschaft Białystok-Nord den umtriebigen Theatermann selbst vor. Auf deren Veranlassung hin ließ die Stadtverwaltung von Białystok das Theater und dessen Finanzen genauer kontrollieren und forderte einen finanziellen Zuschuss zurück. Ein neuer Zuschuss wurde dem Theater, das neben Alltagsrassismus auch Themen wie Homophobie oder Kindesmissbrauch aufgreift, nicht mehr bewilligt.

Ob die Stadtbewegung »Normalny Białystok«, deren größtes Multikulti-Graffiti
inzwischen von Unbekannten zerstört wurde, und das Theater »Trzy Rzecze« in
Białystok noch eine Zukunft haben, weiß niemand.

Auch die Stadtteil-Bürgerinitiative »Nasze Bojary« – »Unser Bojary«, die es sich zur
Aufgabe gemacht hat, die denkmalgeschützten Holzhäuser in Białystok zu retten,
muss immer wieder Niederlagen einstecken. So wurde Ende 2014 eine repräsenta-
tive Holzvilla aus dem 19. Jahrhundert abgerissen. Obwohl der Eigentümer keine
Abrissgenehmigung des Denkmalschutzamtes hatte, scheint er mit keiner größeren
Strafe rechnen zu müssen. Lokale Medien berichten über ein drohendes Bußgeld in
Höhe von gerade mal 125 Euro.

Stadtbewegungen und Bürgerbudgets

In Polen wie auch in anderen Ländern ändert sich die Idee vom Leben in der Stadt.
Immer öfter finden Warschauer, Posener und Einwohner anderer Städte, dass sie
selbst »zuständig« sind, wenn Politiker und Beamte über Stadtautobahnen, Fahrradwege, Lärmschutzwände, Grünanlagen oder städtische Kultur entscheiden. Sie
wollen zumindest gefragt werden, besser noch direkt in den Entscheidungsprozess
einbezogen werden. Das Ostseebad Zoppot war die erste polnische Stadt, die 2011
ein sogenanntes »Bürgerbudget« verabschiedete. Das Beispiel machte bald Schule.
In fast allen Städten gibt es heute ein sogenanntes »Bürgerbudget«, mit dem diejenigen Projekte finanziert werden, die von den meisten Leuten unterstützt werden.

Das große Potenzial der Stadtbewegungen haben indes noch nicht alle Bürgermeister und Stadtpräsidenten erkannt. Die Erfahrung der letzten Jahre zeigt jedoch, dass
der Erfolg sich auch nach anfänglichen Niederlagen irgendwann einstellt, ganz nach
dem Motto: Gut Ding will Weile haben.

KATOWICE

POLSKA·POLEN·POL'ŠANMA·POLONIA·ПОЛЬША·POLAND·ПОЛЬСКО

Marcin Wiatr

Die g(b)lühenden Landschaften Oberschlesiens

Oberschlesien hängt immer noch das Klischee vergangener Tage an. Nach gängigen Vorstellungen wird die Region immer noch auf Kohle und Stahl reduziert. Man könnte meinen, Oberschlesien sei nur als abschreckendes Beispiel für himmelschreiende Umweltverseuchung interessant, das in jedes Schulbuch gehört. Es ist, als würde es immer noch nur Schwefelgestank verbreiten. Ein Vorort der Hölle auf Erden.

Solche Assoziationen wirken stark nach und bilden nicht nur in der polnischen Gesellschaft eine Begriffseinheit, die einfach nicht zerbröckeln will, obwohl sich vieles gewandelt hat. Oberschlesien hat in den letzten fünfundzwanzig Jahren vielfältige Restrukturierungsmaßnahmen erfahren, die – das muss man hier in aller Offenheit sagen – längst noch nicht abgeschlossen sind. Die aktuellen Proteste der oberschlesischen Bergarbeiter angesichts der schwelenden Krise der Montanindustrie stellen dies einmal mehr unter Beweis. Doch in Oberschlesien tut sich was. Etliche Berg- und Hüttenwerke haben dichtgemacht und es sind nun Touristen, die technische Denkmäler erkunden. Aus heruntergewirtschafteten Städten sind – in einigen Fällen – europäische Bloomtowns hervorgegangen. Auch an *blühenden* Landschaften fehlt es nicht. Dennoch kommen den meisten eher *glühende* Landschaften in den Sinn. Wie man es auch dreht und wendet: Es ist stets das rußbeschwerte Klischee, das die Wahrnehmung dieser alten Industrieregion bis heute prägt.

Das hat eine lange Vorgeschichte, denn vor rund zweihundert Jahren erlebte Oberschlesien, damals die südöstlichste Provinz Preußens, eine stürmische Entwicklung. Es war die Industrialisierung, die hier das bis dato stabile Verhältnis zwischen Stadt und Land, zwischen Mensch und Natur aus dem Gleichgewicht brachte. Binnen kürzester Zeit und ungeachtet der sozialen Kosten und fatalen Auswirkungen auf die Umwelt entwickelten sich Dörfer und Kleinstädte zu Industriemolochen. Dieses Entwicklungsmuster des Industriezeitalters ist vielleicht am ehesten mit dem umweltverseuchenden Strukturwandel im heutigen China oder in Teilen Südamerikas zu vergleichen. Wie ein Krake nahm die Industrie mit ihren bis in den Himmel hinein stinkenden Rauchsäulen das bis dahin dicht bewaldete Oberschlesien in die Zange und verwandelte alles, was sie in Besitz nahm, in glühende Asche, die auf Kokshalden lagerte. Unzählige Kohle-, Galmei-, Zink- und Bleierz-Bergwerke, Zink-, Blei-, Silber- und Eisenhütten, Zinkblech-Walzwerke, Produktionsstätten für Schwefelsäure und Kunstdünger brachten am Horizont giftige Wolken zum Leuchten. Hinzu kam ein enormer Bevölkerungszuwachs, zusätzlich begünstigt durch den Zuzug neuer Arbeitskräfte auch von außerhalb Preußens. Die sich rasant verbreitenden Industriereviere drangen nicht nur in die zunehmend engen Wohngebiete, sondern auch in die bisher ländlich geprägten Räume vor. Auch wenn

Grünflächen bedecken mehr als die Hälfte des Stadtgebiets von Kattowitz.

natürlich nicht alles in glühende Asche verwandelt wurde, so war die Landschaft, die seinerzeit Eichendorff mit unvergesslichen Lobeshymnen besungen hatte, kaum wiederzuerkennen ...

In den zeitgenössischen Reiseberichten tauchen Bilder auf von der »... öden, von dem Rauch unzähliger Hüttenwerke geschwärzten Wüste Oberschlesiens, dieser Brutstätte wiederkehrender Hungerseuchen«. Nicht zuletzt kommen einem literarische Zeugnisse in den Sinn, die von einer im Industriezeitalter geformten, von Kratern der stillgelegten Schächte durchzogenen, natur- und menschenfremden Mondlandschaft berichten. Der Schriftsteller und Theaterkritiker Alfred Hein etwa, der 1894 in Beuthen (Bytom) zur Welt kam, hielt folgende Eindrücke von seiner Geburtsstadt fest: »Diese Stadt meiner frühen Kindheit ist [...] der Triumph des Naturfernen gewesen; es gab da nur einen Park, dem gewiß die ganze Liebe der Stadtväter und die Pflege eines nicht unbegabten ›Stadtgartendirektors‹ gehörte; jedoch die Bäume und Blumenbeete dieser Parkanlagen übergraute, wenn auch weniger als die unnachsichtlich rauchgeschwärzten Häuserfronten der Mietskasernenstraßen, der Dunst der Industrie. [...] [F]ür mich war die Erde damals etwas, was dürftig mit Grün bedeckt, dagegen überall mit Schloten, Förderkorb-Fahrstühlen und Kohlenhalden bestellt war. Und weiter in der Ferne, da gab es nur noch mehr Schornsteine, dort lag auch der Wald, in den wir manchmal an einem Sommersonntag fuhren. Dort gab es richtig ›von selbst‹ gewachsene Tannen, dort gab es Moos und den Kuckuck, von dem ich im Lesebuch gelesen hatte, auch die Blaubeeren und Preiselbeeren wuchsen wirklich an kleinen Blätterchen festgemacht im Walde. Lange wollte ich das nicht glauben, wenn es Anna, unser Dienstmädchen, erzählte; ich dachte, es gäbe auch eine Beerenfabrik. Fabrikation konnte ich mir vorstellen, Natur nicht.«[1]

1   Alfred Hein: Zu Haus in Oberschlesien. Dülmen 1982, S. 12.

Königshütte (Królewska Huta, heute Chorzów) in der Zwischenkriegszeit

Auch Arnold Zweig, 1887 im schlesischen Glogau (Głogów) geboren und von 1896 bis 1907 Schüler einer Oberrealschule in der Großindustriestadt Kattowitz (Katowice), zeichnet ein eher düsteres Bild der Industrieregion. In seiner im Sommer 1920 verfassten Skizze *Oberschlesische Motive* finden wir etwa diese Passagen: »Ich kenne diese Landschaft. Das zweite Jahrzehnt meines Lebens wurde von ihr geprägt, von dieser aufreizend mageren und herben Gegend, degradiert zur Umgegend für Industrie, zur Umgegend von Städten, wie herausgeschnitten aus beliebigen Großstädten der Jahrhundertwende, die sich arbeitsam ins Getreideland und den schönen Wald wie eine Erkrankung der lebendigen Erde einfraßen, häßlich wie Krätze. [...] [U]nvergessen sind die drohend und klagend aufgestreckten Gerippe der Fördertürme, die Klötze der Hochöfen, die Labyrinthe der Walzwerke, aus denen nachts mit Funken und Feuer ein tobendes Getöse von Wildheit der Überanstrengung schrie, unvergessen die Lichtscharen der Bogenlampen um die rollenden Förderwagen auf den Scharen der Geleise, unvergessen die aufflammenden Horizonte, wenn nachts die Hochöfen rund um die Stadt ihre glühenden Eisenflüsse spieen, und unvergessen sind diese roten und veilchenfarbenen Wolken, deren nach Sonnenuntergang tiefes Leuchten die Antwort der Atmosphäre ist auf die Schwängerung mit Kohlenstaub und Gasen [...].«[2] Und der 1888 in Neiße geborene Schriftsteller Franz Jung, Autor sozialkritischer Romane und einer der größten Abenteurer der deutschen Literaturgeschichte, schilderte in den 1920er Jahren seine Heimat so: »Oberschlesien ist ein Waldland. Auf den Karten [...] ist über die Hälfte des engeren Industriegebietes grün schraffiert, womit man im allgemeinen zusammenhängende größere Waldkomplexe andeutet. Der Fremde, der diese Gegenden jetzt mit Trambahn und Autobus durchfährt, wird sich vergeblich nach einem Baum umschauen. Der Wald ist bis auf kümmerliche Reste verschwunden. [...] Die weiten Täler und Höhen haben sich [...] in Hüttenteiche und Halden verwandelt. Aus dem schmutzigen gelbgrünen Wasser steigen lange Schwaden eines giftigen Qualmes auf, der sich in die Lungen der Menschen einfrißt. Die Lunge der Stadt, der Wald, ist zerfressen. [...] Der Wald ist verurteilt, er stirbt. [...] Schon ist [er] unterwühlt, das Grün der Laubbäume ist fahl und rußbeschwert, die Zweige hängen müde nach unten [...]. In Kilometerbreite sind die Felder aufgerissen. [...] Die Erde, in die der Baum sich verwurzelt hat, wird zu wertvolleren Zwecken gebraucht. Ein Baum ist auch nur wie ein Mensch, gegen die Technik kann er sich nicht wehren. Er ist dem technischen Zeitalter verfallen.«[3]

---

2   Arnold Zweig: Oberschlesische Motive: Vorrede zu einer Mappe mit Radierungen. In: Menorah, Heft 5 (1926), S. 287.
3   Franz Jung: Gequältes Volk. Ein oberschlesischer Industrieroman. Hamburg 1986, S. 28ff.

So viel zur Apokalypse in der Literatur, die sich aus Eindrücken der oberschlesischen Industrielandschaft reichlich speiste. Kein Wunder, dass diese Region sich
in den letzten zweihundert Jahren als Raum eines gewaltigen wirtschaftlichen
Strukturwandels und tristes Opfer rücksichtsloser, ja ausbeuterischer Eingriffe in
die Natur manifestiert. Hier wurden tiefgreifende Veränderungen in Gang gesetzt – gleich einem entfesselten und nicht wieder einzufangenden Zauberspruch –,
die nicht nur künstlerisch veranlagte Menschen umtrieben. Vielmehr prägten
diese Veränderungen fortan sowohl die wirtschaftliche, als auch die politische und
gesellschaftliche Geschichte der Region, bei der die kulturelle, sprachliche und kon-
fessionelle Vielfalt als »oberschlesisches Alleinstellungsmerkmal« gerade wegen der
wirtschaftlichen Bedeutung des Landes einmal mehr unter den Tisch fallen musste.
Dieses Dreieck aus Industrie, verseuchter Natur und verwickelter Geschichte ist in
Europa vielleicht nichts Einmaliges, bleibt aber dennoch bemerkenswert.

Umweltpolitische Maßnahmen, die der eingangs erwähnten begrifflichen Symbiose
entgegenwirken und vor allem eine zumutbare Existenzbasis für rund 4,6 Millionen
Menschen in Oberschlesien erhalten sollten, wurden erst nach 1989 – natürlich
nicht ohne Hindernisse – eingeleitet. Dabei erklärte bereits 1985 der Sejm die
Region – neben Krakau, der Danziger Bucht und dem Kupferbecken von Liegnitz
(Legnica) und Glogau – offiziell zum »ökologischen Katastrophengebiet«. Das wollte
heißen, diese Gegenden sind so verseucht, dass sie nach den damals geltenden –
und hier muss man sagen: ziemlich großzügig bemessenen – Schadstoffnormen
sofort evakuiert werden müssten. Was damals im europäischen Westen Schlagzeilen
gemacht hätte, war im kommunistisch regierten Polen der 1980er Jahre Alltag.
Der Zentralverwaltungswirtschaft zufolge galten die investiven Bemühungen in
erster Linie den Industriezentren, während dringende Umweltfragen, die sich in
der Statistik niederschlugen, kaum eine Rolle spielten. Für Filteranlagen für fossile
Kraft- und Zementwerke, Chemiebetriebe oder Hüttenwerke fehlte es an Geld. In
der Luft über Polen konnte man daher beinahe alles finden, was für den Menschen
schädlich ist.

Dabei führte Oberschlesien diese traurige Weltrangliste an. Das Kohle- und
Industrierevier, halb so groß wie das Ruhrgebiet, produzierte noch in den 1980er
Jahren auf zwei Prozent der Landesfläche sechzig Prozent aller polnischen Indus-
trieabfälle. Weitere Schadstoffe wurden hier vom Süden her, also aus dem tsche-
choslowakischen Teil Oberschlesiens, reichlich herübergeweht. Nach offiziellen
Angaben wurden auf zwei Dritteln der Fläche der Woiwodschaft Schlesien sämtliche Immissionsnormen ständig weit überschritten. Flüsse, zusätzlich belastet durch
ungeklärt eingeleitete Industrieabwässer, glichen Kloaken. Städte wie Zabrze oder
Beuthen hatten zehn- bis fünfzehnmal so viel Staubniederschlag zu verkraften wie
das Ruhrgebiet – ganz zu schweigen von Blei, Zink, Cadmium, Schwefeldioxid und
was der schon in die Jahre gekommene Industriekrake sonst noch von sich gab. Auf
Satellitenbildern war Oberschlesien als ein einziger zusammenhängender schwar-
zer Fleck zu erkennen. Nicht zuletzt für die hier lebenden Menschen waren die
Folgen verheerend: tote Flüsse, verseuchte Äcker und Wälder, eine durchschnittlich
um zwei Jahre kürzere Lebenserwartung. Vor allem Zivilisationskrankheiten wie

Die Bergarbeitersiedlung Nikischschacht (Nikiszowiec) wurde Anfang des 20. Jahrhunderts gebaut.

Krebs, Asthma, Kreislauferkrankungen und Allergien stiegen sprunghaft an. Wie stets in Polen, wenn es um etwas Ernstes geht, suchte die Bevölkerung Zuflucht in zynischen Witzen: »Was muss man tun, wenn ein Oberschlesier beim Wandern ohnmächtig wird? – Ganz einfach. Man legt ihn hinter den Auspuff eines Autos bei laufendem Motor. Dann kommt er schnell wieder zu sich.«

* * *

Oberschlesien ist nach der 1997 in Polen erfolgten kommunalen Verwaltungsreform in zwei Woiwodschaften aufgeteilt, die zwar mit den historischen Grenzen der Region nicht identisch sind, doch weitgehend ihren »kulturhistorischen Kern« ausmachen. Dabei ist der westliche Teil der Region – die Woiwodschaft Oppeln (województwo opolskie) – maßgeblich landwirtschaftlich geprägt. Der östliche Teil – die Woiwodschaft Schlesien (województwo śląskie) – dagegen ist ein hochindustrialisiertes Ballungszentrum. Stärkere Kontraste, nicht zuletzt was den Zustand der Natur betrifft, kann man sich kaum vorstellen. In den ersten Jahren nach dem Zusammenbruch des Kommunismus bestimmte der Konkurs den Strukturwandel im industrialisierten Teil der Region wie in ganz Polen. Die »schockartige« Reformstrategie der ersten demokratischen Regierung traf die Schwer- und Montanindustrie äußerst hart. Die dort Beschäftigten wurden bereits Anfang der 1990er Jahre die ersten Verlierer der marktwirtschaftlichen Realität eines schonungslosen Wettbewerbs – sie wurden meist in die Arbeitslosigkeit gedrängt und konnten kaum auf einen strategischen »Entwicklungsfonds« nach dem Motto »Hilfe zur Selbsthilfe« zurückgreifen. Insbesondere der Bergbau und die Stahlindustrie im oberschlesischen Industrierevier, einst Stützen der polnischen Nachkriegswirtschaft, befanden sich in einer tiefen Krise, die die Überkapazitäten und den Beschäftigungsüberhang zusätzlich verstärkten. Zwar wurde der Beschäftigungsabbau in der Montanregion durch Sozialprogramme flankiert, die unter anderem Frühpensionierungen und Umschulungen vorsahen. Doch diese Leistungen waren angesichts der akuten Bedürf-

nisse mehr als unterfinanziert. Der Verlust von Arbeitsplätzen setzte vielen Arbei-
terfamilien zu, was nicht nur Existenzängste auslöste. Der massive Strukturwandel
läutete vielmehr, wie es schien, auch den Untergang eines durch die Montanindustrie geprägten Lebensstils und eines eigenen sozialen Gemeinschaftslebens ein.

Opfer dieser Entwicklung waren nicht zuletzt architektonische Kunstwerke der
Industrialisierungszeit, die erst allmählich als wichtiger Bestandteil des Kulturerbes
der Region begriffen wurden. So hat man sich erst vor einigen Jahren in Oberschlesien von der im Ruhrgebiet alljährlich veranstalteten »Nacht der Industriekultur – ExtraSchicht« inspirieren lassen. Die »Industriada«, die seit 2009 regelmäßig
an einem Herbstwochenende in der Woiwodschaft Schlesien ausgerichtet wird,
macht die Industriekulissen der Region zu Bühnen für historische Führungen und
spektakuläre Inszenierungen und verzeichnet stetig steigende Besucherzahlen, zuletzt rund 75.000. Das Bewusstsein für den einst so erfolgreichen wirtschaftlichen
Strukturwandel in der Moderne und für die Pflege der Industriekultur steigt und
fördert zugleich die regionale, transnational aufgeladene Identität der Oberschlesier,
die da spüren, dass aus dem Festhalten an alter Größe sich das erschütterte Selbst-
bewusstsein speisen kann wie auch die Bereitschaft, für die Region Verantwortung
zu übernehmen. Dieses Umdenken kommt für viele Objekte aber viel zu spät, die
meisten von ihnen sind bereits von einem unabwendbaren Untergang gezeichnet
oder müssen großen Kaufhäusern Platz machen. Als einst führende »industrielle
Werkstätte« Europas wurde Oberschlesien im ausgehenden 20. Jahrhundert zum
Freilichtmuseum eines in Europa längst vergangenen Industriezeitalters.

Die wirtschaftliche und soziale Härte des ohnehin überfälligen Strukturwandels
nach 1989 bewirkte allerdings eine gewisse »Erholungskur« für die Umwelt. Dies
bewirkten keinesfalls strategisch angelegte und finanziell entsprechend ausgestattete
umweltpolitische Maßnahmen. Im Polen der Wendezeit standen sie angesichts der
vielen anderen Strukturprobleme nicht gerade im Zentrum der politischen Agenda.
Umweltfragen, so dringlich sie in dieser Region seit eh und je auch waren, mussten da noch links liegen bleiben. Der Staat betrieb in dieser Hinsicht eine Politik
des offenen Hutes. Einen langsamen Erholungs- und Genesungsprozess der Natur

Das neue Schlesische Museum in Kattowitz auf dem Gelände der ehemaligen Grube

leitete dagegen allein der Umstand ein, dass marode Großbetriebe der Chemie- und Bergbauindustrie, die ja seit Jahrzehnten tagtäglich der ohnehin schwer gezeichneten Umwelt einen Todesstoß nach dem anderen versetzt hatten, nun nach und nach verendeten. Der Krake torkelte dahin. Seitdem konnte das östliche Oberschlesien ein wenig aufatmen, auch wenn nicht ohne Sorgen. Jedenfalls wird seit 2004 ein regionales Strategieprogramm für Umweltschutz verfolgt, das bis 2030 konkrete umweltschonende Maßnahmen vorsieht. Die wichtigsten davon fokussieren auf den Umgang mit giftigen Müllhalden der Chemie- und Bergbauindustrie, die der Industriekrake in den zurückliegenden Jahrzehnten in der maroden Landschaft wie eine blutige Spur hinterlassen hat. Auch der Wasserzustand hat sich in den letzten zwei Jahrzehnten nicht wirklich wesentlich verbessert – im Gegenteil: 2010 haben polnische Wissenschaftler lediglich ein Prozent der Untergrundgewässer in Oberschlesien als »sehr gut« bezeichnet und darauf hingewiesen, dass die Kapazität der mit »gut/zulässig« bewerteten Wasservolumen sich in alarmierend raschem Tempo von 48 Prozent (2009) auf knapp 30 Prozent verringert habe. Aber es gibt auch gute Zeichen. So hat sich immerhin die Luftqualität im Industrierevier verbessert. Von 2007 bis 2011 haben sich die hier gemessenen Emissionen von Abgasen und Schwefeldioxid mehr als halbiert, auch wenn die Woiwodschaft Schlesien immer noch die polenweit höchste Dichte an Schwerindustriebetrieben aufweist – knapp 20 Prozent von ihnen haben hier ihren Standort. Erste Erfolge im Kampf gegen die Ausdünstungen und Hinterlassenschaften des Industriekraken, die nicht zuletzt durch europäische Förderprogramme gestützt werden, sind also zu verzeichnen. Aber die Zeit läuft dem Industrie- und Ballungszentrum Oberschlesiens einfach davon.

Grundlegend anders gestaltet sich die Lage in der Woiwodschaft Oppeln, dieser grünen westlichen (oder linken) Lunge Oberschlesiens. Nach 1989 wurden im ländlichen Raum der Region strukturelle Veränderungen eingeleitet, die heute Erfolge zeitigen. Diese günstige Entwicklung ist mehreren Faktoren geschuldet. Dazu zählen nicht nur eine historisch begründete industriearme Infrastruktur,

sondern auch soziale Komponenten, unter anderem eine stark ausgeprägte regionale Identität der autochthonen Bevölkerung der Woiwodschaft Oppeln, die sich für
die Erarbeitung nachhaltiger kommunaler und lokaler Strategien zur Entwicklung
des ländlichen Raums als äußerst fruchtbar erwiesen hat. In diesem Zusammenhang ist vor allem der Erfolg eines Förderprogramms bemerkenswert, das neben
den EU-Mitteln aus dem Europäischen Landwirtschaftsfonds für die Entwicklung
ländlicher Räume (ELER) in den letzten zwei Jahrzehnten eine beachtliche Rolle
im Oppelner Teil Oberschlesiens spielte und auch weiterhin spielt. Es handelt sich
um das sogenannte »Programm zur Erneuerung des Dorfes«, das zwar zunehmend
auch in anderen polnischen Regionen, doch insbesondere in der Woiwodschaft
Oppeln seit mehreren Jahren kontinuierlich umgesetzt wird. Es verinnerlicht eine
schrittweise erarbeitete Methode der lokalen Entwicklung – des Dorfes und seiner
Gemeinschaft – und wurde in den ausgehenden 1970er Jahren vor allem in der
Bundesrepublik Deutschland und Österreich in die Tat umgesetzt. Die Idee basierte
auf einem jeweils regional verankerten Verantwortungsgefühl für die Entwicklung
der Heimatdörfer und Gemeinden. Danach gilt es das jeweils vorhandene Sozial-
kapital zu erschließen und für das Gemeinwohl zu nutzen, das aktive Vereinsleben
der jeweiligen Dorfgemeinschaft zu fördern und nicht zuletzt das gesellschaftliche
Engagement mit Blick auf gemeinsam definierte und vereinbarte Ziele – etwa in
der Umweltpolitik – zu bündeln. Diese Grundsätze konnten sich auf eine starke
regionale Identität in der Woiwodschaft Oppeln stützen und griffen hier daher sehr
früh. Sie brachten nachhaltige, messbare Effekte: gepflegte Bauernhöfe, gezielte
Investitionen in kommunale Abwasser- und Kläranlagen, eine umweltfreundliche
Agrarkultur und eine gute ländliche Infrastruktur, die mit den städtischen Standards
mithalten kann. Sie alle prägen heutzutage das Bild der Woiwodschaft Oppeln und
beeinflussen so eine positive Wahrnehmung dieser Region in Polen.

Oberschlesien ist also auch hinsichtlich seiner Landschaften und der Umweltzerstörung sehr heterogen. Im Ganzen bleibt es aber bis heute das mit Abstand größte
europäische Experimentierfeld für umweltpolitische Lösungen. Nach Einschätzun-
gen der Experten müssten mehr als 80 Milliarden Euro aufgewendet werden, um
die hiesige Umwelt einigermaßen intakt zu halten. Dies entspräche in etwa dem
von Experten der Euro-Zone geforderten Investitionsvolumen, um die verheerend
um sich greifende Arbeitslosigkeit unter Jugendlichen in Europa abzubauen. Das
alles kommt einem Wunder gleich ... Aber wäre es das erste im letzten Vierteljahrhundert? Nein, das wäre es nicht. Und es dürfte in diesem Altindustriegebiet wohl
auch nicht das letzte bleiben.

Post-industrieller Tourismus? Warum auch nicht! Es reicht nur das Bergwerk Guido in Zabrze zu besuchen, um ein außergewöhnliches Erlebnis zu haben. Oder das Bergwerk Königin Luisa – fragen Sie bitte jemanden in Polen, wer eigentlich die Königin Luisa war – ein Vermögen für jemanden, der das weiß! (*lachen*) Das ist eine neue Perspektive, ein neuer Blick auf das post-industrielle Erbe. Hier ein alter Wasserturm, schön und solide gebaut, er wird zu einer Wohnstätte, und ein Förderturm gilt als ein Erkennungszeichen des neuen Schlesischen Museums. Die bekannten und für alle gut erkennbaren Elemente der Architektur bekommen eine neue Funktion und werden in einen neuen Kontext eingebettet. Und was ist mit dem neuen Einkaufszentrum Silesia City Center? Der Kommerz dringt auch in die damaligen Bergbaugebiete ein und gestaltet sie auf seine Art und Weise um. Und die Symbolik der Halden und der *familoki* [Wohnsiedlungen, Anm. der Redaktion], man könnte ewig lang darüber sprechen, dies wäre ein wunderbares Thema auch für manch eine literarische oder auf Raumplanung bezogene Arbeit. Und die Malerei! Die katastrophischen Visionen von Bronisław Malczewski sowie die Arbeiten der Künstler aus Janów oder schließlich die von Jerzy Duda-Gracz. Die Aufzählung nimmt kein Ende, doch fallen einem diese Themen gar nicht so leicht. Und letztendlich entsprechen sie nicht dem nationalen Stil von Wyspiańskis *Wesele* [Die Hochzeit] ...

Ewa Chojecka im Gespräch mit Łukasz Galusek. In: *O Sztuce, ktorej tu nie było* [Über Kunst, die es hier nicht gegeben hat]. In: Herito Nr. 1 (2010), S. 80.

Immerhin, sollte das Wunder nicht eintreten, bleibt es der Literatur überlassen, Trost zu spenden. Dies tut der oberschlesische Kinderbuchautor Horst Eckert, weltbekannt als Janosch, in seinem Roman *Cholonek oder Der liebe Gott aus Lehm*, wenn er schreibt: »Wenn man penibel war, konnte man sagen: alles hier ist dreckig und die Erde aus lauter Kohlenstaub. Man konnte es aber auch anders sehen und sagen: schön glitzern tut das in der Sonne! Man kann alles so und so betrachten.«

POLSKA

POLAND · POLONIA · POLOGNE · POOLN · PUOLA · POLSKO · POLEN · POLIJA · POLLANDO

Markus Krzoska

Naturschutz in Polen seit der Frühen Neuzeit. Das Beispiel des Białowieża-Urwalds

Der Białowieża-Urwald liegt etwa 80 km südöstlich von Białystok im äußersten Osten des heutigen Polen sowie im Nordwesten der Republik Belarus. Sein in verschiedene Schutzzonen unterteiltes Gelände umfasst etwa 1.250 km². Hauptorte sind die aus mehreren Dörfern zusammengesetzte Gemeinde Białowieża auf polnischer und Kamjenjuki auf belarussischer Seite. Wie viele andere Teile der ehemaligen polnischen Ostgebiete ist Białowieża, das historisch betrachtet den *kresy* zuzuordnen ist, mythenbeladen und den meisten Polen aus ihrer Schulzeit, von Urlaubsreisen oder der Bier- und Wodkawerbung wohlbekannt. Die wissenschaftliche Beschäftigung mit der Region steckt zumindest außerhalb Polens noch in den Kinderschuhen, dabei ist sie eng mit der Entwicklung der Umwelt- und Kulturgeschichte Ostmitteleuropas verbunden.

Genius loci

Ein solcher Text muss kulturwissenschaftlich korrekt und dem Erscheinungsort angemessen mit einem Zitat beginnen.

> Wer kennt wohl Litwa's bodenlose Wälderweiten?
> Wer kann zur Mitte hin, zum Kern des Dickichts schreiten?
> Wie Fischer kaum am Meeresrand zum Boden streifen
> So Jäger um die Waldeslager Litwa's schweifen,
> Kaum oberflächlich kennend die Gestalt, die Wangen,
> Denn nie zu ihren Herzensräthseln sie gelangen.[1]

Selbst wenn man sich heute im Sommer oder Frühherbst auf der unendlich scheinenden Asphaltstraße von Hajnówka her annähert, ist man beeindruckt von der Majestät der dicht stehenden hochgewachsenen Laubbäume, die im Wind rauschen. Außer ihnen ist kaum ein Laut zu hören. Es grenzt an ein Wunder, dass dieses grüne Paradies zumindest in seinem Kerngebiet weitgehend von Menschenhand unberührt geblieben ist. Von einer planmäßigen Entwicklung kann man jedenfalls nicht sprechen, auch wenn der Gedanke des Umweltschutzes älter ist, als wir heute vermuten. Selbstverständlich haben polnische Romantik und *kresy*-Mythen in Wahrnehmung und Instrumentalisierung des heute durch die EU-Außengrenze getrennten Terrains am kleinen Flüsschen Narewka ihre Spuren hinterlassen. Dem Naturerlebnis, das dank umfassender Schutzmaßnahmen noch nicht so stark kommerzialisiert ist wie anderswo, tut dies freilich keinen Abbruch.

---

1 Adam Mickiewicz: Herr Thaddäus oder Der letzte Sajazd in Lithauen. Aus dem Polnischen von Richard Otto Spazier. Vierter Gesang. Leipzig 1836, S. 187.

Im Folgenden soll kurz dargestellt werden, wie es dazu kam, dass dieser Urwald, der immer in seiner neueren Geschichte Ressource und Reservat zugleich war, in das 21. Jahrhundert gerettet wurde und bei dieser Gelegenheit einer seiner wichtigsten Bewohner, der Wisent als das größte europäische Landsäugetier, kurz vor *ultimo* doch noch vor dem Aussterben bewahrt werden konnte.[2]

Zeit der Könige

Die Erinnerung an Białowieża reicht weit zurück ins Mittelalter. Die undurchdringlichen Urwälder Masowiens, Podlachiens und Polesiens dienten als Rückzugsorte und Versorgungsbasis. Białowieża – der Name leitet sich volksetymologisch von einem weißen Turm ab, der an verschiedenen Orten lokalisiert wird – war die Gegend, in der sich nach den Worten des Chronisten Jan Długosz im Jahre 1409 König Władysław Jagiełło auf den Krieg gegen den Deutschen Orden vorbereitete. Der Schutz der dortigen Tiere und Pflanzen vor übermäßiger Nutzung durch die einheimische Bevölkerung war selbstverständlich nicht von ökologischen Motiven diktiert, sondern vom Willen der polnischen Könige als den unmittelbaren Besitzern, die Gebiete als exklusives Jagdrevier, später, ähnlich wie seit jeher die Salzminen Mittel- und Südpolens, auch als Einnahmequelle, zu nutzen, hier durch den Holzverkauf. Schon 1541 hatte König Zygmunt August im erneuerten Masowischen Statut für die gesamte Adelsrepublik das Erlegen von Wisenten unter Todesstrafe verboten, was freilich weder durchgesetzt noch angewandt wurde.

Die nicht sehr zahlreichen Bewohner der Region, die meist bei den unregelmäßig stattfindenden königlichen Jagden eingesetzt wurden, nutzten mit Erlaubnis der Herrscher das Heu der flussnahen Wiesen für ihr Vieh, züchteten Waldbienen, arbeiteten als Teerbrenner und Köhler. Die Schutzmaßnahmen stellten sicher, dass bis zum Ende der polnisch-litauischen Staatlichkeit Ende des 18. Jahrhunderts noch etwa 60 Prozent des ursprünglichen Waldbestands vorhanden waren. Dabei gingen die größten Verluste auf die wirtschaftlichen Maßnahmen von König Jan Sobieski zurück, der die durch die Kriege der zweiten Hälfte des 17. Jahrhunderts verheerte Region wiederaufbauen wollte. Während die beiden Sachsenkönige August II. und August III. den Schutz des Urwalds in den Vordergrund stellten, orientierten sich der letzte polnische König Stanisław August Poniatowski und seine Beamten stark an merkantilistischen Prinzipien der Ressourcennutzung.

Die Vorstellung, es habe sich um einen kontinuierlichen royalen Jagdtourismus mit massenhafter Tötung von Tieren gehandelt, ist eher nicht zutreffend. Die überlieferten Berichte zeugen jedoch von einem genauen Zeremoniell der Treibjagden auf Bär, Elch und Wisent, bei denen dennoch nicht immer alle Treiber unverletzt blieben. Die großen höfischen Feste mit Hunderten von Teilnehmern dauerten mehrere Tage, sei es unter Zygmunt August im Januar 1546 oder unter Stanisław August 1784. Abseits dieser seltenen Höhepunkte blieb es weitgehend ruhig im Urwald, die Verwalter im Namen des Königs sorgten dafür, dass die lokale Bevölkerung

---

2   Der Białowieża-Urwald und seine Geschichte ist Thema eines DFG-Forschungsprojekts an der Justus-Liebig-Universität Gießen, an dem der Verfasser mitarbeitet.

»Zwei Wisente sind besser als einer.« (Werbung für Bier der Marke Żubr [Wisent])

den königlichen Besitz unangetastet ließ. Wilderer wurden streng bestraft. Diese
jahrhundertealten Traditionen nahmen ein Ende, als drei Jahre nach der Dritten
Teilung Polen-Litauens 1798 die Russen den Urwald endgültig übernahmen.

Die Russen kommen

Die ersten Jahre unter russischer Herrschaft waren eine Katastrophe für den
Urwald. Katharina II. setzte verdiente Adlige als neue Besitzer bzw. Verwalter der
Ländereien ein, die das Gelände und die dort lebenden Menschen erbarmungslos
ausbeuteten. Die Lanskoj, Suworow, Zubow oder Rumiantsew konnten relativ unge-
stört Schneisen in den Wald schlagen, bis die Staatliche Forstverwaltung allmählich
größeren Einfluss gewann. Immerhin wurde der grundsätzliche Status quo des
Urwalds durch Dekrete Zar Alexanders I. von 1802 und 1803 gesichert. Einzelini-
tiativen zweier polnischstämmiger Forstbeamter war es zu verdanken, dass zudem
die Wisentjagd verboten wurde. Dies hinderte im Laufe des 19. Jahrhunderts die
zaristische Verwaltung allerdings nicht daran, immer intensiver eine wirtschaftliche
Nutzung der Holzbestände zu betreiben. Dabei operierte sie weitgehend mit Unterstützung der einheimischen, überwiegend orthodoxen und russlandfreundlichen
Bevölkerung. Das Fällen und der Export hochwertigen Nutzholzes wurden teilweise
mit Unterstützung britischer Gesellschaften betrieben. Von einer großflächigen
Ausbeutung war man freilich noch weit entfernt. So verwundert der Reisebericht
des großen polnischen Ethnografen Oskar Kolberg nicht, der in dem »ewigen Wald«
besonders die »grauenhafte Stille« wahrnahm.[3]

---

3   Oskar Kolberg: Puszcza Białowieska [Der Białowieża-Urwald]. In: PRZYJACIEL LUDU (1836),
     Nr. 47, S. 369f.

Abbildung aus Brinckens Beschreibung des Białowieża-Urwalds

Parallel dazu wurden jedoch durchaus auch Kriterien der sich damals rasant entwickelnden modernen Forstwissenschaft angewandt, die seit 1803 weltweit erstmalig in Zarskoje Selo studiert werden konnte. Im komplizierten deutsch-polnisch-russischen Beziehungsgeflecht vor dem Novemberaufstand von 1830 agierte der aus dem Herzogtum Braunschweig stammende Generalforstmeister des autonomen »Königreichs Polen« Julius von den Brincken äußerst effektiv. Ihm verdanken wir auch die erste ausführliche Beschreibung des Białowieża-Urwalds, die sich bis heute mit Gewinn liest.[4]

Nach dem gescheiterten Januaraufstand von 1863 kam der polnische Einfluss in der Region weitgehend zum Erliegen und für die Jahre bis 1914 erschien Białowieża vorwiegend als kaiserliches Jagdrevier, das vor allem Zar Alexander II. intensiv nutzte. Nun entstand auch die teilweise bis zum heutigen Tage sichtbare Infrastruktur. Dessen ungeachtet begannen sich Mitte des 19. Jahrhunderts zunehmend Naturwissenschaftler für den Urwald zu interessieren. Den Vorarbeiten des Franzosen Jean-Emmanuel Gilibert und des Deutschbalten Karl Eduard von Eichwald folgend untersuchten vor allem polnische und russische Gelehrte die Pflanzen- und Tierwelt von Białowieża. Sie erkannten die besondere Bedeutung des Baumbestands und des europäischen Bisons. Die Wildzahlen nahmen vor dem Ersten Weltkrieg zu. Aus der

4   Julius von den Brincken: Mémoire descriptif sur la forêt impériale de Białowieża, en Lithuanie. Varsovie 1826.

Perspektive des Naturschutzes war das nicht unproblematisch, zumal die übermäßigen Fütterungen dazu führten, dass zum Beispiel die Wisente die Scheu vor Menschen komplett verloren, was ihnen in den Wirren nach Ende des Ersten Weltkriegs zum Verhängnis werden sollte.

Erster Weltkrieg, Nationalpark und Wisentschutz

Der Erste Weltkrieg war im Osten von Seiten der Mittelmächte ein kolonialer Krieg. Die deutschen Offiziere waren von der Fremdheit der Landschaft und der Menschen irritiert und versuchten vor allem zu Kriegsbeginn durch radikale Maßnahmen Sicherheit zu gewinnen. Die deutschen Einheiten erreichten Białowieża im August 1915. Sie errichteten eine Militärforstverwaltung mit einem Hauptmann an der Spitze, der über Afrikaerfahrung verfügte. Obwohl der Abschuss von Wisenten rasch verboten wurde, verringerte sich ihre Zahl von 1914 bis 1917 von 727 auf 121. Parallel dazu begann in großem Maße unter Zuhilfenahme von bis zu 3.000 Kriegsgefangenen als Zwangsarbeiter die forstwirtschaftliche Erschließung und Ausbeutung des Urwalds, auf die hier nicht näher eingegangen werden kann und von der nur erwähnt werden soll, dass insgesamt 6.000 ha Wald komplett gefällt wurden. Von 32,6 Mio. Kubikmeter Holz insgesamt wurden in drei Jahren 5 Mio. Kubikmeter gefällt, teilweise in riesigen Sägewerken vor Ort weiterverarbeitet oder direkt nach Westen geschafft. Gleichzeitig wurden jedoch auch die wissenschaftlichen Anstrengungen intensiviert, die Tier- und Pflanzenwelt Białowieżas zu sichten und zu schützen. Mit Unterstützung polnischer und russischer Kollegen versuchte der renommierte Danziger Umweltschützer Hugo Conwentz in den Jahren 1916/17 letztlich vergebens, Teile des Urwalds zu einem Naturpark erklären zu lassen. Das von ihm in Augenschein genommene Gebiet westlich des Jagdschlosses von Białowieża zwischen den Flüssen Narewka und Hwoźna stellt jedoch heute mehr oder weniger genau die Kernzone des Nationalparks dar.

Als der wiederentstandene polnische Staat die Region im Laufe des Jahres 1919 in Besitz nahm, fand er überall Chaos vor. Zwei entsandte Förster- bzw. Naturwissenschaftlergruppen konnten kaum noch Spuren von den Wisenten finden. Marodierende Soldaten und einheimische Wilderer hatten ihnen vollständig den Garaus gemacht.

Dennoch oder gerade deswegen entwickelte sich Białowieża in der Zeit zwischen
den Weltkriegen neben der Tatra-Region zum Herz des polnischen Naturschutzes.
Zwar war das staatliche Interesse an dieser Frage nicht besonders ausgeprägt, aber
immerhin gab es mit dem Provisorischen Staatlichen Komitee für Naturschutz
(ab 1925: Staatlicher Rat für Naturschutz) unter dem unermüdlichen Botaniker
Władysław Szafer (1886–1970) eine zentrale Einrichtung, die dem Ministerium für
religiöse Bekenntnisse und öffentliche Bildung zugeordnet war. Dieser Rat entwarf
unter anderem seit 1928 das erste polnische Naturschutzgesetz, das schließlich
1934 verabschiedet wurde.[5]

Im Vordergrund der Überlegungen standen zwei Themen: die Schaffung von Nationalparks auch in Polen sowie die Rettung des Wisents. Die Idee, ein »Waldreservat«
Białowieża zu schaffen, wurde bereits 1920 wiederaufgegriffen. Erst zwölf Jahre
später waren allerdings die Voraussetzungen geschaffen, um unter der Oberho-
heit der Staatlichen Forstverwaltung einen *de facto*-Nationalpark zu errichten. *De
facto* deshalb, weil es in den Jahren vor dem Zweiten Weltkrieg nicht gelang, die
rechtlichen Voraussetzungen dafür zu schaffen. Hierin wird zum einen ein weiteres
Mal der geringe Stellenwert des Naturschutzes deutlich. Zum anderen erwies es
sich als Nachteil, dass das eigentliche Zentrum der Umweltschutzbestrebungen seit
den Zeiten des österreichischen Kronlandes Galizien das weit entfernte Krakau war,
wo man sich eher für den Schutz der Bergwälder der Tatra oder das Pieniny-Gebirge
interessierte. Dennoch nahm in den 1930er Jahren das Interesse an Białowieża zu,
auch die Zahl der Besucher stieg stetig und verdoppelte sich zwischen 1933 und
1937 auf über 26.000 im Jahr. Die Grenzen der Möglichkeiten waren jedoch auch
früh deutlich geworden und betrafen in erster Linie erneut den Baumbestand. Weil
der polnische Staat die Holzindustrie zunächst nicht entsprechend organisieren
konnte und er besonders auf Devisen aus dem Holzverkauf ins Ausland angewiesen war, beauftragte er zwischen 1924 und 1929 die britisch-lettische Holding
»Century« mit dieser Aufgabe. Trotz der Kritik von Experten, u.a. von Forstwissen-
schaftlern, wurde in jenen Jahren wahllos abgeholzt. Der Holzvorrat des Urwaldes
reduzierte sich von fast 400 Festmetern auf etwas über 200 Festmeter pro Hektar
Holzboden.[6] Die extensive Forstwirtschaft erfolgte im Grunde auch nach der Kün-
digung der Verträge weiterhin, wurde nun aber weniger offen thematisiert, weil sie
jetzt vom polnischen Staat betrieben wurde. Immerhin war die Schutzzone nicht
betroffen, die später zum Nationalpark werden sollte.

Für den Status Polens waren in den Jahren nach 1919 internationale Kontakte
besonders wichtig. Es überrascht daher nicht, dass dies auch und gerade für den
Naturschutz galt. An den ersten großen Konferenzen (Paris 1923, Brüssel 1925,
Paris 1926, Genf 1927) war es prominent beteiligt. Hier wurden auch die Weichen
für den intensiven Wisentschutz gestellt. Es waren gemeinsame deutsche, polnische und amerikanische Initiativen, die eine Gesellschaft zur Rettung des Wisents
ins Leben riefen, um in koordinierten Zucht- und Unterbringungsbemühungen

---

5   Ustawa z dnia 10 marca 1934 r. o ochronie przyrody [Gesetz vom 10. März 1934 über den
    Naturschutz]. In: Dziennik Ustaw (1934), Nr. 31, Pos. 274, unter: http://dziennikustaw.gov.
    pl/du/1934/s/31/274/D1934031027401.pdf (19.8.2014).
6   Waleri Rippberger; Wjatscheslaw Semakow: Der Traum vom Urwald. Tessin 2009, S. 218.

Der Wisent in einer Russland-Beschreibung des Siegmund von Herbenstein aus dem Jahr 1556

die bedrohte Art zu bewahren, von der weltweit in Freigehegen und Zoologischen Gärten nicht mehr als einige Dutzend Exemplare existierten. Obwohl in Polen zunächst eher Warschau und Posen die Zentren dieser Aktivitäten waren, geriet auf Wunsch von Experten und staatlichen Stellen gegen Ende der 1920er Jahre auch Białowieża wieder in den Blick. Hierhin wurden am 19. September 1929 sieben frisch erworbene Tiere wieder in einem größeren Gehege ausgesetzt und bis zum Ausbruch des Zweiten Weltkriegs weitergezüchtet. Durch eine Verordnung vom 12. Oktober 1938 wurde der Wisent dann auch in Polen endlich unter konkreten staatlichen Schutz gestellt.[7]

Neben der konkreten naturwissenschaftlichen sollte hier auch die symbolische Komponente bedacht werden, gab es doch immer wieder nicht völlig humoristisch gemeinte Stimmen, das am besten geeignete Wappentier Polens sei nicht der Adler, sondern der Wisent. Die internationale Kooperation in Sachen Naturschutz war freilich seit Mitte der 1930er Jahre weitgehend ins Stocken geraten. Im Bereich der Tierzucht begannen in Mitteleuropa diejenigen Wissenschaftler zu dominieren, die diese für ideologische Vorstellungen missbrauchten. Zoologen wie die deutschen Brüder Lutz und Heinz Heck träumten von der Wiederherstellung einer »germanischen« Tierwelt, in der neben Wisent und Steinadler auch der seit Jahrhunderten ausgestorbene Auerochse seinen Platz haben sollte, den man über eine auf den Phänotyp ausgerichtete Rückzüchtung neu schaffen wollte. Die polnischen Kollegen hatten an diesen Phantasien verständlicherweise nur wenig Interesse. Neben

---

7   Rozporządzenie Ministra Wyznań Religijnych i Oświecenia Publicznego z dnia 12 października 1938 r. wydane w porozumieniu z Ministrem Rolnictwa i Reform Rolnych o uznaniu żubra za gatunek chroniony [Verordnung des Ministers für religiöse Bekenntnisse und öffentliche Bildung vom 12. Oktober 1938, herausgegeben mit der Zustimmung des Ministers für Landwirtschaft und Agrarreformen zur Anerkennung des Wisents als geschützte Art]. In: Dziennik Ustaw (im Folgenden: Dz. U.) (1938), Nr. 84, Pos. 568.

den Tiergärten, die allmählich in »deutsche Zoos« umgewandelt werden sollten, geriet schon damals Białowieża als potenzieller Testort ins Visier der Ideologen. Die involvierten Tierzüchter und Förster fanden in Reichsjägermeister Hermann Göring einen begeisterten Fürsprecher, der die Region von mehreren Jagdbesuchen gut kannte und sich gleich nach Ausbruch des Deutsch-Sowjetischen Krieges 1941 an die Umsetzung seiner Pläne machte.

Jagd, Vernichtung und Umweltschutz

Was Göring und seine Getreuen störte, sollte sich bald zeigen. Białowieża wurde von allen Faktoren gesäubert, die einem »naturbelassenen Urwald« im Wege standen, nämlich von den dort lebenden Menschen. Die Juden der Region wurden gleich ermordet oder in Vernichtungslager deportiert, große Teile der einheimischen Bevölkerung vertrieben, Dörfer in Brand gesteckt. Dennoch blieb der mächtige Wald für die NS-Besatzer, die nicht umsonst mit den Märchen der Gebrüder Grimm aufgewachsen waren, reizvoll und verdächtig zugleich, bot er doch ein schier unkontrollierbares Rückzugsgebiet für Partisanen jeglicher Couleur. Schon bald war die Rede davon, dass man der Jagd nur noch unter strenger Bewachung von Soldaten frönen könne. Den Tieren ging es besser als den Menschen. Nicht umsonst hatten die NS-Ideologen schon in den 1930er Jahren strenge Tierschutzbestimmungen erlassen, nach denen etwa für bestimmte Arten von wissenschaftlichen Tierversuchen die Einweisung ins KZ drohte. Gerade in Bezug auf die Wisente wurden nun die verschiedenen Zuchtmaßnahmen stärker koordiniert. Forstorgane Ostpreußens, besonders aus der Rominter Heide, waren nun auch für Białowieża zuständig. Menschenjagd und Naturschutz wurden von denselben Akteuren betrieben, etwa dem rührigen Oberforstmeister Walter Frevert.[8]

Lange sollte diese Phase freilich nicht andauern und als angesichts der näher rückenden Front die Deutschen die Region verließen, zündeten ihre ungarischen Hilfstruppen noch rasch das alte Zarenschloss von Białowieża an. Die Wisente überließ man ihrem Schicksal. Anders als am Ende des Ersten Weltkriegs hatten sie nun aber Glück. Zunächst schützten sowjetische Partisanen aus der Umgebung die Freigehege, anschließend kümmerte sich ein sogenanntes Waldaufsichtskommando, unterstützt von Erlassen der Militärbefehlshaber, um die Tiere, von denen siebzehn den Krieg überlebten.

Volkspolen

Mit dem Kriegsende fand sich Białowieża plötzlich mitten in der großen Politik wieder. In den polnisch-sowjetischen Grenzverhandlungen in Moskau Ende Juli 1944 erreichte die polnische Seite überraschenderweise Zugeständnisse von Seiten Stalins, sodass der Urwald letztlich geteilt wurde. Das größere Stück verblieb jedoch in den Grenzen der UdSSR. Obwohl der Kampf gegen antikommunistische Partisanen in der Region noch einige Jahre andauern sollte, standen der Natur- und damit auch der Wisentschutz bereits früh wieder auf der Tagesordnung. Im November

---

8   Andreas Gautschi: Walter Frevert. Eines Weidmanns Wechsel und Wege. Melsungen ²2005.

1945 verabschiedete der Gemeindenationalrat von Białowieża eine Resolution, der zufolge der Nationalpark besonders vor lokalen Holzfällern und Wilderern geschützt werden sollte. In der Praxis erwies sich die Umsetzung jedoch als schwierig, vor allem weil geeignetes Überwachungspersonal fehlte. Immerhin war der Wisentbestand nicht akut gefährdet, sodass es sogar möglich war, dem sowjetischen »Brudervolk« immer wieder einzelne Tiere zu schenken, die dieses zum Aufbau einer eigenen Zuchtlinie nutzen konnte, die ersten bereits 1946. Der wissenschaftliche Austausch kam somit langsam in Fahrt und fand in den 1960er Jahren in mehreren Konferenzen seine Höhepunkte.

Die neue kommunistische Führung schien dem Naturschutz einen etwas höheren Stellenwert beizumessen als ihre Vorgänger. Symbolisch standen hierfür zunächst zwei Maßnahmen. Mit Wirkung vom 21. November 1947 wurden endlich die Grundlagen dafür geschaffen, dass der Nationalpark Białowieża auch juristisch existierte[9], und seit dem 7. April 1949 galt ein neues Umweltschutzgesetz, dessen Wirkung durch die Verfassung von 1952 verstärkt werden sollte, die u.a. Mineralablagerungen, Gewässer und Wälder unter besondere staatliche Obhut stellte.[10] In der sozialistischen Realität sah dies angesichts des Raubbaus an Ressourcen freilich ganz anders aus. Der verstärkte Holzeinschlag und die halbindustrielle Weiterverarbeitung des Rohmaterials erreichten auch den Białowieża-Urwald. Anders als in anderen Gegenden Polens bedrohte die nachholende Industrialisierung die Natur-

---

9   Rozporządzenie Rady Ministrów z dnia 21 listopada 1947 r. o utworzeniu Białowieskiego Parku Narodowego [Verordnung des Ministerrats vom 21. November 1947 über die Schaffung des Białowieża-Nationalparks]. Dz. U. (1947), Nr. 74, Pos. 469.

10 Ustawa z dnia 7 kwietnia 1949 r. o ochronie przyrody [Gesetz vom 7. April 1949 über den Naturschutz]. Dz. U. (1949), Nr. 25, Pos. 180, S. 551–554; Konstytucja Polskiej Rzeczypospolitej Ludowej uchwalona przez Sejm Ustawodawczy w dniu 22 lipca 1952 r. [Verfassung der Volksrepublik Polen, verabschiedet vom Gesetzgebenden Sejm am 22. Juli 1952]. Dz. U. (1952), Nr. 33, Pos. 232, S. 344–371, hier Art. 8 (S. 349).

schutzregionen Podlachiens allerdings nicht so stark. Während sich seit den 1960er Jahren lebhafte Debatten über den weiterreichenden Schutz der Tatra, besonders aber über durch die oberschlesische und kleinpolnische Schwerindustrie besonders gefährdete Gebiete entwickelten, standen in Bezug auf Białowieża eher Fragen der zoo- und biologischen Forschung sowie der touristischen Entwicklung im Vordergrund. Dem Wisent kam hierbei eine Schlüsselrolle zu, etwa in den Arbeiten des 1954 gegründeten Instituts für Säugetierforschung der Polnischen Akademie der Wissenschaften. Während der Schwerpunkt zunächst noch auf dem auch für Besucher geöffneten Schaugehege lag, wurde mit den Jahren das Schicksal der seit 1952 teilweise wieder frei lebenden Wisente immer wichtiger. Es zeigte sich, dass die Konflikte zwischen Forstbehörden und Umweltschützern nicht mehr so massiv waren wie noch vor dem Krieg. Einzelne Vorfälle von Wilderei oder Vergiftungsversuchen gab es aber weiterhin, ein neues Problem waren Krankheiten wie die Maul- und Klauenseuche, die den Bestand bedrohten. Seit den 1970er Jahren wurden Tiere auch weltweit exportiert oder gegen harte Devisen zum Abschuss freigegeben. Dennoch wuchs die Zahl der frei lebenden Wisente stetig auf heute etwa 500 Exemplare im polnischen Teil an. Seit 1979 zählt Białowieża zum Weltnaturerbe der UNESCO.

Naturschutz heute

Der eigentliche Lackmustext sollte sich aber erst nach dem Ende des sozialistischen Systems im Jahre 1989 ergeben. Nun prallten die Meinungen von Dorfbewohnern, Förstern und Umweltschützern im Spannungsfeld von ökonomischen und ökologischen Interessen weitgehend ungeschützt aufeinander. Nicht nur die Unterteilung in Gebiete unterschiedlichen Schutzes war umstritten, sondern vor allem die allmähliche Ausweitung der am strengsten geschützten Kernzone. Der Nationalpark umfasst heute etwas über 10.000 ha, was lediglich ein Sechstel des polnischen Urwaldanteils darstellt. Davon wiederum beläuft sich die streng geschützte Zone nicht einmal auf die Hälfte (5.725 ha). Obwohl es in den letzten 25 Jahren immer wieder Umschichtungen und Erweiterungen gab und die Zusammenarbeit mit den belarussischen Partnern nach den Worten des Direktors Mirosław Stepaniuk gut funktioniert[11], bleiben dennoch einige Fragen offen, die freilich so oder ähnlich auch in anderen Nationalparks gestellt werden. Dabei geht es zum einen um Fragen der wirtschaftlichen Nutzung (insbesondere des Holzes), der Entschädigung von Bauern, um den Umgang mit Insektenbefall und umgestürzten Bäumen, zum anderen aber um weiterreichende Fragen von Umweltschutz und Renaturierung, um sanften Tourismus oder das Zusammenleben von polnischen und belarussischen Bewohnern der polnischen Grenzregion.

Für Letztere war Białowieża immer ein identitätsstiftender Ort, vor allem in kultureller Hinsicht. Der Wisent stand dabei idealtypisch für eine Mischung aus Kraft und Gemütlichkeit, ähnlich wie man es auch in der Wahrnehmung der Menschen in anderen Ländern beobachten kann. Während die Zuchtprogramme und naturwissenschaftlichen Forschungen fortgesetzt werden, tut sich Polen mit einer entschie-

---

11 Im Gespräch mit dem Verfasser am 12.6.2014 in Białowieża.

denen Förderung von Ökologie und Nachhaltigkeit weiterhin schwer. Umweltschutz stößt, wie die heftigen landesweiten Diskussionen um eine Schnellstraße durch das Rospuda-Tal in den Jahren 2007/2008 gezeigt haben, nach wie vor auf vielfältige Probleme. Mitunter kann man den Eindruck haben, dass Polen die eigenen Chancen für eine nachhaltige Entwicklung noch gar nicht erkannt hat. Dabei wäre doch der Wisent, dessen legendäre Geschichte in Polen-Litauen bis ins Mittelalter zurückreicht und dessen Widerstandskraft und schiere Größe der litauisch-ruthenische Dichter und Diplomat Nicolaus Hussovianus bereits im frühen 16. Jahrhundert in schönstem Neulatein rühmte, die ideale Symbolfigur hierfür.[12] Białowieża ist und bleibt in jedem Fall ein Platz mythischer Projektionen, zugleich aber ein Ort der dort lebenden und arbeitenden Menschen sowie der vielen Touristen, die im Laufe eines Jahres dorthin fahren. Die Bedürfnisse aller müssen in Zukunft berücksichtigt werden. Dies wird nur durch die Anwendung einer Technik funktionieren, die in Polen nicht allzu viele Freunde hat: der Kunst des Kompromisses.

12   Carmen Nicolai Hussoviani de statura, feritate ac venatione Bisontis. Cracovia 1523.

BIEBRZA

POLSKA · POLAND · POLEN · POLONIA · POLOGNE · POOLN · POLSKO · PUOLA

Auch die Rospuda

Michał Olszewski im Gespräch mit Stanisław Jaromi OFMConv

Michał Olszewski: Warum haben Sie den Aufruf zum Schutz des Rospuda-Tals unterschrieben? Auf der Liste der Protestierenden stehen keine weiteren Geistlichen.

Pater Stanisław Jaromi OFMConv: Dafür gibt es zwei Gründe. Der erste ist rein rational: Zerstören wir einen einmaligen Ausschnitt des Ökosystems, also der göttlichen Schöpfung, dann können wir ihn nicht binnen kurzer Zeit wiederherstellen, selbst wenn wir dafür Unsummen zur Verfügung hätten. Die Versuche, zerstörte Gebiete in Westeuropa zu rekultivieren, kosten einen Haufen Geld. Ein gutes Beispiel dafür ist die Renaturalisierung des Rheins. Dieser Fluss wurde begradigt und in einen hervorragenden Schifffahrtskanal umgewandelt, nur ging dabei seine Natürlichkeit verloren. In den letzten Jahrzehnten rächte sich der Fluss gewissermaßen: Seit Fertigstellung der hydrotechnischen Arbeiten nahmen Überschwemmungen am Rhein deutlich zu und führten im Zusammenhang mit immer heftigeren Niederschlägen zu Katastrophen. Deshalb versuchen die Deutschen derzeit für Milliarden von Euro den Fluss zumindest teilweise in seinen natürlichen Zustand zurückzuführen; im ganzen Land orientiert sich die Hochwasserschutzpolitik stärker am Umweltschutz. Ich erzähle das so ausführlich, weil die westeuropäischen Länder grundlegende Fehler gemacht haben, die wir noch immer vermeiden könnten.

Olszewski: Unsere Rückschrittlichkeit rettet uns?

Jaromi: Sie kann jedenfalls unsere Natur retten. Aufgrund der polnischen Armut, des ständigen Mangels und fehlender Mittel für Investitionen konnten wir – eher zufällig – recht viel vom wilden Polen bewahren. Hätten wir uns wie ein typisches westeuropäisches Land entwickelt, dann gäbe es wahrscheinlich auch hier keine naturbelassenen Wälder und wilden Flüsse mehr – wie in den Niederlanden und in Großbritannien. Allmählich lernen wir den Wert der Natur zu schätzen, und offenbar haben wir da einen echten Trumpf in der Hand. Nicht zufällig kommen Engländer nach Polen, um unsere Vogelwelt zu beobachten – und nicht umgekehrt. Es mag nach einer Binsenweisheit klingen, aber die Natur, die Gott uns gegeben hat, ist ein unschätzbarer Wert.

Außerdem hat mich sehr irritiert, dass die Befürworter einer Umgehungsstraße durch das Rospuda-Tal in ihren Argumentationen den Schutz menschlichen Lebens missbrauchten, indem sie einen – nicht existierenden – Widerspruch zwischen dem Wohl der Natur und dem Wohl des Menschen aufbauten. Bei einer der vielen Diskussionen erzählte ich von meiner Heimatstadt Jarosław, die wie Augustów an Abgasen erstickt, weil die internationale Trasse in die Ukraine durch sie hindurchführt. Natürlich braucht die Stadt eine Umgehungsstraße, aber hier gibt es keine tödlichen Verkehrsunfälle in der Stadt, denn die Transitstrecke wurde so angelegt, dass man auf ihr nicht rasen kann. In Augustów wäre das auch möglich gewesen, aber die Behörden nahmen das Problem des Transitverkehrs auf die leichte Schulter, um später die gesamte Schuld für die inzwischen tatsächlich dramatische Situation den Umweltschützern in die Schuhe zu schieben. Ich fasse noch einmal zusammen: Ich habe den Aufruf unterschrieben, weil ich gegen ein Denken protestieren will, das den Weg des geringsten Widerstands wählt. Können wir keinen Kompromiss zwischen den Bedürfnissen der Natur und der Menschen finden, so gehen wir automatisch davon aus, dass die Natur zurückstecken muss. Damit bin ich nicht einverstanden. Gewiss spielten auch meine in Italien gemachten Erfahrungen eine Rolle. Ich war oft südlich von Rom unterwegs, im unteren Latium, wo wir einige Klöster haben. Während der großen Modernisierung unter Mussolini wurden dort großflächig Be- und Entwässerungsarbeiten durchgeführt, Sümpfe trockengelegt, ein Kanalsystem errichtet, um das überschüssige Wasser abzuleiten. So entstanden neue Gebiete zur Bewirtschaftung. Heute erinnert das Latium mancherorts an eine Mondlandschaft – die jahrelange intensive Landwirtschaft hat zu Wassermangel geführt, der Boden ist ausgelaugt. Dabei rede ich noch nicht einmal von der Zerstörung der lokalen Kultur. Das ist doch kein nachahmenswertes Modell.

Olszewski: Aber wir brauchen Straßen. Das ist ein Grundsatz der neuen Ordnung in Polen.

Jaromi: Dieses Transportmodell birgt aber auch Gefahren. Wenn ich es richtig verstehe, geht es darum, dass wir umso reicher werden, je mehr wir zubetonieren, nicht wahr?

Olszewski: Ja. Dann können wir uns schneller bewegen, unseren Arbeitsplatz am anderen Ende des Landes schneller erreichen, der Warentransport wird flüssiger. Das wollen die Polen. So viele Autobahnen wie möglich.

Jaromi: Das ist nicht meine Welt, und zwar nicht wegen der gewaltigen Kosten dieses Entwicklungsmodells. In Ländern mit einem engen Autobahnnetz wird deutlich, dass Straßen zwar gewisse Probleme lösen – dafür aber neue schaffen. Auf den deutschen Autobahnen staut sich oft der Verkehr, also baut man neue Straßen oder baut die bestehenden aus, was wiederum noch mehr Menschen animiert, mit dem Auto zu fahren ... Das ist doch verrückt! Deshalb investiert Deutschland nun verstärkt in die Bahn. Außerdem ist jede Autobahn oder Schnellstraße eine Barriere – in ökologischer wie auch gesellschaftlicher Hinsicht. Auch Durchlässe und Übergänge für Tiere ändern da nichts. Ich muss nur daran denken, wie sich die Umgebung meiner Heimatstadt verändern wird, wenn sie von der Autobahn nach Lemberg zerschnitten wird, was das für die Struktur der landwirtschaftlichen Betriebe und die Bewegungsmöglichkeiten im Terrain, in der Natur bedeutet.

Bei dem von den Straßenanhängern forcierten Straßenverlauf durch das Rospuda-Tal kompensiert der Gewinn keineswegs den Verlust. In der lokalen Gesellschaft fehlt

das Bewusstsein dafür, dass nicht die Straße, die den europäischen Transitverkehr aus den baltischen Staaten nach Warschau und weiter beschleunigt, ihr Schatz ist – sondern eben das Tal. Jedes Jahr kommen mehr Touristen nach Augustów und sie wollen wohl kaum den großartigen Asphalt bewundern, sondern suchen den Kontakt mit der Natur. Ich glaube kaum, dass eine Schnellstraße einen Menschen, der sie vor der Tür hat, auf längere Sicht glücklich machen kann.

Olszewski: Ich denke, dass viele Polen diese Argumentation nicht verstehen oder sie ablehnen. Soll ein kleines Sumpfgebiet erhalten werden, dann heißt es: »Was gibt's denn hier zu schützen, das Gestrüpp und den Matsch? Sind euch Vögel mehr wert als Menschen? Das sind weder Mammutbäume noch Kondore ...«

Jaromi: Deshalb müssen die Naturschützer versuchen, den Wert eines solchen Gebiets, des jeweiligen Ökosystems und der endemischen Arten aufzuzeigen. Natürlich sind und bleiben Mammutbäume medienwirksamer als die Rohrweihe; schon der Name dieses schönen Vögelchens ist nicht besonders attraktiv. Ich frage mich, warum wir trotz der schlechten Erfahrungen in einigen Gebieten unseres Landes noch immer nicht verstehen, wie wichtig Moore für unsere Natur sind.

Olszewski: Haben Sie im Zusammenhang mit der Auseinandersetzung um das Rospuda-Tal selbst geäußert, dass Sie den Aufruf gern unterschreiben würden, oder ist der Aufruf zu Ihnen gekommen?

Jaromi: Obwohl ich damals viel zwischen Assisi und Rom unterwegs war, kannte ich die Situation in Polen ganz gut. Freunde und Bekannte aus dem ganzen Land informierten mich über die aktuellen Entwicklungen; einige meiner Bekannten engagierten sich für den Schutz von Rospuda. Als mir schließlich vorgeschlagen wurde, den Aufruf zu unterschreiben, habe ich nicht lange gezögert. Ich halte das aber nicht für eine besondere Heldentat.

Ökologische Gewissensprüfung

I. Der Mensch und sein Verhältnis zur Erde

1. Habe ich die natürlichen Ressourcen der Erde angemessen genutzt (Landbestellung, Bodenschätze usw.)?
2. Habe ich nicht meine natürliche Umwelt durch Müll, Schutt oder andere Ablagerungen an unpassenden Stellen, z.B. im Wald oder an Wegen, verschmutzt und verunstaltet?
3. Habe ich nicht Straßen, Innenräume und Fahrzeuge durch Abfälle verunreinigt?
4. Bin ich nicht an meiner Arbeitsstelle mitschuldig geworden an der vorschriftswidrigen Ableitung von Abwässern und anderen Industrieabfällen, insbesondere wenn diese radioaktiv sind?
5. (betrifft Landwirte und Gärtner) Habe ich den Boden auf angemessene Weise mit chemischen und anderen künstlichen Mitteln gedüngt, ohne meiner Gesundheit oder der anderer Menschen oder Tiere, ohne Pflanzen und der näheren Umgebung zu schaden?
6. Habe ich beim Besprühen von Pflanzen mit Chemikalien die entsprechenden Dosierungen und Normen eingehalten?
7. Habe ich die festgelegten Karenzzeiten zwischen dem Sprühen und dem Verkauf oder Verbrauch der hergestellten Lebensmittel eingehalten?
8. Habe ich künstliche Düngemittel oder andere für menschliche Gesundheit und Leben gefährliche und schädliche Mittel nicht überdosiert, um Wachstum oder Reife zu beschleunigen oder das Aussehen von Gemüse, Obst und anderen Lebensmitteln zu verbessern?
9. Achte ich die Pflanzenwelt in den Ferien, zu Hause und an anderen Orten?
10. Zerstöre ich die Pflanzenwelt nicht durch Abwässer, Abbrechen oder Ausreißen?
11. Reiße ich keine Pflanzen aus, insbesondere unter Naturschutz stehende, z.B. in den Bergen?
12. Habe ich nicht unnötig den Motor meines Autos angelassen? Habe ich immer bedacht, dass die Abgase die natürliche Umwelt vergiften?

II. Der Mensch und sein Verhältnis zu Wasser und Nahrung

1. Habe ich mich beim Transport von chemischen Substanzen, Kraftstoffen usw. um ausreichende Schutzvorrichtungen bemüht?
2. Habe ich keine Flüsse, Teiche oder Seen verschmutzt?
3. War ich nicht gleichgültig gegenüber der Verunreinigung von Flüssen, Teichen und Seen durch Industrieabwässer?
4. Habe ich nicht bei Produktion, Transport und Aufbewahrung von Lebensmitteln die hygienischen Vorschriften vernachlässigt?
5. Habe ich keine Lebensmittel mit schmutzigen Händen gereicht?
6. Habe ich keine Nahrungsmittel verschwendet, insbesondere kein Brot in den Müll geworfen?

III. Der Mensch und sein Verhältnis zur Luft

1. Habe ich mich bemüht, Abgase, Gase und Ausdünstungen abzuführen, die bei der Produktion entstehen?
2. Vergifte ich nicht zu Hause, am Arbeitsplatz und in Verkehrsmitteln die Luft durch Zigarettenrauch?
3. Habe ich nicht meiner Gesundheit und der anderer Menschen geschadet, indem ich übermäßig viel geraucht habe?
4. Habe ich niemanden zum Rauchen überredet?
5. Habe ich nicht in Nichtraucherbereichen geraucht?
6. War ich nicht allzu unvorsichtig und nachlässig angesichts fehlender Wartung, Schutzvorrichtungen usw. beim Strom-, Heizungs- und Gasnetz?

IV. Der Mensch und sein Verhältnis zur Stille

1. Störe ich nicht die Stille und Ruhe an meinem Arbeitsplatz?
2. Lärme ich nicht im Wald, in Naturschutzgebieten und in den Bergen?
3. Kümmere ich mich um einen angemessenen Zustand meines Fahrzeugs, wenn es zu laut ist?
4. Störe ich nicht die Nachtruhe, z.B. durch lautes Radio, Fernsehen, Musik hören usw.?
5. Missachte ich nicht die Vorschriften zum Lärmschutz am Arbeitsplatz?

V. Der Mensch und sein Verhältnis zur gegenwärtigen Urbanisierung

1. Bedenke ich bei der Planung und Ausführung von Bauarbeiten den Umweltschutz und die natürliche Umwelt um Wohnsiedlungen, Betriebe, Büros usw., indem ich Grünanlagen, Parks u.ä. einplane?
2. Habe ich für den Bau von Wohnräumen keine gesundheitsschädlichen billigen Materialien benutzt?
3. Habe ich mich bei der Lagerung von – insbesondere gesundheitsschädlichen – Baumaterialien um ihre entsprechende Absicherung bemüht?
4. Bewahre ich keine Materialien auf, die der Gesundheit anderer schaden könnten?
5. Habe ich in meinem Haus oder meiner Wohnung die Sicherheit der Anlagen für Belüftung und Temperaturregelung gewährleistet?
6. Achte ich auf eine angemessene Ordnung zu Hause und an meinem Arbeitsplatz?
7. Erledige ich Aufräumarbeiten so, dass ich nicht der Gesundheit anderer schade?

Ökologische Gewissensprüfung, entworfen in den 1980er Jahren von Erzbischof Henryk Muszyński und Bischof Roman Andrzejewski

Olszewski: Sie haben mal gesagt, dass sich Geistliche nicht unter LKWs legen sollten. Ihre Unterschrift ist aber damit vergleichbar.

Jaromi: Ich behaupte ja nicht, dass sich Geistliche nicht für praktische Aspekte des Umweltschutzes engagieren sollen. Ich hoffe, dass ich – wäre ich damals in Polen gewesen – in mir die Kraft gefunden hätte, mich den im eisigen Winter Protestierenden anzuschließen.

Olszewski: Und sich den mit Kreuzen bewaffneten Einwohnern von Augustów entgegenzustellen?

Jaromi: Das ist der Moment, der mich bei der ganzen Geschichte am meisten verletzt hat. Das Kreuz ist kein Symbol gegen jemanden oder irgendetwas, Jesus ist für alle gestorben. Das war Politik, nicht Religion. Ich möchte gar nicht auf Details eingehen und auf die Frage, welcher Lokalpolitiker da eine Erfolgschance gewittert hat und auf diese ungute Idee gekommen ist.

Das Naturschutzgebiet »Rospuda-Tal«

In der Region Podlachien in Nordostpolen liegen einige wichtige Gebiete mit wildlebenden Tieren, die nach EU-Naturschutzrecht Besondere Schutzgebiete für Vögel sind und die als Naturschutzgebiete zum Schutz der Habitate und anderer Arten vorgeschlagen wurden.

Natur und Verkehr im Widerstreit

Das Naturschutzgebiet Rospuda-Tal (Dolina Rospudy) in Nordostpolen an der Grenze zu Russland und Litauen hatte vor fast sieben Jahren weltweit für Schlagzeilen gesorgt. Denn durch die einmalige Sumpflandschaft im Urwald von Augustów sollte eine Autobahn gebaut werden. Im Februar 2007 gaben die polnischen Behörden grünes Licht zur Aufnahme der Bauarbeiten für Umgehungsstraßen, die durch wichtige Naturlandschaften im Rospuda-Flusstal und im nordostpolnischen Wald-Heidegebiet der Puszcza Knyszyńska führen. Die geplante Autobahn ist Teil der Via Baltica, eines Transportkorridors in das Baltikum. Fotos von polnischen Umweltschützern, die sich an Bäume gekettet hatten, gingen um die Welt.

Das Rospuda-Flusstal gerettet

Die entscheidende Wende im Fall »Via Baltica« kam erst mit dem Regierungswechsel in Polen Ende 2007. Maciej Nowicki wurde zum Umweltminister ernannt – ein Gewinn für den Naturschutz und den Autor des Buches *Grüne Nachbarschaft – Polen*, in dem Möglichkeiten für eine nachhaltige Entwicklung Polens aufgezeigt werden.

Nach massiven Protesten von Naturschutzorganisationen, vielen Demonstrationen von mehr als 100.000 Menschen und dem Entscheid der EU-Kommission stoppte das oberste Verwaltungsgericht in Polen am 16. September 2008 den Bau dieses Teils der Via Baltica.

Die Entscheidung der polnischen Regierung hat nun den Lebensraum für Wölfe, Luchse und Elche sowie wichtige Brutgebiete von Schelladler, Blaukehlchen und Seggenrohrsänger gesichert. Zusätzlich bedeutet die Entscheidung auch einen wichtigen Beitrag zum Klimaschutz. Schließlich besteht ein großer Teil des Tales aus bestens erhaltenen Niedermooren. Deren Zerstörung hätte den Verlust wertvoller CO_2-Speicherkapazität bedeutet und innerhalb kurzer Zeit große Mengen an Treibhausgasen freigesetzt.

Olszewski: Vielleicht war auch der Priester aus der Gegend von Augustów dabei, der mit seinen Gläubigen verabredet hat, im Dorf auftauchende Umweltschützer mit der Kirchenglocke in die Flucht zu schlagen.

Jaromi: Ich kenne aber auch einen anderen in Augustów geborenen Priester, der die Menschen davon zu überzeugen versuchte, dass die ganze Sache nicht so einfach sei – und dem seine Landsleute äußerst unfreundlich begegneten. Auch Priester können unterschiedliche Positionen vertreten.

Olszewski: Vielleicht war ja für manche, die mit Kreuzen in den winterlichen Wald gezogen sind, der Umweltschützer die neue Verkörperung des Teufels?

Jaromi: Sie scherzen wohl ...

Olszewski: Überhaupt nicht. Ich habe in meiner Mailbox eine Nachricht vom Begründer eines konservativen polnischen Think Tanks, der nicht zuletzt unter Berufung auf Solowjow warnt, dass der moderne Satan grün sein wird. Beim hochgeschätzten Pater Salij habe ich wiederum gelesen, dass man mit der Tierliebe vorsichtig sein müsse, denn auch Hitler war Vegetarier und Tierfreund.

Jaromi: Das möchte ich nicht kommentieren. Viel interessanter ist der Wandel in der Rezeption des Umweltschützers im modernen Polen. Noch Ende der 1980er

Jahre galten Aktivisten für den Umweltschutz als mutig und edel – waren sie doch in der Opposition tätig. Was ist davon geblieben? Heute glauben wir, dass Umweltschützer den Fortschritt blockieren, bestechlich sind und der Gesellschaft auf den Wecker fallen, die versucht, sich zum Wohlstand durchzuboxen. Aus einem Verteidiger der Gesellschaft wurde eine bedrohliche und unangenehme Gestalt. Das ist natürlich eine vollkommen falsche Vorstellung, doch hat ein Teil der Umweltszene durch zu konfrontatives Auftreten, wobei die Bedürfnisse der Menschen unberücksichtigt blieben, diese schlechte Meinung auch mitzuverantworten. Die Umwelt lässt sich nicht ohne gesellschaftlichen Kontext schützen. Der Konflikt um die Rospuda eskalierte jedoch wegen eines anders gelagerten Ungleichgewichts – im Verwaltungsprozess wurden ausschließlich die Bedürfnisse der Menschen berücksichtigt. Die Umweltschützer brachten mit ihren Vorschlägen die Gesellschaft in Rage, die davon überzeugt war, dass hier nur eine Seite gewinnen könne. Ich wiederhole: Das ist eine falsche Vorstellung. Hätten sich die Investoren von Anfang an bemüht, Menschen *und* Umwelt zu schützen, würden die LKWs wahrscheinlich schon heute eine andere Strecke fahren.

Olszewski: Doch scheint die Rospuda symbolisch einen unwiderruflichen Imagewandel besiegelt zu haben. Ein Umweltschützer ist gut, solange er Koalabären oder leidende chinesische Pandas rettet. Klopft er aber an unsere Tür und sagt: »Ihr habt hier in der Nähe ein wertvolles Fleckchen Erde«, dann wird er unangenehm. Soll er doch was anderes schützen!

Jaromi: An diesem Beispiel lässt sich zugleich unsere kollektive Paranoia zeigen. Gewiss ist jeder durchschnittliche Einwohner von Augustów davon überzeugt, dass ihm das Schicksal der Umwelt sehr am Herzen liege. Er fürchtet sicher die globale Erwärmung, ausströmendes Erdöl und unterschreibt gern Aufrufe gegen das Abholzen der Regenwälder. Und dennoch vertraten die meisten Einwohner dieser schönen Stadt die Interessen der Straßenarbeiter statt die der Umweltschützer. Eine Stadt mit dem Ehrgeiz, Zentrum des sauberen Tourismus zu sein, wollte mitten durch ein Schutzgebiet eine Straße bauen. Und wahrscheinlich wäre diese Auseinandersetzung in jeder anderen polnischen Stadt ähnlich verlaufen.

Sie haben Recht. Der Streit um die Rospuda konfrontierte erstmalig beide Argumente in dieser Deutlichkeit. Auf der einen Seite standen die Umweltschützer, die mit wenig Erfolg zu verhindern versuchten, dass in Polen ein allzu räuberisches Modell der Entwicklung oder Pseudomodernisierung gefördert wird. Und auf der anderen Seite, zahlenmäßig deutlich überwiegend, stand die Überzeugung, es bleibe keine Zeit für ein großes Federlesen um die Natur, denn jahrzehntelange Rückstände müssten aufgeholt werden. Ich brauche wohl nicht zu sagen, welche Option gewonnen hat. Zwar haben wir deutlich mehr zu bieten als nur Asphalt, doch scheint der Lobbyismus der Autoindustrie, die als Hauptmotor des Wirtschaftsantriebs gilt, unbesiegbar zu sein.

Olszewski: Das ist kein Lobbyismus, sondern ein tief verankertes gesellschaftliches Bedürfnis. Haben Sie ein Auto?

Jaromi: Wir haben zwei Autos für dreißig Mönche und dieser Schnitt gefällt mir. Wenn ich durch Polen fahre, nehme ich deshalb meist öffentliche Verkehrsmittel. Sitzt man nicht hinterm Lenkrad, dann kommen einem ganz andere Gedanken in den Sinn. Nehmen wir zum Beispiel die Verbindung von Krakau nach Zakopane: In den letzten Jahren wurden gewaltige Summen für die Erneuerung dieser Straße ausgegeben, was aus vielen Gründen absurd ist, etwa weil die Erhöhung der Kapazität der Straßen nach Zakopane das ohnehin schon verstopfte Podhale nun vollkommen im Stau versinken lässt. Gleichzeitig geht die Bahnverbindung ein, obwohl sie schon in der Vorkriegszeit modernisiert werden sollte und es auf der Hand liegt, dass eine schnelle Zugverbindung zwischen Krakau und Zakopane durchaus eine Existenzberechtigung hätte.

Olszewski: Ich sagte bereits: ein Grundsatz der neuen Ordnung in Polen ...

Jaromi: Das erklärt doch nichts. Ich habe einige Jahre in Tschechien gelebt, wo der in Polen unauflösbare Widerspruch zwischen Bahn und Straßenverkehr ganz anders gelöst wurde: Das öffentliche Verkehrssystem blieb erhalten. Schienenbusse – in Polen offenbar ein epochales Ereignis – fuhren bei unseren südlichen Nachbarn schon vor 30 Jahren. Und würde ich fragen, warum das bei uns nicht möglich war, dann kämen sicher solche Beschwörungsformeln, wie sie auch in Augustów zu hören waren: »So ist nun mal das Leben, mein Herr, die Gesetze der Transportentwicklung sind nicht aufzuhalten« oder »Wir sind doch nicht das Freilichtmuseum Europas« usw. Unsinn! Man kann auch zwei Autos pro Kopf haben und dennoch in einem mentalen Freilichtmuseum stecken.

Olszewski: Und welcher Meinung sind Ihre Vorgesetzten und Mitbrüder? Wie haben sie darauf reagiert, dass Sie den Aufruf unterschrieben haben?

Jaromi: Glücklicherweise hat mich mein Orden stets unterstützt, was nicht heißt, dass wir immer alle einer Meinung sind. Als es um die Rospuda ging, musste ich

meinen Mitbrüdern öfter meine Motivation erklären; diese Auseinandersetzung ging uns allen sehr nahe. Doch hatte ich nie das Gefühl, ich hätte jemandes Missfallen erregt oder einen falschen Weg gewählt – umso mehr, da solche Entscheidungen vor allem von rationalen Erwägungen abhängen. Man kann ja alles abzählen, messen, abwägen.

Olszewski: Ein weiterer Aspekt Ihrer Unterschrift ist offensichtlich: Betrachtet man Ihre Entscheidung als eine Stimme der ökologisch orientierten Kräfte der Kirche, so stimmen Sie in mancher Hinsicht mit Gruppen überein, die traditionell dem Katholizismus eher feindlich gegenüberstehen. Da gibt es eine gemeinsame Schnittmenge.

Jaromi: Damit habe ich kein Problem. Ich habe viele gute Bekannte unter den polnischen *Grünen*. Reden wir über den Wert menschlichen Lebens, dann unterscheiden wir uns fundamental. Unterhalten wir uns über praktische Aktivitäten zum Schutz der Natur, dann stehen wir auf einer Seite. Offenbar schwächen sich mit der Zeit auch einige Grenzlinien und Berührungsängste ab. Inzwischen fällt es mir leichter als früher, mit den radikalen Umweltschützern zu sprechen, die sich als »Werkstatt für alle Lebewesen« auf den Schutz des – wie sie es nennen – »wilden Lebens« konzentrieren, während Katholiken sich dem Schutz der Schöpfung widmen. In Polen ist die Situation insofern spezifisch, als hier die sozialistische Vergangenheit noch immer das Denken über linke Strömungen prägt. Wer sich für gesellschaftlich Ausgegrenzte oder Umweltschutz engagiert, gilt hier gleich als links. Wie ordnen wir angesichts dessen aber die starke kirchliche Strömung ein, die seit Leo XIII., also seit über 100 Jahren, über Entscheidungen zugunsten der Armen, der Gewerkschaften und des Naturschutzes nachdenkt und diese Gedanken immer weiterentwickelt? Ich glaube, dass dieses gemeinsame Interessenfeld noch wachsen wird. So interessiert sich beispielsweise auch die Bioethik-Szene verstärkt für die Beziehungen zu Natur und Tierwelt.

Olszewski: Wundern Sie sich, dass sich die katholischen Kreise, die die traditionelle Landwirtschaft verteidigen, nicht für die Rospuda engagiert haben?

Jaromi: Einerseits ja, andererseits nein. Es wundert mich, weil die wilde Natur demzufolge offenbar nicht zum polnischen Nationalerbe gehört. Die kleinen bewirtschafteten Felder scheinen Teil unserer Identität zu sein, aber ein wilder Fluss findet hier keinen Platz. Aber es wundert mich auch nicht, weil gewisse Grenzen nur schwer zu überschreiten sind. Die linksliberale GAZETA WYBORCZA engagierte sich sehr für die Rospuda und das war für einige Ökobauern sicher ein Alarmsignal. Andererseits kam das Ehepaar Anna und Andrzej Gwiazda an die Rospuda, um zu zeigen, dass das hier Fragen jenseits parteipolitischer Grenzen sind.

Olszewski: Ich habe den Eindruck, dass die polnische Kirche gegenwärtig weder vor noch zurück kann. Ihr wird sowohl von einem Teil der Gläubigen als auch von Beobachtern des öffentlichen Lebens mangelndes Engagement für brennende gesellschaftliche Fragen vorgeworfen – wie die Ökologie. Engagiert sie sich aber, dann ist die Kritik noch schärfer. Hatten Sie keine Angst, dass Sie mit ihrem Parteiergreifen im Konflikt um die Rospuda zu hören bekommen: »Was geht das einen Priester an?«

Jaromi: Ich habe das nicht befürchtet, sondern war mir sicher, dass solche Kommentare fallen würden – was sich im Übrigen auch bestätigt hat. Apropos: Ein Priester aus der Gegend um Lublin hat mir erzählt, dass er in seiner Gemeinde über die Müllberge gesprochen hat, die den örtlichen Teich und Fluss verschmutzten. Die Antwort war: »Herr Pfarrer, du bist für den Herrgott zuständig, aber wir auf unserer Erde wissen hier besser, was gut und was schlecht ist.« Diese absurde Situation verdeutlicht einen ernstzunehmenden Konflikt. In anderen Ländern sind die Katholiken davon überzeugt, dass sie ihre Stimme in öffentlichen Debatten nicht nur erheben dürfen, sondern geradezu dazu verpflichtet sind. Oft sind sie sogar die Einzigen, die für die Ausgeschlossenen sprechen. In Polen nehme ich eine eigentümliche Schizophrenie wahr, denn vom Katholizismus wird gefordert, dass er sowohl mehr Präsenz zeigen als auch größere Distanz wahren soll. Schauen wir auf Deutschland, denn auf dieses Land verweisen einige Spezialisten fürs Kirchenleben gern. Dort veröffentlichten die christlichen Kirchen bereits Anfang der 1990er Jahre gemeinsame Dokumente, in denen die Gläubigen aufgefordert wurden, Papier, Verpackungsmaterial und Strom zu sparen, Recycling zu betreiben, weniger Auto zu fahren und freiwillig etwas teurere, aber umweltfreundlichere Produkte zu kaufen. Wie ich bereits sagte, hat diese Einstellung auch die große Betonung ökologischer Fragen unter Benedikt XVI. beeinflusst. Was wäre wohl, wenn das polnische Episkopat mit ähnlichen Vorschlägen auf den Plan träte? Ich fürchte, kaum jemand würde solche Forderungen ernstnehmen – wir glauben, Kirche bedeutet Gebete und Gottesdienst, aber keine politisch eingreifenden Aktivitäten. Das ist aber falsch. Im Übrigen hat das polnische Episkopat bereits etwas Ähnliches versucht und am 2. Mai 1989 einen Hirtenbrief zum Thema Umweltschutz veröffentlicht, der allerdings in den damaligen politischen Wirren unterging. Dieser Brief formuliert zwar nicht so detaillierte Empfehlungen wie der deutsche, fordert aber beispielsweise, auf einen weiteren Ausbau der Schwerindustrie zu verzichten.

Olszewski: Ich erinnere mich, dass uns Leser nach Abdruck der ökologischen Gewissensprüfung im TYGODNIK POWSZECHNY fragten, ob man vor der Beichte tatsächlich über undichte Faulbehälter oder den übermäßigen Gebrauch von Düngemitteln nachdenken solle. Einige hielten das, gelinde gesagt, für einen schlechten Scherz. Dabei wurde der Text vom damaligen Bischof Muszyński verfasst.

Jaromi: Die ökologische Gewissensprüfung ist eine Provokation. Solche Vorschläge verweisen auf Grenzen, die der Mensch nicht überschreiten sollte. Bereits im 5. Jahrhundert benannte der Hl. Augustinus zur Orientierung für uns und unsere Sündhaftigkeit drei Hauptrichtungen: unser Verhältnis zu Gott, zum Menschen und zur Natur. Die ökologische Gewissensprüfung betrifft die dritte Richtung. Gott ist der Herr, der Mensch steht uns nah und wir sind für die Natur verantwortlich. Zu Augustinus' Zeit schien die Natur noch mächtig, schrecklich und fremd zu sein. Heute haben wir diese dreifache Ganzheit aus den Augen verloren.

Aber das ist noch nicht alles. Sehen wir keinen Zusammenhang zwischen unseren täglichen Handlungen und unserem religiösen Leben, so leben wir in einer tragisch zerbrochenen Welt. Deshalb besteht ein Zusammenhang zwischen unserer Beziehung zur Natur und unserem Verhältnis zu den göttlichen Geboten. Meiner Meinung nach führt uns die utilitaristische Sichtweise, die in der gesamten polnischen Gesellschaft – leider auch in der Kirche – vorherrscht, bezüglich der Ökologie auf Abwege. Als gut gilt nur, was uns einen messbaren Nutzen bringt. Ist also angesichts dessen die Rospuda an sich wertvoll oder nur, wenn wir sie brauchen? Bei einer Umfrage zu dieser Frage würde gewiss die zweite Antwort überwiegen. Wir sollten stattdessen zu den Vorstellungen des Hl. Bonaventura zurückkehren: Zerstören wir unsere Umwelt, so können wir nicht mehr auf den

Spuren zu Gott gelangen, die er im Schöpfungswerk hinterließ. Diese Überzeugung war im Mittelalter weit verbreitet, heute aber ist sie verloren gegangen. Mühsam versuchen wir zu ihr zurückzufinden. Einst glaubten die Theologen, dass Gott zwei Bücher für uns geschrieben habe: die Bibel und das Buch der Schöpfung. Für den Hl. Bonaventura waren beide gleichwertig. Indem wir also die Natur zerstören und nach unseren Maßen umgestalten, durchtrennen wir unsere Verbindung zu Gott. Das erklärt, warum wir für Orte wie die Rospuda sorgen müssen, aber es verweist auch auf die Geheimnisse des gegenwärtigen Pontifikats von Benedikt XVI., der sich so sehr der Ökologie widmet. Für die Welt wäre es einfacher, wenn er der »Panzer-kardinal« geblieben wäre und sich mit ungefährlichen Gemeinplätzen begnügen würde. Stattdessen verlangt er konkrete Empfehlungen. Ich erinnere nur daran, welche Bestürzung die Vorstellung seiner letzten Enzyklika auf dem G8-Gipfel in L'Aquila hervorgerufen hat. Dieses Treffen sollte eine nette politische Werbeshow werden – und nahm plötzlich ernstzunehmende Dimensionen an.

Olszewski: Da es nun plötzlich eine Verbindung zwischen dem Mittelalter und Benedikt XVI. und der Rospuda gibt, verbleiben wir noch einen Moment beim Konkreten. Zu großer Verwirrung führte neulich die Nachricht, dass der Vatikan das Register der Hauptsünden ergänzt habe, unter anderem durch Umweltzerstörung. Ist auch das ein Zeichen für den Übergang aus der Sphäre der Gemeinplätze zum Konkreten?

Jaromi: Gewiss, aber das Signal, das Rom in die Welt gesendet hat, wurde von den Presseagenturen »verdreht«, wie es so schön heißt. Im März 2008 sagte Bischof Gianfranco Girotti OFMConv, Regens der Apostolischen Pönitentiarie, in einem Interview für den L'Osservatore Romano: »Es entstehen neue individuelle und kollektive Sünden, vor allem im Bereich der Bioethik. Wir dürfen nicht schweigen angesichts der Bedrohung grundlegender menschlicher Rechte und zahlreicher Eingriffe in die Natur, zu denen es im Zusammenhang mit Experimenten und genetischen Manipulationen kommt, deren Folgen kaum vorhersehbar und kon-trollierbar sind. Weitere Herausforderungen entstehen durch die gesellschaftliche und ökonomische Ungleichheit, die Armen werden immer ärmer und die Reichen immer reicher. Das führt zu einer ungleichmäßigen Entwicklung und zu Ungerech-tigkeit. Und schließlich muss auch die gegenwärtig äußerst brisante ökologische Thematik erwähnt werden.« Die Presseagenturen haben daraus blitzschnell eine Liste der »neuen sieben Todsünden« gemacht. Das ist eine grobe Übertreibung. Auf dieser Liste standen gesellschaftliche Ungerechtigkeit, Drogenhandel, Umwelt-verschmutzung, genetische Manipulation, anstößiger Reichtum, Abtreibung und Pädophilie – wobei die beiden letzten Punkte im Interview gar nicht angesprochen wurden. Ebensogut könnte man den Handel mit Menschen und Organen ergän-zen, verschiedene Formen der Sklaverei, Waffenhandel oder unmoralische Kriege. Bischof Girotti hat keine neue Liste der Erzsünden erstellt, sondern nur Sünden aufgezählt, die spezifisch für unsere Epoche sind. Das ist ein wichtiger Punkt: Die Kirche ist weit davon entfernt, neue Kataloge schwerer oder lässlicher Sünden zu erstellen oder Sünden als Modelle oder Programme zu betrachten, die regelmäßig aktualisiert werden müssen. Außerdem entscheiden nicht Bischöfe oder Priester darüber, was eine Sünde ist und was nicht.

Dennoch wandelt sich unsere Welt und neue Formen der Sünde entstehen. So verwies Bischof Girotti auf Sünden im Zusammenhang mit der Biotechnologie, der Bedrohung der natürlichen Umwelt und der Markt- und Finanzwirtschaft in der Ära der Globalisierung, des Drogenhandels, der steigenden ökonomischen Ungerechtigkeit und des unökologischen Handelns. Die wachsende Kluft zwischen Arm und Reich, der Raubbau an den natürlichen Ressourcen und die globalen Klimastörungen erschüttern die Menschheit, unsere Lebensumwelt und den gesamten Planeten. Allerdings sind das meiner Meinung nach eher gesellschaftliche als individuelle Sünden. Sie beeinflussen schließlich die gesamte Gesellschaft und nehmen uns die Hoffnung auf ein besseres, gerechteres Leben und verstärken verantwortungslose Einstellungen. Aber das ist ja nichts umwerfend Neues. Im *Katechismus der Katholischen Kirche*, dem *Kompendium der Soziallehre der Kirche* und den Lehren der letzten Päpste finden sich bereits all diese Themen. Besonders betont wird dort die Sorge für die Armen, angesprochen werden Globalisierung, Kapital, Entwicklung, gesellschaftliche Gerechtigkeit, Ökologie, Lebensqualität und -stile, Konsumismus sowie Empfängnisverhütung und sexuelle Identität. Die gegenwärtigen Gesellschaften des Wohlstands und der Freiheit, so heißt es in diesen Texten, erkranken an ihrer Seele, insbesondere durch ihre zahlreichen Süchte: Habgier, Arbeits-, Sex- und Konsumsucht und den konsumbetonten Materialismus. Diese neuen Sünden des 21. Jahrhunderts lassen sich leicht den Sünden beiordnen, die in den kirchlichen Wissenschaften seit Langem geläufig sind. Angesichts dessen kann man ruhig behaupten, dass du Gott nicht nur beleidigst, wenn du stiehlst, ihn lästerst oder betrügst, sondern auch wenn du moralisch zweifelhafte Experimente durchführst, genetische Manipulationen der menschlichen Natur erlaubst oder die Umwelt zerstörst.

Olszewski: Auch die Rospuda?

Jaromi: Auch die Rospuda.

Aus dem Polnischen von Katrin Adler

Das Gespräch ist dem Band »Eco-book o eko-Bogu«, Kraków 2010, entnommen.

DOLINA NARWI

POLAND_POLOGNE_PUOLA_LENGYELORSZÁG_POOLN_POIN_LENKIJA_ПОЛЬША_POLIJA_POLSKA

Eva-Maria Stolberg

Wald und Baum – Bio- und Soziotop. Zum Naturverständnis von Polen in Geschichte und Gegenwart

Das Polnische Fremdenverkehrsamt und polnische Reiseagenturen werben im westlichen Ausland mit der Natur Polens, mit wilden Landschaften und ursprüng-licher Natur, die den westeuropäischen Urlaubern Abenteuer und Erholung vom Stress städtischer Metropolen versprechen. Hausbooturlaub und Camping suggerie-ren dabei eine nahe Begegnung mit Polens Natur. Seit Jahrzehnten erfreut sich das Camping vor allem unter der polnischen Stadtbevölkerung besonderer Beliebtheit. Die Campingplätze liegen oft in idyllischer Umgebung – an Seen und Waldrändern, von Masuren bis in die Tatra. Mit dem Ziel, der Bevölkerung die polnische Natur nahe zu bringen, aber auch einen heimischen Tourismus zu entwickeln, besteht seit 1964 die Polnische Föderation für Camping und Caravan (Polska Federacja Campingu i Caravaningu). Es sollte vor allem eine direkte Begegnung der Menschen mit der Natur stattfinden. Mit dem Untergang des Sozialismus fand jedoch seit den 1990er Jahren eine zunehmende Kommerzialisierung statt. Verstärkt sollen auch ausländische Touristen angezogen werden. Die wichtigsten Werbeträger sind die Tiere – Störche, Elche, Wisente, Adler. Touren zur Vogel- und Wisentbeobachtung können gebucht werden, auch mit dem Kajak oder Jeep durchstreifen Touristen die Wildnis. Die Assoziation, die sich damit verbindet: Polen – mit seinen (noch) unbe-rührten Naturlandschaften mitten in Europa. Masuren, die Tatra und ihre Wälder sind die bekanntesten Beispiele, die Polen, aber auch Deutschen einfallen. Mit der EU-Osterweiterung konkurrieren die skandinavischen Länder mit Polen. Wildnis ist nun in der Mitte Europas zu erfahren, für den Natururlaub ist es nicht mehr nötig, nach Kanada zu reisen. Während Touristen aus dem Westen die Natur vor allem als »Event« oder Abenteuer verstehen, zeigen die Polen in der Natur Gelassenheit. Umweltprobleme lassen sie jedoch kaum an sich heran, wie der Journalist Adam Wajrak im April 2014 monierte. Bei der Bevölkerung sind vor allem die Themen Wildnis und wilde Tiere beliebt und diese werden auch von den Medien aufgenom-men. So gibt es Naturfilme und -reportagen.

Längst hat Polens Wildnis auch Eingang in die Welt des worldwideweb gefunden, Microsoft wirbt auf seiner homepage mit Polens Naturschönheiten als webdesign. Polnische Aussteiger und Exzentriker flüchten aus den Städten und Metropolen wie Warschau, um dem hektischen Leben der Moderne zu entkommen. Die Bauern vor Ort sprechen von »Waldkäuzen«. Stellt sich damit die postmoderne Sinnfrage des »Zurück zur Natur« für IT-Nerds und Stadtneurotiker?

Polens Natur ist vielfältig: Das Land ist reich an Wäldern, Seen, Sümpfen und Bergen aus rau und bizarr geformtem Granit. Nicht immer ist diese Natur mit Verkehrsmitteln bequem zu erreichen – auch im 21. Jahrhundert. Doch der kom-merzialisierte Tourismus schlägt neue und bessere Wege in die Wildnis, so verfüge

die Nationalparks über markierte Reit- und Wanderwege. Der Roztoczański-Natio-
nalpark im Südosten des Landes wird als die »polnische Toskana« bezeichnet – ein
Indiz, dass die Wildnis mancherorts ihren wilden und unberechenbaren Charakter
verloren hat. Die Begegnung mit der Natur hat in Polen lange historische Wurzeln,
die der vorliegende Aufsatz nur in Ansätzen freilegen kann.

Die Landesbezeichnung »Polen« (Polska) geht auf »pole« = Feld, Ebene zurück. Die
frühmittelalterlichen Menschen sahen sich als Bewohner einer (Tief-)Ebene an, dies
nicht von ungefähr, denn Polen besteht zu rund zwei Dritteln aus Flachland, das
durch eine Vielzahl von Flüssen und Seen bestimmt wird. Zugleich weist das Wort
»pole« auf die frühe Urbarmachung des Bodens hin und bis heute sind sich die
Polen ihrer bäuerlichen und dörflichen Wurzeln bewusst. Die Begegnung der Polen
mit der Natur ihres Landes war seit früher Zeit kulturell konnotiert, eng verbunden ist damit die Kultivierung des Bodens und der Landschaft und schließlich die
Entwicklung kultureller Werte und nationaler Deutungen, für die die Natur Polens
ein großes Reservoir bietet.

Das Verhältnis der Polen zur Natur war ambivalent, schwankte zwischen Erhalt des
Ursprünglichen und landwirtschaftlicher Nutzung. Der Wald stellt für den Men-
schen einen Lebensraum dar, aber auch ein mentales Konzept mit einer sozialen
und kulturellen Dimension. 2011 haben die Vereinten Nationen zum »Jahr des
Waldes« erklärt und auf der website der UNESCO wird u.a. der Nationalpark
Białowieża als Weltnaturerbe genannt. Dabei steht er als prominentes Beispiel für
die Bedeutung des Waldes auch in Polen selbst. Der im September 2014 in Łagów
(Westpolen) stattfindende 9. Internationale Waldpädagogenkongress wurde vom
Polnischen Staatsforst und der Polnischen Waldpädagogikorganisation ausgerichtet.
Im Mittelpunkt stand dabei für die polnische Seite der nachhaltige Schutz von Wald
und Baum.

Schon im 18. Jahrhundert verglich der polnische König Stanisław August Polen
mit einem »Baum, der unter der Last seiner Früchte sinkt«, die Vielfalt der Natur
begründete den Reichtum des Landes.[1] Der Baum wird hier zu einem immerwäh-
renden Symbol für die symbiotischen Beziehungen von Mensch und Natur, mehr
noch einem Symbol für eine Harmonie, nach der sich die Polen insbesondere nach
den Teilungen sehnten. So kommt es nicht von ungefähr, dass die Polen die ältesten
Bäume nach den altpolnischen Königen wie z.B. Bolesław Chrobry benennen. Im
Nationalpark Białowieża gibt es eine Kultstätte von Steinen inmitten uralter Kiefern,
das »Zamczysko«, das von einem alten polnischen Königsschloss zeugen soll.

Auch wenn Ackerbau und Viehzucht die Existenzgrundlage der ländlichen Bevölkerung Polens darstellten, so berichteten ausländische Reisende des 18. Jahrhunderts
von dem respektvollen Umgang mit dem Baum. So schrieb Bernard Connor, irischer
Leibarzt des polnischen Königs Johann III. Sobieski um 1700: »Wenn sie [die polnischen Bauern, E.S.] Plätze [...] zu Äckern machen wollen/und das Gehölze zu sol-

---

1   Freimüthige Beherzigungen eines Bürgers von Polen. Aus dem Polnischen übersetzt von
     F.L. Lachmann. Lemgo 1772, S. 223.

chem Ende ausbrennen/so pflegen sie die hohen Bäume/so sie mit antreffen/kei-
neswegs umzuhauen.«[2] Bäume dienten der Abgrenzung von Feldern; wer sie fällte,
machte sich eines Eigentumsdelikts schuldig und wurde zur Rechenschaft gezogen.
Wenn es im staatlichen Interesse lag, konnten Bäume durchaus gefällt werden, so
sollten nach der »Sammlung gerichtlicher Gesetze des Königreichs Polen« aus dem
Jahr 1776 Landstraßen und öffentliche Wege freigehalten werden.

Es ist immer noch ein hartnäckiges Klischee, die Eiche als deutsches Nationalsym-
bol zu sehen. Dabei handelt es sich um eine in mitteleuropäischen Wäldern sehr
verbreitete Baumart. Die transkulturelle Symbolik der Eiche ist bisher noch nicht
aufgearbeitet worden, doch kann von einer Analogie in ihrer hohen kultischen
Funktion ausgegangen werden. So legten 1934 polnische Archäologen auf dem
»Krakus kopiec«, dem Krakus-Hügel in Krakau, das Wurzelwerk einer Eiche frei. Es
soll sich dort eine alte westslawische Kultstätte befunden haben. In polnischen Märchen erscheint die Eiche (dąb) als Reichtum verheißender Wunschbaum, so etwa in
dem Märchen »Die Eiche und der Schafspelz«.

Die Arten der europäischen Eiche (lat. Quercus) werden bis heute nach dem
Herkunftsland unterschieden: So gilt die »englische Eiche« als sehr robust, die »pol-
nische« dagegen als leicht zu bearbeiten. Sie fand u.a. Verwendung im englischen
Schiffsbau. Polnische Einwanderer in den USA pflanzten die Eiche gerne auf ihren
Farmen – als Erinnerung an die alte Heimat. Der polnische Wodka »Starka« wird
in alten Eichenfässern gelagert, damit er einen Brandy-Geschmack annimmt. Die
Eiche tritt uns auch in vielen polnischen Ortsnamen entgegen wie z.B. in Dębno,
Dębica, Dąbrowa. So wurde bereits im 12. Jahrhundert das »Eichendorf« Dębowiec
auf der Überlandstrecke von Krakau nach Budapest inmitten von Eichenwäldern

2   Bernard Connor: Beschreibung des Königreichs Polen und Großherzogtums Littauen. Leipzig
     1700 (Übersetzung aus dem Englischen), S. 679.

Jan Kochanowski
Die Linde

Weile, Fremder, unter meinem Dach, ruh
aus bei mir!
Hier bedränget dich die Sonne nicht, das
schwör ich dir,
Mag sie auch senkrecht ihre Strahlenpfeile
richten,
Unterm Geäste hie und da den Schatten
lichten.
Vom Acker her wirst du die kühlen Lüfte
spüren,
Nachtigallen hörst du und Stare jubilieren.
Aus meiner Blütenfülle saugen fleißige
Bienen
Honig, des sich bei Tische Herrschaften
bedienen.
Und wenn ich, Wandrer, dich geheimnis-
voll umraune,
Wie bald ergehst du dich in holdem
Traume.
Trag ich auch keine Äpfel, der Herr schätzt mich hienieden
So fruchtbar wie die Bäume im Hain der Hesperiden.

Aus dem Polnischen von Ria Zenker
Nach: Jan Kochanowski: *Ausgewählte Dichtungen*. Leipzig 1980, S. 241.

Der Wald. Holzschnitt, Krakau 1568

errichtet. Das Dorf, das sich im Besitz der Adelsfamilie Myszkowski befand, erlebte
jedoch im Schatten seiner Eichenwälder turbulente Zeiten. Feudalfehden brachten
Ungerechtigkeiten und Gewalt.

So rührt der Baum an das Substanzielle und Existenzielle des Menschen, er symbo-
lisiert das Wachstum, aber auch die Fragilität im Leben. Dementsprechend wird das
Motiv des Baums in der polnischen Literatur aufgegriffen. Das Tragische zeigt sich
in Jurek Beckers Roman *Jakob der Lügner* (1969): Handlungsort ist ein (fiktives) jüdisches Ghetto während der NS-Besatzungszeit, in dem ein »Baumverbot« herrscht.
In der Verordnung Nr. 31 des Ghettos heißt es: »Es ist strengstens untersagt, auf
dem Territorium des Ghettos Zier- und Nutzpflanzen jedweder Art zu halten. Das
gleiche gilt für Bäume. Sollten beim Einrichten des Ghettos irgendwelche wildwach-
senden Pflanzen übersehen worden sein, so sind diese schnellstens zu beseitigen.«
Dem Ghetto als Ort des Todes wird jede Natürlichkeit und Lebenskraft entzogen.
In dem realen Beispiel des Vernichtungslagers Treblinka pflanzte die SS dagegen am
17. November 1943 Bäume, um die Erschießung der letzten Häftlinge zu tarnen.

Als William Coxe in den 80er Jahren des 18. Jahrhunderts eine Reise von Krakau
nach Warschau – zwei Metropolen und jede Inbegriff polnischer Kultur – machte,
berichtete er, er sei durch »finstere Wälder« gekommen, in denen sich Gesindel wie
Räuber und Meuchelmörder herumtrieben. In den Zeiten fremdländischer Invasio-
nen, wie etwa der Schweden im 17. Jahrhundert, und während der Teilungen boten
die »polnischen Wälder« versprengten polnischen Soldaten und Aufständischen

Szymon Szymonowicz
Idyllen

Oluchna:
's geht schon auf Mittag, doch wir mähen und wir rechen ...
Will denn der Vogt, daß wir ihm hier zusammenbrechen?
Nie wird der Satte einen Hungrigen verstehen:
Er braucht nur knurrend mit dem Stock umherzugehen,
Weiß nicht, wie mit der Sichel übers Feld es zähe
Sich zieht! Dem Bauern geht's halt anders als der Krähe,
Läuft auch der Bauer wie die Krähe hinterm Pflug –
Der Stock, die Sichel, das macht Unterschied genug!
Pietrucha:
Du, schwatz doch nicht so laut, sonst wird er's noch verstehen:
Kannst denn die Peitsche nicht bei ihm am Gürtel sehen?
Der haut gleich zu! Ein schlechter Handel: für ein Wort
Die Peitsche übern Buckel – hab' sie nicht gern dort!
Den Bösen reizt man besser nicht; ich lob' den Alten
Und schmeichle ihm, da bleibt mein Buckel wohlbehalten.
Jetzt sing' ich für ihn, wenn ich mich auch drum nicht reiß',
Man singt nicht gerne Lieder, trieft die Stirn vor Schweiß!
[...]
Der Gutsvogt:
Pietrucha, arbeitest nicht gerne, wie mir scheint,
Obwohl dir doch nichts Kleines in den Windeln weint.
Sollst mähen, nicht herumstehn, etwas Hübsches singen,
Noch ist's nicht Mittag, Zeit noch, bis sie's Essen bringen!

Aus dem Polnischen von Hans-Peter Hoelscher-Obermaier. In: *Polnische Renaissance. Ein literarisches Lesebuch.* Frankfurt am Main 1997, S. 99f.

eine Zuflucht. Darüber hinaus erwiesen sich die dichten Wälder als Hindernis für Invasoren, sei es, dass sie aus dem Westen und Norden kamen wie die Schweden oder aus dem Osten wie Moskowiter und Tataren.

In der topografischen Literatur des 19. Jahrhunderts wurde immer wieder die Urtümlichkeit der Wälder im Norden Polens hervorgehoben. Durchzogen von Flüssen, Sümpfen und Seen ließen sie die Landschaft nach Nordosten und Osten – in das westliche Russland – verschwimmen. Emil von Sydow unterschied zwischen den »sumpfigen Wäldern« entlang der Flüsse Narew, Bug und Wieprz sowie auf dem rechten Ufer der Weichsel, während ihr linkes Ufer »vom Walde deutlich entblösst« sei. Dies führte der Autor auf fortschreitende Agrarisierung und Industrialisierung zurück. In den Kreisen Sandomierz, Stopniec und Mechów war der Mangel an Waldholz so drastisch, dass die Bewohner Stroh und Mist als Heizmaterial verwendeten. Im Gebiet der Warthe dagegen bestanden lediglich Inseln von kleinen Wäldern, umgeben von bebauten Feldern und Wiesen.

In Adam Mickiewiczs Nationalepos *Pan Tadeusz* bilden die Wälder und Felder Polens eine harmonische Symbiose. Die Polen leben mit beiden im Einklang: »Gleich wie des Ackermanns gesundes Antlitz glüht, wenn er den langen Tag sich auf dem Feld gemüht und nun zur Ruhe geht. Schon auf des Waldes Wipfel senkt sich die Scheibe nieder, und der Gezweig und Gipfel erfüllt ein neblicht Dunkel, das in

Eines schließt den ganzen weiten Wald und wie zusammengießt. Und schwarz und schwärzer wird er, ein riesengroß Gemach, Roth über ihm die Sonne, wie Feuer auf dem Dach.«[3] So wie sich mit Polens Feldern (»pole«) bäuerliche Kultur assoziiert, so sind die Wälder Polens untrennbar mit dem Topos der Jagd verbunden. Adam Mickiewicz vergleicht die weiten Wälder Polen-Litauens mit einem Meer, das der Waidmann wie ein Schiff passiert: »So schloss man jetzt urplötzlich mit einem lauten Lärmen; wie Jäger, wenn sie zur Fuchsjagd durch die Wälder schwärmen, hier hört man Bäume krachen, dort Schüsse und Gebell – und da wird ein Eber plötzlich aufgejagt! Und schnell erhebt sich auf das Zeichen ein Lärm der Jäger und Hunde, als brausten alle Bäume der Wildniß in der Runde.«[4] Die Wälder Polen-Litauens waren nicht nur Schauplatz für die polnische Adelsgesellschaft zur Initiierung ihrer Jagdrituale und damit auch gesellschaftlicher Privilegien, sondern auch einer wirtschaftlichen Nutzung ausgesetzt, der zur Arterhaltung gesetzliche Grenzen gesetzt wurden. So enthielt die »Sammlung Gerichtlicher Gesetze für das Königreich Polen und Groß-Herzogthum Littauen zufolge der Reichs-Konstitution des Jahres 1776« Anweisungen an die Amtsgerichte, gegen Wilderei vorzugehen. Danach wurden Wilderer mit einer Geldstrafe oder acht Tagen Arrest belegt. In Paragraf 3 des Jagdgesetzes wurde Wilderei im Übrigen mit dem Beschädigen von Getreide gleichgesetzt – ein Hinweis darauf, dass Acker und Wald im Naturverständnis der Polen den gleichen Wert besaßen. Dies zeigte sich auch daran, dass Korn und Holz die wichtigsten Handelsgüter seit dem Mittelalter waren. Bereits im 14. Jahrhundert genoss die »polnische Eiche« in England den Ruf eines der besten Hölzer des östlichen Europa. Bis ins 19. Jahrhundert wurde Holz über die Flüsse Memel, Bug, Weichsel und Warthe verflößt und über den Hafen Danzig ins westliche Ausland exportiert. Das Holz der polnischen Wälder bestimmte vielerorts die Architektur der

Wassermühle aus Ermland, 18. Jahrhundert

3   Adam Mickiewicz: Pan Tadeusz oder die Die letzte Fehde in Litauen. Erster Gesang: Die Wirth-
    schaft (nicht paginiert). Übersetzung Siegfried Lippiner, Ebuch: e-artnow 2014.
4   Ebenda, Zweiter Gesang: Das Schloß (nicht paginiert).

Ahornallee im Warschauer Sächsischen Garten

Dörfer. Im Raum Opole Lubelskie in Podlachien, in Podhale und insbesondere in der
Region Zakopane gibt es noch heute Bauernhöfe, Kirchen, ja sogar Villen aus Holz
zu bewundern. Hier gibt der polnische Wald und sein wichtigstes Produkt, das Holz,
Zeugnis von Geborgenheit und Heimatgefühl. Der Wald hat auch Eingang in die
polnische Küche gefunden. Seine Produkte bereichern seit jeher den Speisezettel der
Polen. Er bietet dem polnischen Koch, der polnischen Köchin viele Möglichkeiten,
kreativ zu werden; beliebt ist z.B. das Marinieren von Hagebutten und Pilzen für das
Wildbret. Auch im polnischen Nationalgericht Bigos finden sich Wild und Waldpilze,
zu vielen Gerichten wird Pilzsauce gereicht. Eine besondere Spezialität ist Rebhuhn,
gefüllt mit in Milch getränktem Brot, Korinthen und Wacholder. Frauen sind es vor
allem, die Pilze und Kräuter im Wald sammeln, während die Männer auf die Jagd gehen. In früheren Zeiten war Jagen ein Privileg der polnischen Könige und des Adels.
Ein Obelisk im Nationalpark Białowieża erinnert an die Jagd Augusts des Starken am
27. August 1752. Laut der polnischen und deutschen Inschrift wurden an diesem
Tag 42 Wisente, 13 Elche, ferner Hirsche und Wildschweine erlegt.

Doch die Wälder Polens haben in der Geschichte des Landes auch viel Leid
gebracht. Im Zweiten Weltkrieg wurden sie zum Schauplatz des von deutschen
und sowjetischen Besatzern verübten Genozids. Zu Kriegsbeginn 1939 berichtet
ein polnischer Zeitzeuge: »Ich war eines Tages mit ein paar Freunden im Wald
spazieren gegangen. Am Waldrand erschraken wir. Wir sahen einen aufgewühlten
Platz. Wahrscheinlich hatten die Wildtiere ihn aufgewühlt. Auf einmal sahen wir
eine Hand, die dort herausguckte. Schnell holten ein paar von uns einige Erwach-
sene heran. Sie gruben den Mann heraus. Es war der Bekannte. Er wurde einfach

5   http://www.kollektives-gedaechtnis.de/texte/vor45/rasmus_daisy_1.html (letzter Zugriff:
     29.9.2014).

Szenenbild aus dem Film »Das Massaker von Katyn« von Andrzej Wajda

getötet und vergraben.«[5] Gleichzeitig waren sie jedoch auch ein Ort der Zuflucht, des Versteckens und des nationalen Widerstandes. Fünf Jahre zog sich der Kampf der Partisanen in den Wäldern hin. Als am 10. Juli 1944 in der Nähe der ostpolnischen Stadt Nowogródek Kinder, Alte, Frauen, Juden und Partisanen aus dem Wald auftauchten, erschienen sie den Bauern der Umgebung wie Gespenster.

Die von Stalin befohlene Ermordung polnischer Offiziere in den Wäldern von Katyn ist ein weiteres traumatisches Ereignis für die Polen. 1962 erregte das Buch des in die USA emigrierten Polen und Mitglieds der Armia Krajowa Janusz Zawodny *Death in the Forest. The Story of the Katyn Forest Massacre* internationales Aufsehen; nicht weniger trifft dies auf die Einblendung der Bäume als stumme Zeugen in dem mit dem Oscar ausgezeichneten Film *Massaker von Katyn* des Regisseurs Andrzej Wajda aus dem Jahr 2007 zu. Die stummen Zeugen symbolisieren die Sprachlosigkeit und die Zeitlosigkeit des Themas Katyn, aber auch seine Tabuisierung. Nach 1945 war der Wald von Katyn für Jahrzehnte der polnischen Erinnerungskultur versperrt, unzugänglich. Auch dafür stehen die stummen Bäume in Wajdas Film. Ganz im Sinne der von dem US-Historiker Timothy Snyder in *Bloodlands* vorgebrachten These, dass Polen im Zweiten Weltkrieg zu einem Raum wurde, in dem totalitäre Gewaltpotenzen zur Entfaltung kamen, boten die Wälder Polens das versteckte Terrain, auf dem Vernichtung stattfand. Letztlich wollten die Besatzer – Deutsche wie Sowjets – den Polen ihr Heimat- und Naturgefühl nehmen, was einer kulturellen Entwurzelung gleichkam. Hatte der polnische König Stanisław August im 18. Jahrhundert Polen noch mit einem Baum verglichen, der »unter der Last seiner Früchte sinkt«, sollte dieser Baum während der fremden Besatzungs- und Gewaltherrschaft aus der Sicht der Invasoren gefällt werden.

Das Massaker von Katyn ist in den Gesamtkontext der Besetzung der östlichen Landesteile durch die Sowjetunion einzuordnen. Hanka Świderska, Jahrgang 1930, erlebte als zehnjähriges Mädchen den Einbruch der Roten Armee in die Idylle des

Białowieża im Februar 1940: »Before the war we lived in Białowieża, where Daddy was an inspector of state forests. [The Russians] came in very carefully, because units of the Polish army were hiding in the forest. The first act was to hang their flag on the president's palace and paint over the bronze statue of Marshall Piłsudski in red. [...] On February 11, 1940, a lot of activity began. The ›Soviets‹ lined the roads leading to the forests with soldiers, so that ›no Polish master‹ could run away. There was a lot of snow that winter, and the temperature fell to 30 some degrees below zero. Two ›leytienants‹ [i.e. lieutenants] and a militiaman came to our house. The ›leytienants‹ were dressed in uniforms, and over them wore Polish civilian coats. Both of them carried revolvers. They gave us half an hour to pack our things and searched the whole house. They rushed us to the station and pushed us into a freight car that was already overfilled. [...] This was when they deported the whole administration of the Białowieża Forest.«[6]

Während des Zweiten Weltkriegs boten die Wälder die Operationsbasis für die gegen deutsche und sowjetische Besatzer kämpfende Untergrundarmee, die Armia Krajowa. Der Wald wurde zu einem Reich der Partisanen, die sich dementsprechend *leśni ludzie* (Waldleute) nannten – sie kämpften und lebten in den Wäldern. Die Waldleute ernährten sich von Produkten des Waldes – Wild, Pilzen, Beeren – oder sie requirierten Proviant bei den Bauern, die diesen freiwillig oder unter Androhung von Gewalt herausgaben.

In vielem ähnelt der Zugang der Polen zum Wald, die Ambivalenz zwischen Erhalt bzw. Restauration des Ursprünglichen und der wirtschaftlichen Nutzung durch Forstwirtschaft und Tourismus dem, was wir auch aus anderen europäischen Ländern kennen. Doch die Konfigurierung der polnischen Wälder als Ort des Genozids, des Massenmords im 20. Jahrhundert, aber auch als Ort des nationalen Widerstands, machte diese unverwechselbar. Die polnischen Wälder waren nicht nur Orte des Todes, sondern sie gaben den *leśni ludzie* einen Widerstandsgeist, der sich aus dem Bezug zur heimischen Natur ergab. Von daher ist der polnischen Linguistin Joanna Rączaszek-Leonardi beizupflichten, die sagt, dass in einer Kultur wie der polnischen, die über die Jahrhunderte bäuerlich geprägt war, kultur- und sozialgeschichtliche Inhalte über Symbole der Natur verständlich zu kommunizieren sind.[7]

6   Irena Grudzińska-Gross; Jan Tomasz Gross (Hrsg.): War through Children's Eyes. Hoover Archival Documentaries, Stanford 1981, S. 46. Ebenda, S. 47.
7   Joanna Rączaszek-Leonardi: Symbols as Constraints. The structuring role of dynamics and self-organization in natural language. In: Stephen J. Cowley (Hrsg.): Distributed Language. Amsterdam 2011, S. 161ff.

WARNOWO

POLSKA · POLAND · PUOLA · POLONIA · POLOGNE · POOLN · POLSKO · POLEN

Justyna Kowalska-Leder

Schrebergärten

Die große Mehrzahl der Schrebergärten befindet sich in den städtischen Ballungs-
gebieten. Sie sind ein paradoxes Gebilde oder, wie Roch Sulima es formuliert, eine
liminale Raumzeit: »Der Kleingarten festigt nicht die Grenzen zwischen Natur und
Kultur, Arbeitszeit und Freizeit, Alltag und Feiertag, Zweckhaftigkeit und Selbst-
zweck des Handelns, Ernst des Lebens und Welt des Spiels, sondern er lässt sie
verfließen«, lesen wir in der Anthropologie der Alltäglichkeit.

Die Idee der Schrebergärten verbreitete sich in Europa seit der Mitte des 19. Jahrhunderts, was mit einer Verkürzung der Arbeitszeit der Werktätigen zusammen-
hing. In dieser Zeit initiierten die Vertreter des einfachen Volkes im Warschauer
Stadtbezirk Bielany die Tradition der Ausflüge ins Grüne, wobei die ärmeren Hand-
werker die sogenannten *dołki*, d.h. Zusammenkünfte am Lagerfeuer organisierten.
In der Zeit zwischen den Weltkriegen kamen die »grünen Tischlein« in Mode, d.h.
Decken mit Wodka und Proviant, an denen die erholungsbedürftigen Arbeiter sich
gütlich taten.

Die erste polnische Kleingartenkolonie mit dem Namen »Sonnenbäder« entstand
im Jahr 1897 in Grudenz. Heute gibt es in Polen an die 5.200 solcher Kolonien und
somit etwa 966.000 Schrebergärten, die nach Berechnungen des Polnischen Schrebergärtnerverbandes von mehr als 10 Prozent der polnischen Bevölkerung genutzt
werden. Der Verband selbst – ein Erbe der »Arbeiterschrebergärten« – wurde im
Juni 1981 gegründet, als auf Betreiben der Solidarność die Selbstverwaltungsbewe-
gung in Polen aktiv geworden war. Ein Kleingarten war in jener Zeit ein äußerst be-
gehrtes Gut, was daraus ersichtlich wird, dass es hierfür 700.000 Bewerber – also
viermal so viele wie für den damals sehr populären Fiat 126p – gab. Schon die
Verbreitung dieses Phänomens und die Art und Weise, wie es die Stadtbilder prägte, werfen die Frage auf, welche Bedürfnisse der Pole auf einem kleinen Stück Land
zwischen Wohnblöcken, Straßen und modernen Multiplexkinos zu befriedigen
versuchte und weiterhin versucht.

In Zeiten des Mangels auf dem Lebensmittelmarkt oder bei Preissteigerungen ist
ein eigener Kleingarten natürlich von Nutzen. Aus ebenjenem Grund wurden die
Schrebergärten in den 1980er Jahren in erster Linie als Gemüsegärten und nicht
z.B. als Erholungsraum genutzt. Ähnlich sah dies zu Beginn der 1990er Jahre aus,
als die wirtschaftlichen Veränderungen hauptsächlich Rentner und Pensionäre zu
Hacken und Gartenschläuchen greifen ließen – d.h. Personen mit äußerst niedrigem
Einkommen, aber sehr viel freier Zeit.

Hinter dem Traum vom Schrebergarten verbergen sich jedoch nicht nur praktische
Erwägungen, sondern vor allem das Bedürfnis nach »Kontakt mit der Natur«. Von
diesem Bedürfnis getrieben ist Stefan Karworski (Andrzej Kopiczyński), der Held
der Serie »Der Vierzigjährige« (1974) von Jerzy Gruza. Auf Zureden seines ehema-

ligen Chefs beschließt er, am Rande von Warschau einen Kleingarten zum Ausspan-
nen zu kaufen. Seine Hoffnung auf Erholung in der Oase der Ruhe wird jedoch von
der Arbeitenden Frau (Irena Kwiatkowska) – diesmal in der Rolle einer Baggerfah-
rerin – zunichtegemacht, die den Bau eines großen Erholungszentrums in der Nähe
des Grundstücks ankündigt. Der »Kontakt mit der Natur« in einem Gärtchen im
Stadtgebiet nahm zu Zeiten der Volksrepublik agrarische Formen an und bedeutete
»ungespritzte« Lebensmittel, also alles, was ein Kleingarten an einem solchen Ort
gar nicht leisten konnte. Zwar war die eigenhändig gezüchtete Mohrrübe in der Tat
mit keinen Pestiziden in Berührung geraten, doch die Liebhaber gesunder Ernährung, die ihrer Verführung erlagen, vergaßen zumeist die Autoabgase, von denen
die städtischen Schrebergärten umgeben waren. Unter anderem dank der Schrebergärten bzw. ihrer Ernte kamen in Polen Erzeugnisse in Mode, deren wichtigster
Vorzug die Herkunft »aus dem eigenen Garten« war. In den 1990er Jahren ließ
diese Mode etwas nach.

Die Ursprünge der Attraktivität städtischer Kleingärten sind nicht nur im Wunsch
nach einer »Rückkehr zur Natur« oder in dem Umstand zu suchen, dass man auf irgendeine Weise seine Freizeit verbringen muss. Sie liegen auch in den Sehnsüchten
der ehemaligen Landbewohner, die in der Nachkriegszeit in die Stadt gezogen waren, um Arbeit in den großen Produktionsbetrieben zu finden. Nicht von ungefähr
wurden die Kleingärten als »Arbeiterschrebergärten« bezeichnet. Die frisch geba-
ckenen Arbeiter suchten in den Gärten einen Ersatz für ihren einstigen Lebensstil
und – was nicht minder wichtig ist – einen größeren Raum als jenen, den die be-
trieblichen Wohnblocks ihnen boten. Bis heute werden die Gärten im Übrigen als
Orte geselliger Zusammenkünfte und informeller Familienfeiern genutzt, bei denen
die Gäste sich rund um den Grill – den die Polen in den 1990er Jahren für sich ent-
deckten – versammeln. Der Schrebergarten ist häufig auch ein passender Raum für

die lauten Partys der Jugendlichen, vor allem für Feiern zum achtzehnten Geburtstag, welche die Wohnung einer solchen Gefahr der Zerstörung aussetzen würden, dass sie lieber ausgelagert werden. Der Garten kann also ein zweites Heim sein, das sich vom ersten vor allem durch ein geringeres Maß an Privat- oder gar Intimsphäre unterscheidet. Mehr noch – er ermöglicht eine Abgrenzung von den eigentlichen Wohnräumen, die auf diese Weise noch »privater« werden. Der Schrebergarten ist die ureigene Komposition seines Schöpfers, für die Blicke anderer Menschen geöffnet, sein Äußeres in Szene setzend. Selbst die Besitzer der kleinen Gartenhäuschen betrachten diese vornehmlich von außen und suchen nur bei Wettereinbrüchen Zuflucht in ihrem Innern.

Der Garten ist ein durch und durch vom Menschen gestalteter, jährlich erneuerter Raum, der einen Ersatz für agrarische Praktiken bietet, wobei diese in nur sehr kleinem Umfang ausgeübt werden. Die Miniaturhaftigkeit der Beete, Rabatten und Ernten sowie die geringe Größe und das Aussehen der Gartenhäuschen erlauben es, den Schrebergarten als einen Raum zum Spielen zu betrachten. Man kann sagen, dass die Schrebergärtner, wenn sie die Beete pflegen, »Landwirt« spielen, und wenn sie die Büsche schneiden – »Gärtner«. Zu kleinen Architekten und Baumeistern in Personalunion werden sie dann, wenn sie aus Hartfaserplatten, Sperrholzstücken und alter Dachpappe winzige, provisorische Häuschen und daran angrenzende kleine Speicher bauen. Natürlich gibt es auch stattlichere Gebäude, diese sind jedoch eine Seltenheit und gehen im Meer der fröhlichen Kreationen von Hobby-Architekten weitgehend unter. Der Schrebergarten ist der passende Raum für Formen des künstlerischen Ausdrucks, für die billiges, häufig schon gebrauchtes Material verwendet wird. Der Kleingarten ermöglicht es, den Wert und die Nützlichkeit von Gegenständen zu entdecken, die im »richtigen Leben« schon ihre Funktion verloren haben und – wenn es den Garten nicht gäbe – höchstwahrscheinlich im Müll landen würden. Wie Heimwerker formen die Kleingärtner aus Abfällen neue Bedeutungen.

Anders sieht dies bei den Ferienhaussiedlungen aus, die in Polen in den 1970er Jahren besondere Popularität erlangten. Die Stadtbewohner kauften sich damals kleine Grundstücke, mal in Masuren, mal am Bug, wo sie Datschen errichteten, die solide genug waren, um in ihnen den ganzen Urlaub zu verbringen. Natürlich gab es auch Leute, die sich darauf beschränkten, einen Wohnwagen in die Mitte des Gartens zu stellen. Im Vergleich zu einer Schrebergartenkolonie hat eine Ferienhaussiedlung dennoch einen dauerhafteren und stabileren Charakter. Die Datscha wird vor allem zu Erholungszwecken erbaut – und nicht zum Züchten von Obst und Gemüse, die ja regelmäßiger Pflege bedürfen, welche nur schwer zu erbringen ist, wenn das Ferienhaus weit vom Wohnort des Besitzers entfernt liegt. Neben der Entspannung dient die Datscha auch zur Befriedigung des Bedürfnisses nach Prestige. Besonders stark war dieses Bedürfnis in den 1990er Jahren bei der damals entstehenden Mittelschicht, die sich begierig daran machte, in den Ferienhaussiedlungen wahre Villen zu errichten, Swimmingpools zu bauen und Vorrichtungen zur automatischen Bewässerung der Grünpflanzen zu installieren. Seitdem auch in Polen Billigfluglinien und unzählige miteinander konkurrierende Reisebüros aufka-

men, geschieht es immer häufiger, dass die Funktion des Ferienhauses sich darauf beschränkt, das Aushängeschild des Vermögens seiner Besitzer zu sein, die sich ihrerseits lieber auf den Kanarischen Inseln oder in Ägypten erholen.

Die unbeaufsichtigt zurückgelassenen Datschen werden, vor allem jenseits der Hochsaison, ziemlich regelmäßig von Einbrechern heimgesucht. Daher passiert es immer häufiger, dass ihre »niemals da seienden« Besitzer die Dienste von Security-Firmen in Anspruch nehmen. Auf diese Lösung greift auch ein Teil der städtischen Schrebergärtner zurück, da ihre Gärten seit etwa Mitte der 1990er Jahre für Obdachlose zu einer Zuflucht vor der Kälte und zum bevorzugten Ort für Gelage wurden. Von besonders spektakulären und blutigen Folgen dieser Art von Partys berichten die Medien, womit sie im gesellschaftlichen Bewusstsein das Bild des Schrebergartens als eines bedrohlichen, peripheren, degenerierten Raums verfestigt haben, den Maciej Zembaty mit dem ihm eigenen Humor in einem Lied beschrieb: »Er fand Beine, einen Kopf, doch ansonsten ist in den Gärten nichts los.«

In den städtischen Schrebergärten spiegelt sich der Zeitgeist wider – sei es in Form eines veränderten Stils der Kleingartenarchitektur, sei es im Prozess der Verdrängung der Gemüsebeete durch Rasen, Sträucher und mitunter sogar Teiche, die deutliche Anzeichen dessen sind, dass die Kleingärten sich von einem Ort der Produktion landwirtschaftlicher Erzeugnisse zu einem Raum der Erholung wandeln. Auch wenn sie in der industrialisierten Zivilisation ein peripherer (obgleich häufig im Zentrum der Städte befindlicher), degradierter, wenig prestigeträchtiger Raum sind, besitzen sie noch immer einen großen materiellen und politischen Wert. Auf sehr teuren Grundstücken gelegen, sind sie oft in der unmittelbaren Nachbarschaft exklusiver Bauwerke angesiedelt, was jegliche Hoffnung auf eine architektonische Ordnung der polnischen Städte zunichtemacht.

Ein Gesetz zur Beseitigung der städtischen Schrebergärten wird dadurch verhindert, dass deren Besitzer einen erheblichen Teil der Wählerschaft ausmachen. Dies bedeutet jedoch nicht, dass die Politiker dem Problem der Kleingärten stillschweigend auswichen. Im Jahr 2005, als die rechtsgerichtete Regierung die Notwendigkeit der Einführung einer familienfreundlichen Politik in Polen ausrief, wurde ein Gesetz verabschiedet, das nicht auf die Beseitigung der Kleingärten als solcher, sondern auf die Abschaffung der – mit der Zeit der Volksrepublik assoziierten – Bezeichnung »Arbeiterschrebergärten« abzielte. Seitdem sind dies »Familienschrebergärten«, die allerdings – wie Statistiken des Polnischen Schrebergärtnerverbandes belegen – hauptsächlich von Rentnern und Pensionären genutzt werden, welche fast 47 Prozent der Gesamtheit der Kleingärtner ausmachen (24 Prozent sind Personen, die als Arbeiter beschäftigt sind, etwas weniger als 19 Prozent sind Angestellte, 5 Prozent sind Arbeitslose und bei den verbliebenen 5 Prozent handelt es sich um sogenannte »andere Gruppen«).

Wie man sieht, sind die Politiker zu dem Schluss gekommen, dass das Problem der städtischen Schrebergärten sich im Laufe der Zeit von selbst erledigen wird. Dies erlaubt ihnen, einen politisch riskanten Eingriff in den gegenwärtigen Stand der Dinge zu vermeiden.

Aus dem Polnischen von Dörte Lütvogt

Der Text ist dem Band »Obyczaje polskie. Wiek XX w krótkich hasłach«, hrsg. von Małgorzata Szpakowska, Warszawa 2008, entnommen.

JELENIA GÖRA

POLAND=POLOGNE=PUOLA=LENGYELORSZÁG=POLEN=POIN=LENKIJA=BA LAN=POLIJA=POLSKA

Warum töten Männer?

Zenon Kruczyński im Gespräch mit Wojciech Eichelberger

Wojciech Eichelberger ist seit mehreren Jahrzehnten praktizierender Psychologe, Therapeut und Schriftsteller.
Als ich überlegte, wer glaubwürdig beschreiben könnte, was sich in unserem Inneren, in der geheimen »Männerwelt«, wirklich abspielt, kam mir Wojciech in den Sinn. Seit mehreren Jahren beobachte ich an mir selbst, aber auch an anderen Menschen die heilsame Wirkung von Therapien. Unsere – paradoxerweise – vor allem uns selbst verborgene innere Welt wurde für viele von uns dadurch erst sichtbar, zu etwas Vertrautem, zu einem offenen Buch ... und veränderte sich, reifte, verlor ihre Strenge.
Wir verabreden uns in seinem am Wald gelegenen Haus am Warschauer Stadtrand. Es ist ein schöner, warmer Morgen, wir sitzen an einem Gartentisch und schneiden uns von einem Laib gesäuertes Roggenbrot dicke Scheiben ab. Dazu gibt es frische Butter, Salz und guten, starken Tee. Auf dem Anwesen streunen vier große, gutmütige Hunde herum. Einer hat ganz weißes Fell – er heißt Mu.

Wojciech Eichelberger: Wahrscheinlich gab es in der Entwicklungsgeschichte des Menschen ein Stadium, als er noch kein Eigenbewusstsein hatte und ihm dementsprechend das egozentrische Gefühl fehlte, von dem gesamten Rest der Existenz isoliert zu sein. Davon berichten die Mythen und religiösen Offenbarungen. Ihnen zufolge ließ der Mensch sich zu jener Zeit von seinen Instinkten leiten und lebte im Einklang mit dem übergeordneten Plan und dem Grundprinzip der Natur – das heißt, er tötete, damit das Leben fortbestehen und sich weiterentwickeln konnte. Er tötete unschuldig. Ein unschuldiges, unbewusstes, für ein funktionierendes Ökosystem unerlässliches Töten – ein Töten zwecks Erhaltung des Lebens – kann jedoch nicht als ein Töten im menschlichen Sinne bezeichnet werden. Für die Tiere ist das Töten etwas Natürliches, einerseits Ausdruck des allgemeinen und demokratischen Rechts zu leben, die »eigene« Existenzform zu schützen, sich zu ernähren und fortzupflanzen, andererseits aber auch Verpflichtung, die anderen leben zu lassen, ihnen zu erlauben sich fortzupflanzen – was voraussetzt, dass man für die anderen ebenfalls Nahrung ist. Wären wir auf dieser – im besten Sinne des Wortes – tierischen Entwicklungsstufe stehen geblieben, würden wir auch heute noch unschuldig töten, so wie der Löwe die Gazelle, der Hecht das Rotauge und der Habicht das Kaninchen unschuldig tötet. Jedoch von dem Moment an, in dem sich – nach universeller religiöser Überlieferung – im menschlichen Geist die Erbsünde festgesetzt beziehungsweise sich das Bewusstsein eines eigenständigen »Ich« ausgebildet hat, glauben wir irrtümlicherweise nicht mehr Teil dieser Welt zu sein. Wir haben uns um unser Erbe gebracht, dessen wir uns nicht einmal bewusst waren, um die Einheit und Gleichheit mit jeglicher Existenz – die natürliche Lebenswirklichkeit aller anderen Geschöpfe. Seitdem fühlen wir uns dem vollkommenen Organismus des Universums nicht mehr zugehörig, wir atmen nicht mehr mit seinem Atem so wie der Löwe, der Tiger, der Wolf, der Adler, der Habicht, der Hai oder die Ameise. Deshalb erkennen wir auch nicht, dass Tiere nicht töten. Sich nicht als eigenständige, individuelle Existenz wahrzunehmen erscheint uns unvorstellbar – also denken wir über die Tiere so, als ob sie Menschen wären. Das Wort »töten« ist eindeutig menschlich und aggressiv konnotiert. Wenn der Löwe die Gazelle »tötet«, dann gibt es dabei weder jemanden, der »tötet«, noch jemanden, der »getötet wird«. Die Natur ist ein Sein, eine Person, eine Seele. Sie kann niemanden töten, da sich nichts »außerhalb« von ihr befindet. Sie ernährt sich selbst. Während sie stirbt, ersteht sie zu neuem Leben, und während sie zu neuem Leben ersteht, stirbt sie. Zum Akt des Tötens kommt es dann, wenn das Gefühl der Eigenständigkeit, das Gefühl des »Ich«, und die entsprechende Absicht damit einhergehen sowie Habgier, Hass, Spaß oder Befriedigung empfunden werden. Betrachten wir die Welt mit den Augen des »Ich«, so projizieren wir unsere egozentrische, isolierte Existenz auf die Natur, indem wir das teilen, was unteilbar ist, und den Tieren fälschlicherweise unsere eigenen Absichten, unsere Gefühle und unser Bewusstsein zuschreiben. Als wollten wir die Tiere an unserer artbedingten Einsamkeit teilhaben lassen und die Tatsache ignorieren, dass in dieser Welt eigentlich nur der Mensch tötet – das einzige Lebewesen, das sich seiner selbst gänzlich bewusst ist, der aus dem Paradies Vertriebene, der Abtrünnige, der eine paradiesische, sich nicht bewusst gemachte Einheit in eine Illusion sich bewusst gemachter Abgegrenztheit verwandelt hat, sich aber nichts sehnlicher herbeiwünscht als eine sich bewusst gemachte Einheit. Aus dieser Sehnsucht heraus haben wir von Anbeginn der Welt religiöse Metaphern, Mythen und Praktiken geschaffen, die uns aus dem egozentrischen Traum wecken sollen. Aus dieser Sehnsucht heraus entstanden Religions-, Moral- und Rechtskodexe, die im Töten den dramatischsten und geistig folgenschwersten Fehler der Menschheit sehen, der nur durch den Verzicht auf das Töten, als notwendige Bedingung, um zum ursprünglichen Zustand der Wahrheit und Gnade zurückzukehren, rückgängig gemacht werden kann. Denn seit unsere instinktive Fähigkeit zu töten in den Dienst des abgegrenzten »Ich« gestellt wurde, verkommt sie allzu schnell zu einer unersättlichen, mörderischen Leidenschaft. Es geht hier nicht um die biologische, instinktive Fähigkeit zu töten, von der wir unter besonderen Umständen, zum Schutz und zur Erhaltung des Lebens beispielsweise, Gebrauch machen dürfen, sondern um die reale und bewusste Wahl, nicht zu töten.

Zenon Kruczyński: Tiere haben keine Wahl?

Eichelberger: Der Begriff »Wahl« findet beim Tier keine Anwendung. Betrachten wir die Natur, sehen wir deutlich, dass das Leben sich vom Tod und der Tod sich vom Leben ernährt. Dieser dialektische Prozess sorgt dafür, dass das Leben fortbesteht, nach einem Zustand des optimalen Gleichgewichts strebt und sich weiterentwickelt.

Die Tiere bleiben nicht in einem fiktiven Verhältnis zur Welt; weder lieben sie noch hassen sie die Welt, sie sind die Welt. In den vollkommen offenen, demütigen und unschuldigen Tieren kommt das Wirken eines Organismus zum Ausdruck, einer un-

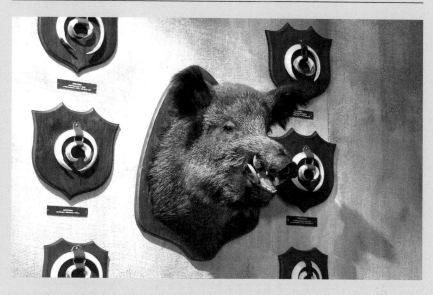

vorstellbar großen Ganzheit, die nicht nur aus der Erde, sondern aus dem gesamten Universum besteht.

Kruczyński: Warum schützen die Religionen die freie Natur nicht besser vor der menschlichen Verblendung?

Eichelberger: Leider neigen viele unserer Religions- und Moralkodexe bereits in ihren Ursprüngen zum Anthropozentrismus: Geächtet wird stets nur das Töten von Menschen. Die Massentötung von Zuchttieren und das Töten als »Freizeitvergnügen«, also die Jägerei, werden dagegen moralisch akzeptiert.

Unsere Religiosität dient – paradoxerweise – sehr häufig der Illusion eines separaten »Ich«, das als Werk Gottes betrachtet wird, als eine Art Kopie eines personalen Gottes, als eine besondere Auszeichnung, als Beweis für die außergewöhnliche Stellung des Menschen im Universum. Ungeachtet dessen wünschen sich jedoch viele Menschen aller Generationen, aus dem goldenen Käfig des »Ich« auszubrechen, und suchen intuitiv einen Weg, sich mit der Welt zu versöhnen. Allerdings haben wir zunächst entweder eine mütterlich-fürsorgliche Beziehung oder ein arrogantes, herablassendes und feindseliges Verhältnis zur Natur. Obwohl wir in beiden Fällen gleichermaßen zu separaten Subjekten ohne jegliche Demut werden, die außerhalb einer vergegenständlichten Welt stehen, so kann die mütterlich-fürsorgliche Haltung dennoch ein Zwischenschritt sein, um sich die Einheit des Lebens bewusst zu machen.

Kruczyński: Aber beiden Haltungen ist gemein, dass wir uns als Herren der Erde fühlen.

Eichelberger: Ja, genau. Wir betrachten uns nicht als Sünder, die aus der vereinten Welt vertrieben wurden, sondern maßen uns an, deren Herrscher beziehungsweise Erlöser zu sein und uns die Welt unterzuordnen. Laut Bibel haben wir dazu sogar einen göttlichen Auftrag.

Kruczyński: Machet euch die Erde untertan?

»Seid fruchtbar und mehret euch und füllet die Erde und machet sie euch untertan und herrschet über die Fische im Meer und über die Vögel unter dem Himmel und über das Vieh und über alles Getier, das auf Erden kriecht.« (1. Mose 1,28)

Eichelberger: Kaum zu glauben, dass das ursprünglich so gemeint sein sollte. Mir kommt es eher so vor, als wäre hier der Sinn entstellt worden, um die egozentrisch-patriarchale Herrschaft über die Natur zu rechtfertigen.

Weshalb sollte Gott den Menschen dazu ermutigen, Konflikte anzuzetteln und die Herrschaft an sich zu reißen, anstatt in Harmonie und Einheit mit der Welt zu leben? Schließlich haben diese Empfehlungen, über Jahrhunderte praktiziert, die Welt an den Rand der Katastrophe gebracht. Ist das nicht Beweis genug, dass hier etwas mit der Übersetzung oder der Interpretation nicht stimmt? Ansonsten müsste man annehmen, Gott wolle dem Menschen und der Welt schaden. Wäre es nicht besser für uns, wenn an dieser Stelle in der Bibel stehen würde: »Lebt in Einheit und Harmonie mit der Erde, vertraut ihr und sorgt für sie und die gesamte Schöpfung, und ihr werdet das verlorene Paradies wiederfinden.«

Aber es ist nun einmal so, wie es ist. Unsere Sehnsucht nach dem paradiesischen Erbe wurde zur Triebfeder der Kultur und Zivilisation, sie ist die Mutter der Religion, Kunst, Philosophie, Literatur, Wissenschaft und Medizin – die Suche nach dem verlorenen Paradies findet häufig auch im zwanghaften Erwerb und Besitz von Dingen ihren Ausdruck.

Kruczyński: Aber was hat das mit der Jägerei zu tun?

Eichelberger: Die Jägerei ist für viele Männer so wichtig, weil sie aufs Engste mit dem patriarchalen Männerbild und dem Kulturerbe verbunden ist, an dem wir alle beteiligt sind; derjenige ist am wichtigsten und hat die Macht, der für Nahrung sorgt und das Überleben des Nachwuchses sichert. Das Patriarchat gründet auf zwei Fundamenten: der Entdeckung, dass das Sperma zur Zeugung gebraucht wird, und der größeren Geschicklichkeit der männlichen Artgenossen beim Jagen – was den Männern Macht gab und ihre Herrschaft begründete. Mit der Entwicklung der Landwirtschaft und Tierzucht wurde die Jägerei als Mittel zur Nahrungsmittelbeschaffung überflüssig, und es begann der langsame Prozess der gesellschaftlichen Emanzipation der Frau. Die Jägerei wurde immer mehr zu einer männlichen Gewohnheit und Vergnügung. Gegenwärtig scheint sie geradezu rituellen Charakter anzunehmen, und ihre ethisch fragwürdigen Attribute werden so rationalisiert, dass daraus ein religiös praktiziertes Patriarchat entsteht. Man kann die Jäger also als eine Sekte betrachten, die einem Männerkult huldigt – den Mann als ein außergewöhnliches Wesen verehrt, das dazu berufen ist, sich die Erde untertan zu machen.

Ihre Daseinsberechtigung hat die Jägersekte längst verloren – sie hat nur mehr die Aufgabe, das männliche Selbstwertgefühl ihrer Mitglieder zu heben. Die Erde braucht zum Fortbestehen keine Jägerei, man sollte auf das Jagen gleich ganz

Wir und andere Tiere

Anna Maziuk: Was ist das, die Emanzipation der Tiere?

Anna Barcz: Das ist ein globaler, gesellschaftlicher Prozess, an dem wir teilhaben. Den ersten Schritt in diese Richtung haben wir gemacht. Diese Emanzipation ist nicht zu vermeiden, sie ist eine selbstverständliche Konsequenz des Vorkommens aller anderen Gruppen, von den Sklaven im Altertum bis zu den wegen ihrer Rasse, ihres Geschlechts oder Alters, wegen ihres Geisteszustands, einer körperlichen Beeinträchtigung oder der gesellschaftlichen Zugehörigkeit Diskriminierten. Heutzutage beobachten wir ähnliche Prozesse bei den Tieren. Es ist selbstverständlich, dass man kein Tierliebhaber sein muss, um anzuerkennen, dass Tiere keinen Schmerz erleiden sollen. Es lässt sich wissenschaftlich belegen, dass Tiere Schmerz empfinden.

Maziuk: Der polnische Staatspräsident Bronisław Komorowski wurde gebeten, während seiner Amtszeit sein Hobby, die Jagd, zu unterlassen. Ist das ein Ausdruck der Emanzipation der Tiere?

Barcz: Selbstverständlich. Heute verabscheuen wir das, was zwei Generationen vor uns noch für selbstverständlich gehalten haben. Das Prahlen mit der Jagd – bzw. früher im 17. Jahrhundert das Schlachten der Tiere, wie z.B. Rembrandts berühmter geschlachteter Ochse – war Alltag. Kleine Schlachthäuser befanden sich in der Regel im Zentrum der Stadt, ein zerlegtes Tier gehörte zum täglichen Anblick. Heute sehen wir in der Warschauer Altstadt keine Fleischhaufen mehr. Die Schlachthäuser befinden sich außerhalb der Stadt in großen Firmenhallen, die von außen den eigentlichen Zweck nicht vermuten lassen. Wir wollen heute keine Tierquälerei sehen.

[...]

Maziuk: Doch ist der Vegetarismus noch keine allgemeine Ernährungsform?

Dorota Łagodzka: An dieser Stelle lohnt es sich zu fragen, warum wir das Töten von Tieren akzeptieren und nicht weiter nachfragen. Das Verspeisen der Tiere ist für uns natürlich. In vielen zwischenmenschlichen Beziehungen aber können wir nicht mit der Natur argumentieren. Was bringt es, wenn irgendetwas natürlich ist, doch zur Ethik im Widerspruch steht? Naturkatastrophen oder Krankheiten sind natürlich, und wir retten die Betroffenen, obwohl deren Tod eine natürliche Selektion wäre.

[...]

Maziuk: Polen ist ein katholisches Land. Im Katholizismus stehen die Menschen und die Tiere in einem besonderen Verhältnis. Die Tiere sind untergeben.

Barcz: Das Problem ist hier die Interpretation des Katholizismus und nicht die Religion als solche. Der Katholizismus ersetzte das alttestamentarische Tieropfer durch die Hostie. Ist das nicht gerade ein Beispiel für die Tieremanzipation? Wir geben uns mit einem Symbol zufrieden, da wir nicht töten wollen. In allen Religionen nahm das Tieropfer einen besonderen Rang ein. Heute gebieten die Religionen Respekt für solche Opfer.

Anna Maziuk: *My i inne zwierzęta* [Gespräch mit Anna Barcz und Dorota Łagodzka]. In: Polityka Nr. 25 vom 16.–24. Juni 2014.

verzichten. Will die Menschheit weiterbestehen, wird sie höchstwahrscheinlich auch auf die Tierzucht verzichten müssen, die den Wald zurückdrängt und die Umwelt verschmutzt. Wir müssen uns radikal reformieren, auf all das verzichten, was bis vor Kurzem noch als völlig ausreichende Strategie für das Überleben der menschlichen Gattung galt. Angesichts der Notwendigkeit, grundlegende Änderungen vorzunehmen, ist der Kult, dem die Jägersekte anhängt, ein Anachronismus. Im Verhalten der Jäger spiegelt sich das verzweifelte Bedürfnis, die patriarchale Illusion aufrechtzuerhalten. Viele menschliche Institutionen dienen dazu, Illusionen aufrechtzuerhalten – die Illusion des Konsumglücks ist nur ein Beispiel. Aber die Jagddoktrin zeichnet sich durch ein extremes, sektiererisch-ideologisches Denken aus und bildet ein geschlossenes Glaubens- und Weltanschauungssystem, das sich selbst bestätigt und immun gegen jedwede rationale Kritik ist. Am gefährlichsten ist jedoch, dass die Sekte ihren Anhängern das ideologisch verbrämte Privileg, aus Vergnügen töten zu dürfen, zugesteht.

Kruczyński: Laut Verfassung ist das Wild Eigentum des Staates. Theoretisch sind Jäger und Nicht-Jäger gegenüber dem Reh, das ich auf dem Spaziergang mit meinem Sohn auf der Wiese beobachte, rechtlich gleichgestellt. Wir wissen nicht, dass es im nächsten Augenblick tot sein wird, weil irgendwo ein Jäger lauert, der es mit einem Blattschuss ins Herz treffen wird. Falls ich aber nicht damit einverstanden sein sollte, dass es getötet wird, existieren meine Rechte nicht. Und obwohl wir gleichberechtigte Bürger desselben Staates sind, wird dieses Reh erschossen und ausgeweidet. Mein Sohn Jaś und ich haben keine Chance, dass unser Bedürfnis, dieses wunderschöne rotbraune Reh auf der Wiese zu beobachten, berücksichtigt wird. Niemand kommt überhaupt auf die Idee, dass wir in dieser Sache irgendwelche Rechte haben! Man hinterlässt uns ein paar Kilogramm Gedärme und mehrere Liter Blut, die in der Erde versickern. Diejenigen aber, die diesen sogenannten Männersport als Hobby oder zum Vergnügen betreiben, sind in Ordnung – sie genießen Sonderrechte. Um den Status quo beizubehalten, dürfen die Jäger keine Rücksicht darauf nehmen, dass die übrigen Bürger, der Teil der Gesellschaft ohne Jagdgewehr, dem Rehkitz auf der Wiese gegenüber rechtlich gleichgestellt ist.

Eichelberger: Es fällt uns schwer, sich das eigentlich Offensichtliche bewusst zu machen: Die Erde ist unser gemeinsames Erbe und unsere gemeinsame Verantwortung. Noch schwerer fällt es uns, sich die alles umspannende Einheit bewusst zu machen, also die Tatsache, dass die Erde und wir eins sind. Es ist leichter, sich darüber zu entrüsten, dass die Jäger allgemeines menschliches Eigentum töten, unser gemeinsames Gut vernichten, als sich darüber zu empören, dass die Jäger, wenn sie töten, uns wie auch sich selbst mittöten.

Am liebsten würde man die Jäger beschuldigen, sich die Tierwelt widerrechtlich anzueignen und sich das Recht anzumaßen, blutig über sie zu herrschen. Allerdings verstößt das, was auf den ersten Blick nach Anmaßung aussieht, weder nach göttlichem Recht – zumindest nicht nach den Rechtsnormen der meisten Religionen – noch nach menschlichem Recht gegen das Gesetz. Die Jägerei existiert und funktioniert kraft des Gesetzes und der allgemeinen Moral. Die Rechte wurden den Jägern demokratisch verliehen, man könnte sagen, sie haben ein gesellschaftliches Mandat, Tiere zu töten. Niemand hat es ihnen bisher entzogen, und niemand wird es ihnen entziehen, solange das allgemeine Bewusstsein sich diesbezüglich nicht ändert. Erschwerend kommt hinzu, dass die Jagdbefürworter häufig auch diejenigen sind, die die Gesetze machen. Das Töten von Wildtieren war jahrhundertelang ein Privileg der Einflussreichen und Mächtigen.

Kruczyński: Das Gesetz verbietet das Töten nicht, es sagt nur, mit welchen Sanktionen du zu rechnen hast, wenn du tötest. Manche Leute scheinen über dem Gesetz zu stehen. Sie können »ihre Armee« entsenden, um so viele Soldaten der »fremden Armee« wie möglich zu töten.

Eichelberger: Ja, natürlich, aber dafür benötigt man die Zustimmung demokratischer Institutionen. Erhält man die Erlaubnis, ist es nach menschlichem Recht zulässig zu töten. Dabei stehen wir wieder einmal vor der grundsätzlichen Frage: Darf der Mensch sich selbst das Recht geben zu töten?

Kruczyński: Du sprichst jetzt ganz allgemein vom Töten?

Eichelberger: Ja. Lass uns zunächst kurz überlegen, was könnte eine moralische Rechtfertigung sein, Tiere zu töten. Der drohende Hungertod ist sicherlich ein solcher Grund. Ein ungeschriebenes Gesetz der Natur besagt: Bist du hungrig, darfst du essen. Aber aus der Sicht des vereinten Geistes und der vereinten Welt reicht selbst dies als Grund nicht aus.

In diesem Zusammenhang möchte ich an zwei Parabeln erinnern. Die erste erzählt von einem jungen Mann, den man für eine frühere, also noch nicht vollständig erweckte Inkarnation Buddhas hielt. Eines Tages ging er durch den Dschungel, es herrschte eine schreckliche Dürre. Im Dickicht erblickte er eine abgemagerte Tigerin mit mehreren Kätzchen, die vor Hunger weinten. Sie hatte nicht einmal die Kraft, sich zu erheben. Da bot der junge Mann seinen Körper zum Fraß dar, um das Leben der Tigerin und ihres Nachwuchses zu retten.

Diese schwierige Parabel zeigt, was es konkret bedeutet, mit der Welt eins zu sein. Der Mensch stellt sich über die Ordnung der Natur und lässt sich von niemandem essen. Andererseits isst er selbst fast alles, was er zu fassen bekommt.

Die zweite Geschichte erzählt von einem Mönch, der viele Tage durch die glühend heiße Wüste marschierte. Den ganzen Weg über begleitete ihn ein ausgehungerter Geier, der nur darauf wartete, dass den Wanderer die Kräfte verließen. Aber der Mönch hielt den Strapazen stand und gelangte glücklich an den Rand der Wüste. Der erschöpfte Geier sah seine letzte Überlebenschance dahinschwinden. Da nahm der Mönch ein Messer, schnitt sich ein Stück von seinem Gesäß ab und warf es dem Geier zum Fraß hin.

Diese Haltung unterscheidet sich radikal von der Ideologie der rituellen Jägerei. Die Helden beider Parabeln glauben genau die gleichen Rechte zu besitzen wie der gesamte Rest der Existenz. Sie nehmen nicht nur, was die Welt an Nahrung liefert, sondern betrachten sich selbst auch als Nahrung. Alles wird fortwährend umgewandelt und transformiert. Man könnte sagen, alles ist Nahrung. Die beiden Protagonisten halten sich nicht für privilegiert oder etwas Besonderes. Im Gegenteil, sie sind in einer weit schwierigeren Situation als die unbewussten Lebewesen – sie können, ja müssen wählen. Sie entscheiden sich daher bewusst und freiwillig – anders als die Tiere, die fast immer ums eigene Überleben kämpfen –, sich selbst zu opfern, und zeigen auf diese Weise, dass sie den Grundsatz des Lebens verinnerlicht haben. Aber wir müssen diese Parabeln nicht wörtlich nehmen. Ihre Botschaft lautet: Damit das Leben auf diesem Planeten fortbestehen kann, darf der Mensch sich weder außerhalb noch über die Natur stellen, nicht einfach den Bedürfnissen seines abgegrenzten, entsetzten »Ich« nachgeben und alles ringsherum im vergeblichen Streben nach Wohlbefinden und Sicherheit arrogant ausbeuten. Um unserer

schwierigen Gattung das Überleben zu sichern, müssen wir auch bereit sein, Opfer zu bringen und Verzicht zu üben. Andernfalls werden wir zu einer tödlichen Geschwulst des Planeten, der uns gebiert und am Leben erhält.

Darin besteht unser diffiziles Schicksal und unsere Verantwortung: Die Entscheidung, ob wir im Einklang mit der Wahrheit oder im Einklang mit der egozentrischen Illusion der Abgegrenztheit handeln, hängt allein von uns ab.

Kruczyński: Ein Argument der Jäger ist die Behauptung, dass das ursprüngliche Gleichgewicht der Natur durch das Fehlen von Raubtieren gestört ist und dass dieses wiederhergestellt werden müsse – in diesem Zusammenhang sprechen die Jäger nicht vom »Töten«, sondern vom »Regulieren«.

Eichelberger: Das ist eine irreführende Argumentation. Schließlich haben die Jäger die Raubtiere ausgerottet, da diese das Wild reißen, auf das die Jäger so gerne schießen.

Kruczyński: Die Jäger erzählen alles Mögliche, weil sie im Innersten vielleicht ahnen, dass das, was sie tun, nicht in Ordnung ist.

Eichelberger: Natürlich.

Kruczyński: Sie müssen sich mit Rationalisierungen behelfen: Als Argumente führen sie die Wiederherstellung des Gleichgewichts in der Natur, die erforderliche Pflege und Fütterung des Wildes, die natürliche Auslese durch die Jagd beziehungsweise die Wildschäden an. Sie versuchen das Töten rational zu rechtfertigen. Andererseits bezeichnen sie das Töten als ein Hobby, als Jagdsport, als Freizeitbeschäftigung oder schlicht als Zeitvertreib.

Eichelberger: Bei der Jägerei geht es heutzutage um nichts anderes als um den Spaß am Töten. Es gibt dafür keine andere, ehrliche Begründung.

Kruczyński: Jagdtrophäen männlicher Tiere genießen bei den Jägern die höchste Wertschätzung. Im Grunde ist das die einzige begehrte Beute – ein Rehbock oder Keiler als Trophäe. Warum ist es für die jagenden Männer so wichtig, ein männliches Tier zu töten?!

Eichelberger: Ich glaube, das hat mit unserem Bedürfnis nach Rivalität zu tun. Auf diese Weise halten wir an der Illusion fest, das menschliche Männchen sei das wichtigste männliche Tier.

Kruczyński: Wir rivalisieren mit einem Rehbock oder einem Keiler?!

Eichelberger: Ganz genau. Das Männchen mit der Flinte ist das Männchen, das alle anderen töten kann. Das herrschende Männchen, der König der Natur. Jemand, der von niemandem gegessen wird, aber ein Anrecht auf alle Weibchen hat.

Kruczyński: Je größer der getötete Rehbock, desto größer mein Ansehen als König?

Eichelberger: Natürlich, das ist der ganze Witz bei der Sache. Du hast sicherlich bemerkt, dass auf die Jagd häufig Männer gehen, die nach außen hin stark und maskulin erscheinen, in Wirklichkeit aber ängstlich und sich ihrer Männlichkeit unsicher sind.

Kruczyński: Ich habe den Eindruck, für viele Männer ist die Jagd der Versuch, das männliche Selbstwertgefühl zu steigern.

Eichelberger: Kräftige, unabhängige Tiermännchen, die sich Harems halten, mit einem symbolischen Penis, sprich einer Flinte, zu töten, muss ein unterschwelliges Gefühl der Befriedigung hervorrufen. Sicherlich wird dadurch das empfindsame und gefährdete männliche Ego gefestigt.

Paradoxerweise wurde bis vor Kurzem das männliche Ego durch Mutproben und Geschicklichkeitsprüfungen gefestigt. Früher, insbesondere vor der Erfindung der Feuerwaffen, galt das auch für die Jagd.

Das, was sich heute Jagd schimpft, erinnert immer mehr an das Erschießen wehrloser Zivilisten. Ich habe Jagdhochsitze gesehen, die Luxus-Campinghäusern auf Pfählen ähneln. Mit bequemem Schlafplatz, Chemietoilette, elektrischer Heizung, Kochherd, kleinen Fächern, Schränkchen und Minibar. Es fehlt nur der Fernseher – zum Glück gibt es ja tragbare Geräte –, falls die Langeweile zu groß wird, weil der Jäger an einer der bequem angebrachten Gewehrauflagen zu lange auf einen guten Schuss warten muss. Wozu sonst dient diese Art der »Jagd«, wenn nicht zum perversen Lustgewinn? Welchen Wert haben die auf diese oder ähnliche Weise erworbenen Jagdtrophäen? Was sind das für Männer, die ohne jegliches Risiko jagen und dem Tier nicht den Hauch einer Chance geben?

Kruczyński: Die Frauen spielen eine wichtige, die Jägerei unterstützende Rolle. Die Frauen der Jäger bringen das Wildfleisch auf den Tisch, sie machen daraus ein Festessen zum Namenstag oder zu einer anderen Gelegenheit. Sie haben dann das Gefühl, etwas Besseres als die anderen Frauen zu sein.

Eichelberger: Hier tritt offensichtlich ein weiblicher Atavismus zutage: Das Selbstwertgefühl des Weibchens steigt, wenn es von einem siegreichen Männchen auserwählt wird. Auf diese Weise tragen die Frauen dazu bei, das männliche Befinden zu verbessern.

Kruczyński: Verstärken sich dadurch die patriarchalen Werte in der Welt?

Eichelberger: Ein Teil der Frauen glaubt wahrscheinlich, für ihre Männer, die tatsächlich sehr unsicher und voller Unruhe sind, ist die Jägerei eine Art Therapie, da sie ihnen erlaubt, Aggressionen auszuleben, und ein Gefühl von Stärke vermittelt. Aber zur wirklichen Stärke, das heißt zur inneren Ruhe, führt dieser Weg nicht. Statt auf wehrlose Tiere zu schießen, sollten sie lieber ein paar Tage allein und ohne Waffen im Wald oder in der Wüste verbringen.

Kruczyński: ... und aufhören, sich zu verkleiden.

Eichelberger: Um sich selbst zu begegnen. Wir verstecken uns unter so vielen Verkleidungen, dass wir den Rest des Lebens damit zubringen können, sie sauber zu halten und Schicht für Schicht auszubessern. Die Mehrheit von uns ist leider genau damit beschäftigt.

Kruczyński: Woher kommt das Bedürfnis, sich als siegreiches, allgewaltiges Männchen zu gebärden, Herr über Leben und Tod zu spielen?

Eichelberger: Aus der Illusion der Abgegrenztheit und der damit verbundenen Verzweiflung.

Kruczyński: Nur manche jagen, verzweifelt sind aber fast alle.

Eichelberger: Andere schlagen ihre Kinder, Frauen oder Hunde, werden süchtig nach Dingen, Sex, Drogen oder Hass, vom eigenen Image, von Ideologien oder Genussmitteln abhängig, brechen Kriege vom Zaun und dergleichen.

Kruczyński: Rasen mit dem Auto.

Eichelberger: Auch das. Auf Aggression trifft man überall. Niemand ist frei davon – weder du noch ich. Entscheidend ist, ob wir unsere Aggression als eine Schwäche begreifen, die uns signalisiert, dass wir uns im Irrtum befinden, oder aber als eine Tugend, wie das im patriarchalen Männlichkeitsstereotyp der Fall ist.

Kruczyński: Männliche Aggression resultiert aus Angst?

Eichelberger: Natürlich, hinter der Aggression verbirgt sich Angst und hinter der Angst Verzweiflung ... oder vielmehr die verzweifelte Sehnsucht nach einer Rückkehr zum wahren, geistigen Haus. Aggression dient in großem Maße dazu, mit dieser Sehnsucht nicht in Berührung kommen zu müssen, den Anschein von Überlegenheit zu verbreiten, eine herrische, siegreiche Haltung gegenüber der Welt einzunehmen. Wir tun das auf vielerlei Weise und bei den unterschiedlichsten Gelegenheiten. Das macht unter anderem die Attraktivität der Jägersekte aus.

Kruczyński: Wenn du schießt und das Wild getroffen zu Boden stürzt, dann fühlst du dich in diesem Augenblick allmächtig, du hast das Gefühl der völligen, absoluten Herrschaft – du bist der Allmächtige. Wenn du dem Wild das Leben schenkst, nicht schießt, fühlst du dich auch wie Gott – wie der Großmütige.

Eichelberger: Eben, du gewinnst immer.

Kruczyński: Im Paradies würde das Rehkitz sich vielleicht an dich schmiegen, die kleinen Frischlinge dich mit den Näschen anstupsen, die Hirschkuh ganz nah an dich herankommen und ihr Kitz in deinen Taschen nach Brot suchen. Du würdest seine unglaublich weichen Nüstern und seinen warmen Atem spüren. Es gäbe keine Angst – und du würdest nicht töten. Der Jäger muss töten, um wenigstens für diesen einen Augenblick das Gefühl der Herrschaft zu haben, das Erleichterung und Befriedigung verschafft. Und er wiederholt dies immer und immer wieder ...

Eichelberger: Die Illusion des Egos – die christliche Erzählung von der Vertreibung aus dem Paradies beschreibt das treffend – hat ihre Ursache darin, dass der Mensch der Versuchung erliegt, Gott gleich sein zu wollen.

Kruczyński: Und?

Eichelberger: Das erweist sich jedoch als unmöglich, denn das abgegrenzte Ego ist nicht imstande, die Welt zu erschaffen, ist nicht imstande, Leben zu erschaffen.

Kruczyński: Aber es ist imstande zu zerstören.

Eichelberger: Ja. Zerstören ist für das Ego eine Art Schöpfung *à rebours*. Gemäß dem Prinzip: Wenn ich schon nichts erschaffen kann, so kann ich wenigstens zerstören, wenn ich schon nicht mit allem eins sein kann, werde ich alles vernichten. Wenn ich schon nicht, wie du sagst, das Reh, den Frischling oder einen anderen Menschen streicheln kann, werde ich ihn vernichten. Mit anderen Worten: Wenn ich schon nicht imstande bin, wirklich zu lieben, werde ich hassen. Aber es stellt sich heraus, dass das keine Lösung ist – denn je weiter wir uns von unserem inneren geistigen Kern entfernen, umso stärker wird das Gefühl der Verzweiflung.

Vielleicht ist es an der Zeit, dass wir als menschliche Gemeinschaft wählen – entweder wir suchen nach immer schrecklicheren Tarnungen und leugnen immer vehementer unsere Verzweiflung und Sehnsucht, oder wir nehmen endlich das ernst, was Propheten, Lehrmeister und Heilige seit Jahrhunderten predigen.

Kruczyński: Wie befreit man sich von der Angst und Verzweiflung?

Eichelberger: Wir müssen aus unserem egozentrischen Traum erwachen, unser wahres Selbst erfahren und aufhören, uns dem trügerischen Gefühl eines vom Rest der Welt separaten »Ich« hinzugeben.

Kruczyński: Ist das der einzige Weg?

Eichelberger: Ja.

Kruczyński: Wirklich der einzige?!

Eichelberger: Ja.

Kruczyński: Weißt du, wenn man Menschen mit existenziellen Ängsten diesen – oberflächlich betrachtet – unverständlichen Weg aufzeigt, dann werden sie ihn ablehnen und weiterhin aggressiv sein, denn sie werden sich völlig hilflos fühlen.

Eichelberger: Buddha hat das sehr einfach und gnadenlos ehrlich ausgedrückt, als er davon sprach, dass das Leben in der Illusion des Egos ein Leiden sei und der einzige Ausweg aus diesem Leiden die Überwindung dieser Illusion sei – und dass es dafür eine Methode gebe.

Kruczyński: Erwache aus deinem egozentrischen Traum, erfahre dein wahres Selbst, hör auf, dich dem trügerischen Gefühl eines separaten »Ich« hinzugeben – das klingt reichlich unverständlich!

Eichelberger: Zunächst müssen wir in uns den Zweifel wecken an der Richtigkeit unserer Lebensentscheidungen und anfangen uns schwierige Fragen zu stellen, denen wir bisher aus dem Weg gegangen sind. Auf diese Weise beginnt unsere Arroganz zu schwinden, und die Hoffnung erscheint. Und dann steigt in uns die Ahnung auf, dass wir uns mitten in der erträumten Welt befinden, dass wir das Haus eigentlich nie verlassen haben, dass wir am Ziel gewesen sind, noch bevor wir den ersten Schritt gemacht haben. Es genügt, aus dem egozentrischen Traum zu erwachen. Wir gehen alle auf unterschiedliche Weise diesen Weg. Deshalb ist es wichtig, dass du dieses Buch mit Respekt und Mitgefühl für die Jäger schreibst, zu denen du schließlich selbst einmal gehört hast.

Kruczyński: Denn fehlendes Mitgefühl ist ein Zeichen von Unwissenheit?

Eichelberger: So ist es.

Aus dem Polnischen von Andreas Volk

Das Gespräch ist dem Band »Farba znaczy krew« von Zenon Kruczyński, Gdańsk 2008, entnommen.

Anna Nasiłowska

Gedichte und Kurzprosa

Bäume

Lang schon hörte ich nicht mehr die Sprache der Bäume.
Im Traum habe ich sie wieder verstanden
sie enthielt keine Worte
nur die große rauschende Klage
der Bäume rings um den Warschauer Block
über Menschen Hunde und Autos
über die zu stickige Luft
den missgünstigen Himmel
den sauren Regen.
Und die Erde ist ungastlich
durchzogen von Röhren und irrenden
Strömen.
Die Bäume streckten ihre kahlen Arme
aus nach mir
die ich nackt war
verholzt
entblättert

Rückkehr auf die griechischen Inseln

für Paweł Zawadzki

Seit Jahren versucht er, die Nachbarin mitsamt ihrer Familie zum Vegetarismus zu
bekehren. Im Laden sieht er, dass sie dennoch Fleisch einkauft. Sie halten also stur
an ihrem Laster fest. Er senkt die Stimme. Er kneift die Augen zusammen und sagt
im Ton feierlicher Überzeugung:
»Glauben Sie mir, das ist das Sicherste! Sie dürfen keinesfalls Fleisch von Tieren
verzehren, die mit genmanipuliertem Futter gemästet wurden! Das ist ein trojani-
sches Pferd, was viele nicht wissen.«
»Woher weiß ich denn, von welchen Tieren das Fleisch stammt?«, seufzt die Frau
und er hebt den Finger und verkündet triumphierend:
»Na eben! Die Welt ist verrückt geworden, und wir sind nur Figuren in diesem
Schauspiel.«
»Und was soll das heißen?«, seufzt sie kläglich.
»Was es heißen soll? Ganz einfach. Rückkehr auf die griechischen Inseln. Der
einäugige Polyphem. Er versteckt sich in seiner Höhle, weil er sich schämt. Die
Kyklopen. Die Satyrn mit Pferdeschwänzen. Sie sind gefährlich, sie können an
Satyriasis leiden! Meine Dame! Und dann die Horden wilder Frauen – Kriegerin-
nen, alle einbrüstig.«

»Ach!«, entfährt es ihr, aber er ist unerbittlich.

»Es gibt noch eine radikalere Variante.«

Das antike Ägypten.

Menschenleiber mit Vogel-, Katzen- oder Hundeköpfen. Es wird sich zeigen, welche Rasse für wen bestimmt ist.

Die Frau schreit auf und läuft davon. An einer Reklame vorbei: Ägypten – Last minute.

Griechenland – Sonderangebot.

Wie diese Geschichte endet? Das kann niemand sagen.

Die vier Elemente

für Rene Meisner

Die Welt ist aus den vier Elementen entstanden: aus Luft, Feuer, Wasser und Erde. Das Wasser verflüchtigt sich in die Luft und es entsteht eine dichte Nebelwolke, die sich über die Erde legt. Ein großes Feuer lodert. Die Wolke hüllt das Feuer ein, löscht es aber nicht. Das Feuer gräbt sich in die Erde, diese kühlt ab und beginnt zu leben. Das gezähmte Feuer stößt eine Luftblase aus. Die Blase steigt in die Höhe und schwillt an.

Platzt sie? Ja. Das ist der Anfang. Sie platzt. Ein großer Puff.

Niemand weiß, was dann geschah. Wie sich die Dinge weiter vermischten. Im Schmelztiegel? Da war kein Schmelztiegel. (Die Schmelztiegel wurden nicht als erstes geschaffen. Nicht einmal als zweites.)

Am Anfang waren die Elemente. Die Erzählung hat zahlreiche Lücken und Nebenstränge, weil sie zu alt ist und niemand sie in Erinnerung hat, denn da war niemand. Der Mensch war noch nicht geschaffen.

Die Elemente ergießen sich. Zwischen namenlosen Pflanzen laufen namenlose Tiere umher, die kein menschliches Auge je erblickt. Allenfalls im Traum, irgendwann, kurz vor Tagesanbruch. Alle Gattungen verschmelzen zu einer einzigen, schrecklichen, gefährlichen und wunderbaren.

Dann erscheint jemand, der sich Mensch nennt und beginnt, die Welt so zu verändern, dass er es darin bequem hat.

Und der Mensch lebt, er macht sich die Umwelt zurecht. Die Bestien sind benannt und geschrumpft, wenigstens die gefährlichsten. Man hat sogar die in der Finsternis grassierenden Dämonen gebändigt. Schon lange bewegen sich späte Reisende durch den Wald, den erst ein befestigter Weg durchschneidet und jetzt – eine Autobahn. Die Geister fürchten das Licht. Zumal das elektrische. Sie schrecken niemanden mehr.

Und der Mensch lebt weiter: Das Flusswasser treibt langsam dichtes, schwarzes Fett vor sich her. Die Asche des feurigen Atems eines großen Tiegels steigt in die Luft. Der Rauch ist giftig, löst sich aber auf. Ein schrecklicher Wind kommt auf.

Die Hügel ringsum? Das sind keine echten Berge. Es sind Halden, die unbeholfen kriechend das Leben einzunehmen beginnt. Es besetzt die Zunge des duldsamen Grases, das aus der Erde keimt, die zu schwer ist für das lebendige Feuer. Fast tot. Der Anfang muss sich unablässig wiederholen, stückchenweise, überall. Wenn sich die Elemente nicht mehr mischen, tritt der große Stillstand ein. Der Ozean – ein riesiges Auge, das zu zwinkern aufhört. Die Zeit bleibt stehen.

Also weiter. Noch einmal, ein kleiner Anfang. Welches ist das beste Mischungs-
verhältnis zwischen den Elementen? Nicht zu viel Feuer, sonst droht die globale
Erwärmung. Nicht zu wenig, sonst kommt der große Frost und alles vereist. Genug
Erde, um das Wasser zu filtern und zu entgiften. Die Luft beweglich, aber nicht zu
schnell, sonst entsteht ein zerstörerischer Hurrikan. Die Prognosen beunruhigen.
Eine Erhöhung des Meeresspiegels wird vorhergesagt. Für heute und in hundert
Jahren.

Trotz der schlechten Prognosen erscheint auf der Autobahn durch den Wald eine
Frau, bewaffnet mit einem Glasauge für künstliches Sehen. Die Fotografie ist eine
geschickte Betrügerin, sie bewahrt ihre Glaubwürdigkeit. Die Frau fährt, sie sucht
etwas. Das Auto stößt stinkende Abgase aus, aber immerhin – das müssen wir
zugeben – handelt es sich um ein emissionsreduziertes Modell. Man hat an alles
gedacht, es ist wirklich bequem. Es hat Kunstledersitze und fährt sich sanft. Die
Landschaft, die man durchs Fenster sieht, kann wie unberührt aussehen. Wenn wir
einen guten Bildausschnitt wählen, Masten und Kabel ausblenden. Wenn wir das
Glasauge vergessen, die Sehhilfe. Wenn wir uns vom Raum lösen und uns statt des
Bildes nur den Blick über den Wassern vorstellen. Der alles gleichzeitig umfasst.
Aber das ist uns verwehrt. Wir suchen den anderen Weg. Bis auf Weiteres führt die
Autobahn geradeaus und es ist nicht erlaubt, sie zu verlassen.

Ein gigantischer, aus Kanalisationsrohren gebauter Brustkorb pumpt Luft. Das Auto
fährt in einen unterirdischen Tunnel. Vielleicht ist Licht am Ende, vorerst wissen
wir nur, die Scheinwerfer sind stark und die Batterie funktioniert.

Wir wollen dies sicher einüben, an Symbolen, ohne in der Vorwärtsbewegung inne-
zuhalten. Das Lenkrad fest im Griff, mit voller Kontrolle über die Fahrt.

Die Frau nimmt ein Bild des Wassers, ein Bild der Luft, ein Bild der Erde und des
Feuers. Sie mischt. Ein Tiegel? Ja, es gibt schon Tiegel, es ist nämlich außerordent-
lich viel Geschirr geschaffen worden. Für diesmal genügt eine metallene Schautafel.
Im Zentrum – eine kleine Weltachse. Alles dreht sich.

Noch einmal. Wie viel Erde? Wie viel Wasser? Eine Unze. Ein Pud. Ein Tropfen.
Noch einmal, in einem anderen Verhältnis. Ein paar Liter, ein Ar und eine Gallone
Luft. Wie viel Feuer? Ein bisschen.

Nach jedem Mal: ein kleiner Puff ...

Urlaubers Nachtlied

nach J. W. Goethe, Wanderers Nachtlied

Über den Wassern –
Ist Ruh.
Über dem Schilf –
Hörtest du
Den leisesten Hauch?
Jäh verstummten die Vögel.
Warte nur,
Bald streichst die Segel
Du – auch.

Frühling

Der Park ist noch grau
aber voll junger Mütter
eine Hand wiegt den Kinderwagen
die andere schreibt eine SMS
eine dritte verschickt eine Email
mit einem Jobangebot
die vierte lädt einen Film herunter
die fünfte springt im Menü
wie wild hin und her
ändert Einstellungen
am anderen Ende der Welt
ein in diesem Winter geborenes Baby
entdeckt seine Nase

21.3.2014

Fuchs in London

Jedes Tier erbt die Erinnerungen
der Vorfahren bis in die zehnte Generation
Ich, der neunte unseres Stammes,
weiß noch etwas von Feldern,
Wind und offenem Raum,
dummen Hühnern und flinken Hasen,
die auch nicht durch Weisheit und Mut glänzen
ich weiß noch, wie ich, der vorzügliche Jäger,
selbst zum Gejagten wurde
durch hässlichen menschlichen Brauch
Das Gekläff unserer verräterischen Vettern, der Hunde,
die sich schon vor Jahrhunderten verkauften
Pferde, Menschen, Blut
das war schrecklich

Wir zogen fort in die Stadt
hier ist es ruhiger zumal frühmorgens
die verräterischen Vettern
werden an der Leine geführt
kein einziges Pferd ist zu sehen
außer dem Polizeitrottel
und zu essen gibt es mehr als genug
am Hinterausgang des Asia-Imbiss
das Angebot wechselt täglich

Ich kam hinter der Garage zur Welt
meine Mutter und jetzige Gattin hatte dort
eine warme Höhle
mit drei Ausgängen in verschiedene Richtungen

Ich ging nach Süden hinaus
wir treffen uns ab und zu in der Ranzzeit
ich wechsle die Wohnsitze
schlage Haken um die Spur zu verwischen
Ich brauche nicht viel
Jede Nacht vollführe ich anderswo meinen Tanz
im Kreis im Kreis einige Male
Dann den Kopf auf die Pfoten und ich falle in wachsamen Schlaf

Auf den Feldern wird traditionsgemäß weiter der Fuchs
gejagt, ich habe es durch ein Fenster gesehen
im Fernsehen, sie jagen zu Pferd und mit der hetzenden Vetternschaft
ein rot angemaltes Automobil

Meine Kinder wissen nichts mehr
die füchsische Vergangenheit wird vergessen werden
wenn ich nach einem ruhigen Leben sterbe
würdevoll wie ein Tier
mit gefletschten Zähnen
das sich wehrt und
ringt mit dem Tod

London, Juli 2014

Aus dem Polnischen von Bernhard Hartmann

Die Gedichte und die Kurzprosa, sofern bereits erschienen, sind dem Band
»Żywioły. Wiersze i prozy poetyckie« (Warszawa 2014) entnommen.

Michał Olszewski

Lowtech

*** M-skis Briefe

Kein Wohlstand ohne Wachstum.
Kein Wachstum ohne Zerstörung.
Den Syllogismus könnt ihr selbst bilden.

Sollte irgendjemand versuchen, euch vom Gegenteil zu überzeugen, so glaubt ihm nicht. Er ist ein Gesandter der neuen Konquista. Vereinfachen, bezähmen, annektieren, noch luxuriöser gestalten – das ist sein Ziel. So war es schon immer, doch noch nie war der Wohlstand in unseren Breiten ein so leicht zugängliches Gut wie heute. Versunken im Luxus, den wir, warum auch immer, als unser tägliches Brot begreifen, vergessen wir, dass dieser Zustand keine Selbstverständlichkeit ist.
Fahrt nur einmal in den Nahen Osten. Dort, wo die Dorfbewohner Tee aus Kirschstengeln trinken und die Kinder barfuß zur Schule laufen. Dort, wo im Winter das Wasser in den Hütten gefriert. Oder noch weiter weg, in Städte ganz ohne Wasser, mit der vorrückenden Wüste vor der Tür. In Länder, in denen Kinder völlig ausrasten, wenn sie eine Tafel Schokolade sehen. Es gibt noch Orte, an denen sich die Regale nicht unter der Last der Waren biegen und an denen Autos ein seltener Anblick sind.
Gut, es mag Länder geben, in denen es scheinbar gelungen ist, Wachstum und Selbstbeschränkung miteinander in Einklang zu bringen. Es gibt die von allen aufrechten Menschen ersehnten Schweizen, in denen die Natur mit Respekt behandelt wird. Ach, es geht also doch? Denkste, man muss nur genauer hinsehen.
Dort, wo die Kosten des Wohlstands offensichtlich werden, wo es keine Luft zum Atmen gibt und das Wasser nach Chemie stinkt, dort liegt der Fall klar. Auch wenn dieses veraltete, aus dem neunzehnten Jahrhundert stammende Modell an manchen Orten bis in unsere heutige Zeit überlebt hat.
Doch die Hightech-Asse haben längst ein Alternativmodell entwickelt, ein sanfteres Modell, ohne Fabrikschlote und Müllberge. Dort, wo man die Kosten des Wohlstands nicht sieht, wo sie tiefer verborgen sind, damit ihr Anblick die eingeschläferten Gewissen nicht aufschreckt. Diese Schweizen benötigen immer gewaltigere Mengen an Energie, immer größer wird die Flut von Abfällen, die sich aus ihren sterilen Städten ergießt. Die giftigsten von ihnen landen tief im Osten, jenseits des Horizonts der Wohlstandsgesellschaften, oder in der Verbrennungsanlage. Doch die Verbrennungsanlagen lösen keine Probleme, sondern ersetzen lediglich die alten durch neue. Die Moderne hat den simplen Mechanismus von Ursache und Wirkung in die Länge gezogen, indem sie alles Unangenehme einfach unter den Teppich kehrt. Wir sortieren unsere Abfälle, unsere Autos fahren mit Öko-Benzin. Bedeutet das, dass sich die Schlinge um unseren Hals gelockert hat? Nein, ihr Druck ist lediglich diskreter geworden.
Was bringt es uns, dass die Fabrikschlote keinen Rauch mehr ausspucken, wenn

wir immer mehr Energie benötigen, um die Welt um uns herum in Bewegung zu
halten? Was bringt es uns, dass die Abwässer nicht mehr in die Flüsse geleitet werden, wenn es immer mehr von ihnen gibt. Hat eigentlich mal jemand gezählt, wie
viel Energie und Wasser für den Bau eines einzigen Klärwerks verbraucht werden?
Und die Autos: Was bringen ökologische Brennstoffe, wenn die Zahl der Autos
immer mehr zunimmt? Autofahren ist Mord an der Umwelt, egal, wie sehr man die
Motorgeräusche dämpft.

Wenn die Welt eine Bank ist, dann haben wir lediglich die Form der Anleihe geändert: Anstelle spektakulärer Kredite, wie in der Zeit der Industrialisierung, nehmen
wir heute nur noch kleinere Summen auf. Wenn man diese jedoch zusammenzählt,
zeigt sich, dass wir von Jahr zu Jahr immer tiefer ins Minus rutschen.

Und der Moment, in dem wir unsere Schulden begleichen müssen, rückt immer
näher.

***

Niemand, der ein Gewissen hat, fliegt heutzutage noch mit dem Flugzeug in Urlaub. Ausgeschlossen. Eine schwere Sünde. Wenn schon Urlaub, dann so nahe wie
möglich bei K. Alles andere ist ein Skandal.

***

Könnt Ihr euch mein Projekt in seiner letzten Konsequenz vorstellen? Es gibt
Länder, die dem Ideal nahekommen. Die ärmsten Länder. Orte, an denen die
Menschen das Unkraut mit bloßen Händen aus der Erde reißen. Landschaften mit
schmächtigen, von Würmern zerfressenen Obstbäumen. Ausgefahrene Straßen und
Behausungen, die kaum Schutz vor Katastrophen bieten. Ein Auto ist ein unerreich-
barer Luxus. Regionen, in denen eine einzige Dürre den Unterschied zwischen Leben und Tod ausmacht. Mit gerade einmal zwei Flughäfen – wenn es hochkommt.
Selbst die leichteste Krankheit breitet sich wie eine Epidemie aus. Parasiten und
wirkungslose Heilkräuter anstelle von Medikamenten.

Armut bedeutet, die Welt nicht mit den eigenen, übertriebenen Bedürfnissen zu
belasten. Gerade so viel zu wiegen wie die Feder eines Zugvogels. Durch die Welt
zu gehen, ohne Spuren zu hinterlassen, kaum zu erkennen, durchsichtig vor Kälte
und Unterernährung.

Unser Fluch ist das Einwegdenken, verbunden mit dem Hass auf alles, was alt ist.
Wir errichten unsere Welt aus einer Materie, die bewusst vergänglich sein soll,
anfällig für Mängel, Korrosion und Zerstörung. Eine Welt aus kurzlebigen Geräten,
die so rasch vergehen wie Meteore. Das Neue ist unser Gott.

Das Neue richtet uns zugrunde, ist unser wertvollstes und zugleich zerstörerischstes
Gut. Die Jagd nach dem Neuen ist der Motor der Wirtschaft. Die Schuhe und Kleider
der vergangenen Saison eignen sich höchstens noch für den Müllhaufen. Die Jagd
nach dem Neuen zerstört Partnerschaften – wir zerfallen zu Staub, zerfressen von
der immer rascher fortschreitenden Korrosion der Langeweile. Ehepartner verlassen
einander, um nach neuen Eindrücken zu suchen. Eindrücken, die wie Birkenspäne
verglühen. Urlaubsorte, die einen Sommer lang in Mode waren, sterben im nächsten
Jahr aus Mangel an Touristen. Das Neue ist unser Medikament gegen den Virus der

Langeweile. Doch je höhere Dosen der Organismus zu sich nimmt, desto höher ist die Angst vor der Absetzung des Medikaments. Die Furcht vor der großen Stille am Ende des Karnevals, dem Moment, in dem das letzte Promille der Droge aus dem Blut weicht und der Delinquent sich Auge in Auge mit der Leere wiederfindet. Warum lässt mir niemand die Wahl zwischen einer vergänglichen Landschaft aus zerbrechlichen, rasch alternden Materialien, aus Gipskarton, Aluminium und Plastik, und einer beständigen Wirklichkeit, Häusern, die von aufeinanderfolgenden Generationen bewohnt werden, Tafelgeschirr, das an die Nachkommen weitergegeben wird, Schuhlöffeln, die jahrelang dieselben bleiben, und abgenutzten Kleiderschränken? Eine solche Wahl habe ich nicht. Ich kann lediglich zwischen unterschiedlichen Arten der Kurzlebigkeit wählen. Die Kurzlebigkeit hält unsere Welt in Bewegung, bringt die Fabriken und die Konjunktur in Schwung. Du sollst produzieren, immer schneller und billiger produzieren – so lautet das erste Gebot unseres neuen Dekalogs. Blitzschnell verbrauchen und wegwerfen. Alles Alte ist strengstens verboten. Kauf lieber etwas Neues. Das neue Modell ist die Erlösung der Welt. Je größer die Umsätze, desto besser, desto höher das Beschäftigungsniveau und desto allgemeiner die Glückseligkeit. Ohne Rücksicht auf die Konsequenzen.
Die Bewahrer der Materie verschwinden aus unserem Alltag, eben deshalb ist das Einzelteil oft teurer als das Ganze. Schuster und Schneider. Der arme Schlucker, der durch die Hinterhöfe zieht und Töpfe ausbessert. Die Spezialistin für das Repassieren von Strumpfhosen. Und die ölverschmierten Strolche, die sich auf den Austausch von Motorwicklungen verstehen. Fahrradhändler, die eine einzelne kaputte Speiche austauschen, anstatt dem Kunden eine neue Felge anzubieten. Ihre Zeit geht unweigerlich dem Ende entgegen. Sie sind eine Gräte in der Kehle des Systems, eines Systems, das das Einwegprodukt in den Rang einer Gottheit erhoben hat. In der neuen Welt ist kein Platz mehr für sie.

* * *

Wattestäbchen, Parfüms, CDs, Deodorants, Antifaltencremes, Fensterreiniger und Autos gehören verboten. Ebenso wie Plastik, Folie, Multikonzerne, Silikon, Laminat und Motorräder. Getränkedosen, goldene Ringe an den Fingern von frisch Vermählten, Mobiltelefone, Plasmabildschirme, eingeschweißte Zeitungen, Skilifte, Kunststoffe, bunte Verpackungen, Kakao, Zitrusfrüchte und Erdbeeren vom anderen Ende des Kontinents. Schluss mit zu häufigem Waschen und dem nächtlichen Besprenkeln der Straßen. Übertriebene Sauberkeit wird ebenso verboten wie sterile Wohnungen, Weltraumflüge, Einwegrasierer, Schuhe, die nach zwei Wochen auseinanderfallen, Hosen, die für einen einzigen Abend gekauft werden, Bodenverbesserer, Düngemittel, Kultivatoren, Waschmaschinen, Geschirrspüler, Entsafter, Ziegelbleche, Überproduktion, Intensivierung, Nachdrucke, Plastikfenster, Briefmarken, Feuerzeuge und bunte Zeitschriften.
So gut wie alles.

* * *

Antiquariate. Weil neue Bücher überflüssig sind. Wir schließen die Buchhandlungen und verbieten den Schriftstellern das Klappern auf der Tastatur. All die

funkelnagelneuen, aufwendig gebundenen Exemplare werden bis aufs Letzte verkauft, und damit gut. Alles ist bereits geschrieben worden. Alles. Je mehr ich lese,
desto deutlicher wird mir, dass wir eine Grenze erreicht haben. Antiquariate sind
ehrlicher, sie tun nicht so, als könnte man noch etwas Neues erfinden. Ich fühle
mich in ihnen wie ein Saprophyt, der sich von dem ernährt, was bereits verdaut ist,
von einem anderen schon einmal durchgekaut wurde. Ich produziere nichts Neues,
sondern lebe von dem, was bereits existiert.

***

An solchen ungepuderten, unprätentiösen Orten fühlte ich mich wohl. Seht euch
nur die Menschen an, wie sie sich mit ihren schmutzigen Fingernägeln am Leben
festkrallen. Sie riechen schlecht und haben nicht genug Kraft für ein strahlendes
Lächeln. Und jene, die am Rande der Müllkippe leben, versinken bei jedem Regen
bis zu den Knöcheln im Dreck. Manche kommen mit einer Schale Reis pro Tag
aus, andere fressen Hamburger aus Fleischabfällen. Seht euch das alles einmal von
oben an. Es sieht dramatisch aus. Von den Müllbergen her stinkt es nach Epidemi-
en, »Syph und Malaria«. Abends hört man die Ratten tanzen. Aber ich akzeptiere
diesen Zustand.
Stellt euch einmal vor, wir wollten sie alle erhöhen, sie an den Ohren aus dem
Elend ziehen, sie waschen, kleiden, ihre Zähne behandeln und ihren Atem erträgli-
cher machen. Ihre Lebenserwartung erheblich verlängern. Ein schöner Plan. Doch
die Kosten wären immens.
Wie viel Energie müssten wir in diesen Ort stecken, um eine neue Halle zu errichten? Zunächst einmal schicken wir Bulldozer los, die den Marktplatz dem Erdboden gleichmachen, anschließend tränken wir die Erde mit Lysol und schütten die
Überreste einfach zu. Die Verkäufer kleben sich glänzende Veneers auf die Zähne,
kurieren ihre Leber und ziehen sich etwas an, das nicht aussieht wie durch den
Wolf gedreht. Anstelle von platt getrampelter Erde und Marktständen eine Hoch-
glanzwelt. Chemisch gereinigte Böden, Aluminiumprofile, Tonnen von Stahl und
Blech, antibakterielle Lösungen und dazu ein frisch gefliester Lokus. Neonbeleuch-
tung rund um die Uhr. Tonnen von Plastik, Aluminium und Strahlträgern. Mehr
Energie. Versteht ihr jetzt, dass die Armut die Welt rettet?
Und jetzt betrachten wir das Ganze in einem noch weiteren Zusammenhang, steigen noch ein wenig höher hinauf, sodass wir auch einen Blick auf andere Länder
und Kontinente erhalten. Wir kümmern uns um alles und jeden, kein Erdenbürger
ist uns gleichgültig, egal welchen Pass er besitzt. Nicht mehr nur eine neue Markt-
halle, sondern ein großes Projekt für die von Armut gezeichneten Länder. Jede Familie erhält Anspruch auf ein Haus, ein Auto, einen Kühlschrank, einen Fernseher,
einen Geschirrspüler und einen Haufen anderer Geräte. Das können wir uns nicht
leisten. Die Welt würde die Geburt einer globalen Mittelschicht nicht überleben.
Was tun?, fragen wir verzweifelt.

***

Heute habe ich etwas Besonderes mitgebracht. Ich habe es von dem Armenier in
der Unterführung gekauft, zu Demonstrationszwecken. Ein ganz außergewöhnliches

Gerät. Ein eiförmiges Stück Plastik, made in China. Geschätzte dreißig Gramm
Kunststoff plus vier Batterien und eine leere Kammer aus durchsichtigem Plexiglas.
Ein elektrischer Anspitzer. Wir stecken einen Bleistift in die Öffnung, drücken sanft
zu, ein kleiner Motor beginnt zu surren, und siehe da: Ganz ohne unser Zutun
fliegen die Späne, und der Grafit verwandelt sich in einen Stachel. Schlau.
Schlau und verblüffend. Eine gewöhnliche Rasierklinge und ein Stückchen Schleif-
papier reichen uns nicht mehr. Wir befreien das Leben von seinen Ecken und
Kanten, selbst dort, wo es gar nicht nötig ist, verwandeln es in eine Oase der
Bequemlichkeit. Ein äußerst kostspieliges Unterfangen, aber fragt mich nicht nach
konkreten Zahlen. Das überlasse ich den Statistikern. Ich suche lediglich nach den
verborgenen Verbindungen, sehe die Welt als ein riesiges System kommunizierender Röhren. Habt ihr schon einmal von diesen Golfplätzen in der Wüste gehört?
Die jedes Jahr Tausende Kubikmeter Wasser verschlingen, damit ein paar weiß
gekleidete Lackaffen sich amüsieren können? Dieses Wasser fehlt an einer anderen
Stelle. Und eben jener elektrische Bleistiftanspitzer, dieses Stück Plastik, das ich
hier in die Luft werfe und bei dem ich mich beherrschen muss, um es nicht aus
dem Fenster zu schmeißen, hat unnötig Energie, maschinelle Kraft verbraucht. Ich
weiß, dass die Fernbedienung, die allabendlich an den Händen von drei Vierteln
der Bewohner dieses Landes klebt, eine überflüssige und schädliche Erfindung ist.
Warum, Mitbürger, kriegst du deinen faulen Hintern nicht hoch, wenn du meinst,
du müsstest wieder einmal den Kanal wechseln? Weißt du nicht, dass wir alle für
deine verdammte Faulheit büßen müssen?
Dinge, Dinge, Dinge. Ich bin kurz davor, verrückt zu werden, angesichts der Flut
von Dingen, die überflüssig sind und unwiederbringlich Energie verschlingen.
Fernbedienungshalter, Kühlschränke mit Internetzugang, elektrische Bleistiftanspitzer. Einwegkameras. Zahnpastatuben, die zusätzlich in bunte Kartons verpackt
sind. Sprühflaschen mit Wasser! Spezielle Beutel für gebrauchte Windeln. Treppen
für Hunde, damit sie abends ohne Probleme zu Herrchen ins Bett klettern können,
elektrische Zahnbürsten, elektrische Nasenhaarschneider, künstliche Steine für den
Garten, patinierte Möbel und Staubwischer für Heizkörper. Oder exklusive Koffer
zur Aufbewahrung von Armbanduhren, Becher mit automatischer Rührfunktion,
damit man sich keine Gedanken mehr wegen eines Löffels machen muss. Korrek-
turstifte und elektrische Nagelschneider. Völlig absurde Produkte, Multifunktions-
geräte, die mit einer so unglaublichen Anzahl von Betriebsarten ausgestattet sind,
dass wir die meisten von ihnen nie kennenlernen. Mir genügt ein stinknormaler
Kochtopf, ohne eingebauten Wassersprenkler. Und mein Kühlschrank braucht kein
Anti-Einbruchs-System und keine weltraumerprobte Antibakterienblockade.
Und dann wird alles auch noch so hergestellt, dass es nicht zu lange hält. Eine Welt
aus Gegenständen, die im Handumdrehen wieder zerfließen.
Die Folgen sind offensichtlich. Die Frage nach der Notwendigkeit von Anspitzern
und Fernbedienungen zieht weitere Fragen nach sich: Wozu brauche ich überhaupt
einen Fernseher? Wozu Feuerwerke über der Stadt in der Nacht, in der der Sommer
endgültig über den Frühling obsiegt? Wozu ein Auto, wenn auch ein Pferd genügt?
Welchen Sinn haben mit Politur behandelte Möbel, beleuchtete Altstadtgebäude
und vollgestopfte Kleiderschränke?

***

Und das Wachstum der Städte? Wir sprechen hier von gewaltigen Kosten, auch
wenn sie kaum genau zu beziffern sind. Das ist wie eine Gleichung mit zu vielen
Unbekannten. Nur das Ergebnis ist offensichtlich: Das ersehnte Häuschen im Grünen kommt uns teuer zu stehen.

Da wäre also ein Stück ungezähmter Raum. Ein Mensch kommt vorbei, setzt
Fluchtstangen und misst die Bodenneigung. Er beschließt: Hier baue ich ein Haus.
Fernab von den Menschen, in der unberührten Natur. Er will seine Ruhe haben.
Möglichst auf dem Land, aber auch nicht ganz außerhalb der Stadt. Er baut also ein
Haus und zieht einen Zaun drumherum. Er kauft ein Auto, oder besser zwei, damit
die Familie mobil ist. Dann überlegt er sich, wie man hier asphaltieren könnte. Er
legt kilometerweise Kabel und Rohre. Dann kommen andere und beginnen, um
ihn herum zu bauen. Immer weiter in die Wiesen hinein, immer näher an den
Waldrand. Es entsteht ein neuer Stadtteil mit einer eigenen Infrastruktur, Geschäften und Straßenlaternen. Autos kursieren zwischen der Vorstadt und dem Zentrum.
Der, der zuerst hier war, fragt sich: Warum gibt es plötzlich weniger Tiere? Wo sind
die scheueren Vogelarten hin? Woher plötzlich dieses Gedränge?

Wahrscheinlich sitzt er gerade in seinem Büro, als der nächste Freiraumsuchende
die Siedlung erreicht. Er sieht also nicht, wie jener potenzielle Kolonisator ange-
widert den Kopf schüttelt, als er die Reihen von Häusern erblickt und sich noch
weiter vom Zentrum entfernt, um ein Stück unberührte Natur zum Umgestalten zu
finden.

Auf diese Weise wächst die Stadt: immer breiter und flacher. Immer weiter. Die
Stadt ist mein Naturzustand, in Jasna Góra sammele ich lediglich meine Gedanken.
Ich hätte einfach gerne, dass sich K. ein wenig langsamer über die Landkarte aus-
breitet. Ist das zu viel verlangt?

***

Auch die stromfressende Weihnachtsbeleuchtung, der ganze Glitzerkram, das
Anstrahlen von Denkmälern, die 24-stündige Lichterlawine in den Einkaufszen-
tren – all diese Spielereien wird es nicht mehr geben. Wasser in Plastikflaschen.
Alles verboten.

***

Anstatt einer Einweg-Maschine benutze ich ein Rasiermesser, auch meine Wäsche
wasche ich nicht so oft, wie man sollte. Ich rieche oft nach Schweiß, weil es in
meinem Badezimmer keinerlei Deodorants oder Parfüms gibt. Ich bin wenig elegant
und beabsichtige, noch weiter in diese Richtung zu gehen. Unsere Ehrerbietung
gegenüber Seiner Majestät dem Körper hat längst jegliches Maß überschritten. Und
was das alles kostet.

Ich bin weder faul, noch habe ich eine Abneigung gegen Hygiene. Dies ist ein
bewusstes und konsequent durchgeführtes Projekt, der Versuch einer Lossagung
von der Materie. Ich bin schon recht weit gekommen. Und ich beabsichtige, noch
weiter zu gehen. Bis es wehtut. Anstatt weitere Elektrizitätswerke zu bauen, will
ich nach und nach jene abschalten, die bereits existieren.

Mein Badewasser benutze ich, um damit das Klo zu spülen. Man muss nur eine

Schüssel nehmen, das Wasser aus der Wanne schöpfen und es mit Schwung in die Kloschüssel gießen. Ich bade alle drei Tage. Das reicht völlig aus, im Sommer sogar noch seltener, weil ich dann an den Stausee fahre. Wie vor einem halben Jahrhundert, in den ärmlichsten Unterkünften. Dabei brechen wir schon bald zum Mars auf. Im Winter schalte ich den Kühlschrank aus und hänge meine Vorräte in einem Korb aus dem Fenster. Ich besitze zwei Töpfe, drei Teller, eine Stahlpfanne, die noch von meiner Mutter stammt, einen Zinnbecher und zwei Sätze Besteck. Selbst abgebrannte Streichhölzer werfe ich nicht einfach weg, sondern zünde mit ihnen später die zweite Gasflamme an. Meine Kleidung ist ausgeblichen und alt. Mit vierzig Lebensjahren besitze ich gerade einmal so viel zum Anziehen, wie in einen Rucksack passt. Ich häufe nichts an. Auch meine Waschmaschine stammt noch von meinen Eltern.

Ich besitze nichts. Ich habe keine Taschen voller Kosmetikartikel, Peelings, Deodorants, Gele, Seren, Sorbets, Wirkverstärker und Zahnpastatuben in bunten Verpackungen, ich habe keine Fernbedienung und keinen Fernseher, mein einziger Zugang zur Welt ist das Radio, aber ich habe die Dioden herausgenommen. Meine Kleidungsstücke sind ausgeblichen. Ich trage seit fünf Jahren dieselben Schuhe. Ich habe gelernt zu stopfen, Kleidungsstücke werfe ich erst dann weg, wenn sie sich in Fetzen verwandeln. Dann wandern sie als Aufwischlappen ins Badezimmer und zerfallen dort allmählich in noch kleinere Stücke.

Es gibt bei mir keinen Staubsauger, stattdessen habe ich einen Handfeger und eine Teppichstange. Ich wende bewusst Energie für Dinge auf, die anderen keine Mühe bereiten. Ich mache mein Schicksal nicht von einer Steckdose abhängig. Ich lebe von der Hand in den Mund. Ich nehme Dinge bei mir auf und lasse sie erst dann wieder gehen, wenn sie anfangen, durchsichtig zu werden, oder in meinen Händen auseinanderfallen. Dann überlege ich mir, wie es mit ihnen weitergeht, ob sie noch irgendeine andere Funktion erfüllen können oder ob endgültig Schluss ist.

Ich habe keine Angst vor alternden Geräten, davor, dass meine Töpfe mit braunen Brandspuren bewachsen und mein einstmals schwarzes Hemd mit der Zeit grau wird. Ich habe nichts gegen Stopfnähte und Nietstellen, gegen Alterungserscheinungen, gegen Reparaturen und Ausbesserungen. Ich glaube an diese Handlungen. Eine Welt, in der die Reparatur eines kaputten Einzelteils wesentlich teurer ist als der Kauf eines neuen Geräts, ist eine kranke, auf den Kopf gestellte Welt.

Manchmal verströmt meine Wohnung den beißenden Geruch nach Essig. Manchmal rieche ich nach Knoblauch, was in dieser smarten Stadt eine unverzeihliche Sünde darstellt. Das sind meine Heilmittel gegen Fieber und Erkältung. Außerdem Honig, Himbeersaft, Spiritus und Lindenblüten. Etwas anderes lasse ich nicht gelten. Ich bin von keinem großen Nutzen für die Welt. Ich gebe fast nichts aus und nehme fast nichts ein, der Moment, in dem ich endgültig aus dem Teufelskreis der menschlichen Verpflichtungen ausbreche, rückt immer näher.

Ich wiege immer weniger, wenngleich noch immer zu viel.

Und je weniger ich wiege, desto mehr bin ich wert.

* * *

Freiheit? Gelächter im Saal. Die Freiheit ist heute genauso trügerisch wie früher. Nur dass der Betrug heute woanders liegt. Gut, ich darf denken und sagen, was

ich will. Doch bereits ein ganz normaler Einkaufsgang offenbart den trügerischen
Charakter unserer Freiheit.

Wir treffen unsere Entscheidungen innerhalb eines bestimmten Spielraums, der
in den Büros von Konzernchefs festgelegt wird und dessen Grenzen von Markt-
forschungsexperten abgesteckt werden. Von all den Spezialisten für Ergonomie,
Fusionierung, Wirtschaftlichkeit, Psychologie und die umgehende Erfüllung von
Kundenwünschen.

Du wünschst dir ein langlebiges Produkt, möglichst in einer Farbe, die nicht aus einer synthetischen Hölle zu stammen scheint, doch du kannst es dir nicht leisten, in
exklusiven Geschäften einzukaufen? In diesem Fall bist du zum Scheitern verurteilt,
respektive zu einer qualvollen Wanderung durch die Warenhäuser. Vor allem jedoch
bist du ein Dummkopf, der den Geist der Zeit nicht erkannt hat.

Wenn ein weit entfernter Fabrikant das Recht hat, mir seinen Willen aufzuzwingen,
warum darf ich dann nicht anderen meine Ansichten aufzwingen?

Wenn jemand versucht, mich gleichzuschalten, warum darf ich es dann nicht auch
tun?

Und warum darf ich in der Konfrontation mit der unsichtbaren Hand des Marktes
keine Gewalt einsetzen?

***

Ich fordere eine gesetzlich verordnete Armut. Kein Elend, lediglich Armut, ein
schwieriges Leben, ohne Fortschritt, mit einem Minimum an unentbehrlichen Geräten und Nahrungsmitteln. Ich mache mir keine Gedanken wegen Flechten auf
den Mauern, zu klein gewachsenen Früchten, schmalen Straßen, langsamen Zügen
oder einer schwachen Infrastruktur. Eure überzogenen Erwartungen haben jegliches
Maß überschritten. Ich habe mich bewusst für die Armut entschieden, für eine Welt
ohne Flugzeuge, Exotik, weite und schnelle Reisen. Meine Welt liegt still und leer
da, und ich beabsichtige, euch mit dieser Leere anzustecken. Sie ist unsere Rettung.

***

Liebe Pharisäer. Ringt ruhig weiter eure sensiblen Hände angesichts der Ausrottung
der Natur. Sobald böse Touristen ein niedliches kleines Bärchen steinigen, schreibt
ihr empörte Leserbriefe. Ihr seid unfähig zu verstehen, dass wir alle so handeln.
Der tote Bär im Naturschutzgebiet beunruhigt mich genauso wie die neu gebauten
Häuser am Waldrand, die breite Straße durch den Urwald, die nächste Zementfab-
rik, der nächste Hektar edlen Pflastersteins um eure geschniegelten Anwesen. Wir
alle sind Banditen, wir unterscheiden uns lediglich im Grad unserer Heuchelei.

***

Schluss mit dem Herumgereise. Nieder mit den Flugzeugen, zum Teufel mit Reisebüros und Küstenorten voller Spa und Marina Resorts, Schluss mit Rundreisen
durch Europa. Es ist bereits genügend Unheil im Namen des Tourismus angerichtet
worden. Billige Flugreisen sind eine Illusion. Sie schonen vielleicht deinen Geldbeu-
tel, doch dafür fressen sie Tonnen von Sauerstoff. Die malerischen, an die Schnitte

auf der Haut von Kriminellen erinnernden Wunden, die die Flugzeuge am Himmel hinterlassen, verschwinden nur scheinbar spurlos. Sie verheilen nie wirklich. Und derlei Wunden fügen wir dem Himmel jeden Tag zu Tausenden zu. Wir alle oder vielmehr unser übersteigerter Wunsch nach Veränderung.

Jedes Reisen erfordert Energie. Von Kutschen, Motorrädern, Zügen oder Flugzeugen. Von Hotels, Autobahnen, Bahnhöfen, Gleisen, Bergen von Handtüchern und Kilometern von Landebahnen, Seifenstücken und Zimmern, die nach jedem Gast desinfiziert werden wie nach dem Durchzug einer Seuche. Wenn ein einzelner Kolumbus mit seiner Armada über das Meer segelt, kann die Welt das verkraften. Wenn jedoch jeden Tag Millionen von Kolumbussen sich in Bewegung setzen und kaum noch jemand zu Hause bleibt, geschieht ein Unglück. Ich sage euch, das kann nicht gut gehen.

Es reicht endgültig. Wenn wir auch nur einen Funken Verantwortung in uns tragen: Schluss damit.

Das Einzige, was uns retten kann, ist die Regression, eine erneute Verengung des Horizonts, ein vereinbarter Stillstand, die Rückkehr in eine Zeit, in der die Welt am Horizont endete, am Rand des Waldes, am Fuß der Berge oder an einem schwer zu überquerenden Fluss. Eine Zeit, in der man ein Leben lang um sein Haus kreiste, wie ein an der Hütte festgeketteter Hund. In der ein Ausflug auf den städtischen Markt ein Ereignis war, an das man sich lange zurückerinnerte. Eine Welt, in der dann und wann ein in Lumpen gehüllter Emissär vorüberkam und von unglaublichen Begebenheiten berichtete oder man einen Brief von seinem Bruder erhielt, der in einem Anfall von Übermut in die neue Welt aufgebrochen war. In der die Verbundenheit mit der Scholle, die Angst vor dem Neuen und das unbewusste Misstrauen gegenüber all jenen, die sich in der Welt herumtrieben, anstatt auf der eigenen Schwelle zu verharren, stärker waren als der Wunsch nach Veränderung.

Es wird Zeit, dass wir zu all dem zurückkehren. Dass das Reisen wieder zu einem Privileg für Wenige wird. Wenn schon reisen, dann so wie früher die Abenteurer, Gesandten oder Bettler, mit verwanzten Herbergen, wachen Nächten unter Bäumen am Wegesrand, Expeditionen ohne Benzin, ohne Obdach und ohne Rollkoffer.

Ihr seht mich jetzt an wie einen Idioten, stimmt`s? Ich kann es doch sehen. Und ihr habt recht: Ich bin ein Idiot, ein Unnormaler, weil ich die Dinge beim Namen nenne. Meine Rede ist: Ja, ja; nein, nein. Ich bin konsequent. Ich bin ein verlorener Mensch.

Ich wurde von denselben Krankheiten heimgesucht, die auch euch plagen: Ich war schwankend, unsicher, oder wie man so schön sagt: auf der Suche. Ich habe mich lange vor der Antwort auf die Frage gedrückt, auf welcher Seite ich stehen will. Ob ich meine Seele dem Teufel verschreiben und mich in den Luxus stürzen soll, in das Anhäufen von Besitztümern, die unser Leben angenehmer machen, während sie gleichzeitig die Umwelt zerstören? Oder ob ich möglichst nah am Boden kriechen soll, wie ein Wurm oder ein Obdachloser?

Nur dass ich mich schließlich entschieden habe. Das Unschärfeprinzip hat in meinem Leben nie eine entscheidende Rolle gespielt, auch wenn es eine Zeit lang ein Teil davon war.

Ich habe mich entschieden, weil jeder, der nicht kriecht, sondern fliegt, zu einem Fluch für die Umwelt wird. Zu viele von uns wollen Astronaut spielen.

Dies ist erst der Anfang meines Projekts, ich will euch also lediglich einen kurzen

Abriss geben, eine flüchtige Skizze, in der sicherlich jemand anders den letzten Pin-
selstrich setzen wird. Zuletzt wird es sich in ein Regelwerk verwandeln, das ebenso
umfassend sein wird wie die Gesetze der Thora. Denn Regression bedeutet nicht
nur, nicht zu reisen, sondern auch, sich nach und nach von allem Überflüssigen zu
befreien, sich in der Kunst des Verzichts zu üben. Zur Hölle mit Sonnenschirmen
am Strand, weit ins Meer ragenden Seebrücken, malachitgrünen Hotelpools und
Drinks mit Strohhalmen und Plastikschirmchen, zur Hölle mit der ganzen Wegwerfgesellschaft, mit all dem, was uns träge macht und uns das Leben erleichtert.
Nicht dazu sind wir hier. Über Jahrtausende hinweg war die Beschwerlichkeit unser
ständiger Begleiter. So war es seit jeher, und zu viel Erholung und ein Übermaß an
Annehmlichkeiten kommen uns teuer zu stehen.
Mein Projekt bedeutet Schmutz, Hässlichkeit, Armut und Eintönigkeit. Ein kurzes
Leben ohne Make-up und grelle Farben. Eine himmelschreiende Unhygiene, eine
Epidemie der Mittellosigkeit. Schlecht beheizte Wohnungen und ungenießbares
Essen. Die Angst vor dem nächsten Winter. Gebrauchsgegenstände werden an
die Nachkommen weitergegeben, die Materie wird bis auf die Knochen abgenagt.
Rückschritt statt Fortschritt. Lowtech, Beschwerlichkeit und, wer weiß, vielleicht
sogar ein Martyrium, Recycling als Glaubensbekenntnis, das Festhalten an schad-
haften und unansehnlichen Geräten. Der Verzicht auf das Reisen. Autofahrten ohne
Mobiltelefone, Thermosbecher und Zeitungen, die schon nach wenigen Stunden
nicht mehr aktuell sind.
Bücher können bleiben.
Eine Welt ohne Möbel aus Pressholz und Küchenarbeitsplatten aus Kunststein,
überhaupt ohne Küchenarbeitsplatten, was soll der Quatsch?
Ohne Krimskrams, grelle Farben, Städte, die Nacht für Nacht von Tausenden von
Straßenlaternen erhellt werden, ohne Kosmetik, Tetra-Paks, Eierbecher und Fischga-
beln, ohne vollgestopfte Kleiderschränke, Terrakottafiguren und Geschirrspüler.
Ohne Grapefruits, ohne Orangen und ohne diese komischen Litschis, ohne die
Rosen aus Ecuador, die die Blumenläden mitten im Winter verkaufen. Hast du
eigentlich einmal darüber nachgedacht, welchen Weg eine Rose aus Südamerika
zurücklegen muss, dieselbe Blume, die du mitten im Winter zwischen den Zähnen zu deiner Angebeteten trägst? Wie viel Treibstoff in einem Bündel Bananen
oder in Tomaten aus Spanien steckt? Machst du dir, wenn du eine Kiwi kaufst,
bewusst, dass du gerade dein Scherflein zur Zerstörung der Welt beiträgst? Unsere
elektrischen Zahnbürsten fressen Strom. Unsere Radios und unsere Fernseher mit
ihren Dioden, die nachts blinken wie das ewige Licht am Altar, entziehen der Welt
Energie. Schluss mit dem Leben im Stand-by-Modus.
Ihr könnt mich in einen Käfig sperren und an den Wochenenden durch die Ein-
kaufszentren fahren oder mich auf dem Berg Golgota neben irgendeiner Autobahn
ans Kreuz schlagen und dazu eine Pressekonferenz veranstalten oder eine politische Sendung mit Pontius Pilatus, der in klaren Worten über die Notwendigkeit
des Fortschritts spricht. Ich werde trotzdem versuchen, euch vom Wahnsinn zu
überzeugen, weil nur ein drastisches Projekt uns noch retten kann. Schluss mit halben Sachen, Kompromisse sind etwas für Kinder aus besseren Häusern und ewige
Zweifler. Es sei denn, auch ihr lasst euch von den Lügenmärchen einwickeln, die
euch die Experten für Gewissensbesänftigung tagtäglich auftischen, all die Schlau-
berger, die uns so gekonnt die Überzeugung eintrichtern, dass energieeffiziente

Kühlschränke die Welt retten und dass das nächtliche Ausschalten des Fernsehers unseren Planeten vor dem Treibhauseffekt bewahrt.

Ich sage euch: Bequemlichkeit und Rechtschaffenheit sind unvereinbar. Da gibt es keine Nuancen oder fließenden Übergänge. Es gibt nur eine Barrikade, und der Versuch, sich rittlings auf sie zu setzen, ist ähnlich Erfolg versprechend wie der jauchzende Ritt auf einer gut geschliffenen Rasierklinge. Du bist Vegetarier und fährst einen japanischen Geländewagen? Oder du palaverst beim Picknick gerne über die schwindenden natürlichen Ressourcen, während du Bier aus einer Aluminiumdose schlürfst? Oder vielleicht planst du, in einen Vorort zu ziehen, weil du die Nase voll hast vom Großstadtwahn und unbedingt die Nähe zur Natur brauchst? Oder du hältst dich für einen guten Menschen, weil du dein Haus mit Windenergie versorgst? Der Zusammenhang zwischen deiner Bierdose und der Erderwärmung ist dir nicht bewusst? So ist der Mensch: ein Oxymoron, eine halbe Jungfrau, eine Ein-Mann-Müllfabrik, die einmal im Jahr an einer Stadtreinigungsaktion teilnimmt und in der Überzeugung lebt, die Welt dadurch zu einem etwas besseren Ort zu machen. Aber »etwas« ist heutzutage zu wenig, im Grunde so gut wie nichts. Es geht nicht darum, Kraftwerke durch Windräder zu ersetzen. Es geht darum, überhaupt keine weiteren Kraftwerke zu bauen. Du kannst nicht gleichzeitig Auto fahren und dich als Umweltschützer aufspielen. Energiesparende Mikrowellen? Was bringt dir bitte schön diese neueste Errungenschaft der Technik?

Und genau hier setzt mein Projekt an. Ich will so wenig Energie verbrauchen wie möglich.

Deshalb betrachte ich jede meiner Handlungen unter energetischen Gesichtspunkten. Eine kinderleichte Rechnung: Auf die eine Seite der Waagschale lege ich eine tote Robbe. Anschließend ziehe ich ihr das Fell ab. Das Fleisch esse ich, das Fett koche ich aus und die Knochen verarbeite ich zu Leim. An meinem Rücken spüre ich die wohlige Wärme des Robbenfells. Die Eingeweide frisst der Hund. Ich habe der Robbe mit einem stumpfen Knüppel Schmerzen zugefügt. Ein Drama, nicht wahr? Nein, ich spotte nicht, ich meine es ernst. Jeder Tod ist ein Drama, egal, ob es sich um einen Menschen oder eine Libelle handelt. Eine gebratene Garnele bereitet mir dieselben Gewissensbisse wie ein Schweinskotelett.

Auf die andere Waagschale lege ich ein künstliches Fell. Ein hübsches künstliches Fell. Genau das Richtige für die Geliebte, die in körperlicher und geistiger Hinsicht auf eine schlanke Linie achtet. Ein paar Kilo Nylon aus ein paar Hundert Litern Erdöl. Nebenbei verbrauche ich auch noch Wasser. Wasser, das sich in Abwasser verwandelt, Wasser, das anschließend einem anderen fehlt.

Was wähle ich also? Den Tod selbstverständlich, weil er weniger kostet. Oder noch besser: meine alte, löchrige Jacke, in der ich aussehe wie ein Obdachloser. Die Robbe lebt weiter, und ich huste mir im nächsten Frühling die Lunge aus dem Hals. Warum vergifte ich eure Gedanken mit Zweifeln, anstatt euch in Ruhe vor euch hin leben zu lassen, umgeben von Komfort und aufgeblähter Materie? Die Antwort ist ganz simpel: Weil ich euch letztendlich doch noch mit einer guten Idee anstecken will, mit etwas, das mehr ist als nur ein zufälliger Griff in den riesigen Topf unserer schnelllebigen Faszinationen, gerade angesagten Religionen, Anleitungen zur spirituellen Entwicklung und aus Zeitschriften ausgeschnittenen Antworten auf den Sinn des Lebens.

Nur zwei Worte. Zwei Worte. Alles zurück.

***

Überall zu viel von allem.
Je weniger ich bin, desto weniger begehre ich.

***

Ratnicyns Brief

Sehr geehrter Herr Cfischen,
Ich befinde mich derzeit an einem Ort, an dem man nicht allzu viele Briefe schrei-
ben darf.
Es ist ein Kloster mit einer strengen Ordensregel, am anderen Ende der Welt. Ich
komme hierher, um ein wenig Ruhe zu finden. Einmal im Jahr, für zwei bis drei
Wochen, am liebsten im Spätherbst, ohne Laptop und Mobiltelefon, ohne ein gutes
Buch gegen die Langeweile, ohne irgendwelche Projekte im Kopf. Ich versuche, die
Welt eine Zeit lang auszusperren. Einfach so: Ich packe ein paar Anziehsachen zum
Wechseln in den Rucksack und verschwinde.
Bestimmt wundern Sie sich, dass ich einen so unerwarteten Weg eingeschlagen
habe. In gewissem Sinne ist dies eine noch wesentlich größere Herausforderung
als eine Trekking-Tour durch Nepal. Das erste Mal bin ich nach drei Tagen wieder
geflüchtet: Die Monotonie des Klosterlebens erwies sich als unerträglich. Ein Jahr
später kehrte ich zurück. Erst jetzt beginne ich zu erkennen, was sich hinter ihr
verbirgt. Während unserer ersten Begegnung habe ich Ihnen davon erzählt, wie
M-ski und ich gemeinsam glaubten und wie wir gemeinsam aufhörten zu glauben.
Jetzt versuche ich, zu dem zurückzukehren, was ich verloren habe. M-ski hat einen
anderen Glauben gefunden.

Noch etwas zu den Briefen: Gemäß der Ordensregel dürfen die Mönche fünf Briefe
pro Jahr schreiben. Es gibt auch Brüder, die auf dieses Privileg verzichten, um die
Stille um sich herum noch zu vertiefen und den Aufenthalt im Kloster noch quälen-
der zu gestalten. Oder vielleicht geht es gar nicht so sehr um die Qualen, sondern
vielmehr darum, all jenen Dingen zu entsagen, die uns als unverzichtbar für ein
gutes Leben gelten.
Nicht alle Ordensbrüder haben es so weit gebracht – selbst der Prior bedarf eines
gewissen Kontakts zur Außenwelt, auch wenn dieses Bedürfnis nicht mehr so stark
ist wie vor dreißig Jahren, als er sein Noviziat begann. Er möchte, dass es schon
bald vollständig verschwindet. Er hat mir einmal erzählt, dass er zu Beginn seines
Aufenthalts im Kloster fünf Briefe pro Jahr schrieb. Lange Briefe: an seine Mutter,
zwei gute Freunde, seine ehemalige Verlobte, seinen Professor, Briefe voller Zweifel, Freude und Halluzinationen, wie Inklusen sie infolge zu langen Fastens erleben.
Darüber, welch eine qualvolle Erfahrung es ist, in einer Klosterzelle eingeschlossen
zu sein und sich allmählich von seinen Bedürfnissen zu befreien. Auch darüber,
dass eine zu strenge Ordensregel etwas Unmenschliches hat, etwas, das der

menschlichen Natur völlig zuwiderläuft. Aus diesem Grunde gibt es nur wenige, die sich ihr unterwerfen.

Ein Teil der Mönche und der Klostergäste, darunter auch ich – es mag hochmütig klingen, aber so ist es nun einmal –, manche von uns versuchen an diesem Ort das Unbegreifliche zu begreifen, auf dem Weg der Stille. Eine äußerst schmerzhafte Erfahrung, denn ich ersticke in mir den natürlichen Wunsch, jemand zu sein, teilzuhaben, geachtet zu werden, ein Wunsch, der im geistig erweckten Klosterbruder ebenso stark ausgeprägt ist wie im vor Eitelkeit strotzenden Fernsehstar. Andere, und die haben es wesentlich leichter, akzeptieren den göttlichen Maulkorb ohne besondere Schwierigkeiten: Sie werden mit Scheuklappen geboren und kommen mit Scheuklappen ins Kloster. Verzeihen Sie bitte den hochtrabenden Vergleich: Ihr intellektuelles und spirituelles Leben ist ebenso armselig wie die Landschaft um Konya. Steine, Schutt, vertrocknete Pflanzen, von der Glut der Jahrhunderte verbrannte Berge. Ich erinnere mich noch von meinen Reisen als Student her an diese unfruchtbare Landschaft. Doch sogar in der Wüste wird es manchmal Frühling. Und selbst der dümmste Mönch verwandelt sich zuweilen in einen blühenden Olivenbaum. Das darf man nicht vergessen.

Ich fing an, Ihnen von den Briefen des Priors zu erzählen. Mit der Zeit schrumpfte ihr Umfang, die Abschnitte und Sätze wurden immer kürzer, er schrieb immer weniger, obwohl er immer mehr zu sagen hatte. Es war, als würde er sich aus freiem Willen mit einer Einöde umgeben. Man könnte aus all diesen Seiten ein ziemlich dickes Buch zusammenstellen, eine Dokumentation seines Wegs hin zum bewussten Schweigen. Nach nunmehr dreißig Jahren hinter Klostermauern schreibt er nur noch zwei Briefe im Jahr, einen an seine Mutter und einen an seine ehemalige Verlobte.

Ich betrachte unsere Unterhaltungen als unvollständig. Bei meinem Versuch, Ihnen von M-ski zu erzählen, ist mir ein Fehler unterlaufen, den ich erst hier bemerkt habe. Man kann M-ski nicht ausschließlich über sein soziales Engagement, seine revolutionären Neigungen definieren. Ich schreibe das auch, um Sie zu warnen. Ihr alle habt euch hoffnungslos verirrt, und das, was euch als der angemessenste Weg erscheint, führt geradewegs zu einer bitteren Enttäuschung oder ins Gefängnis. Keine dieser Richtungen ist gut.

Mit einem hat Ihr Mentor selbstverständlich recht: Diese Welt, oder besser, unsere Welt, mit ihren immer neuen Technologien und ihrer Tragödie des Überflusses, läuft in eine falsche Richtung. Das ist offensichtlich. Ein gewisser Schriftsteller hat die Wirklichkeit einmal mit einem Fahrradfahrer verglichen, der ohne zu bremsen einen steilen Hang hinabjagt. Der Radfahrer fährt immer schneller, wie es die Physik ihm vorschreibt, in einer gleichmäßig beschleunigten Bewegung, doch er denkt nicht daran, die Bremse zu betätigen. Und wir sitzen auf dem Gepäckträger und halten uns krampfhaft am Sattel fast. Sie erinnern sich doch bestimmt noch aus Ihrer Kindheit an solche Scherze. So etwas geht nie gut aus. Und vielleicht kommt es noch dazu, dass wir in zwanzig Jahren, wenn unsere Gesichter faltig und welk sind, mit eigenen Augen erleben, wie diese kassandrischen Prophezeiungen in Erfüllung gehen. Das ist durchaus möglich. Selbst hier, fernab der Welt und der großen

Schlagzeilen, spürt man deutlich, dass es im Getriebe der Welt zu knirschen beginnt. In diesem Jahr versiegte zum ersten Mal seit Bestehen des Klosters der Brunnen. Das Wasser musste mit einem Tankwagen hergebracht werden. Ein Teil der Bäume ist vertrocknet. Die Kastanien und Eichen verkümmern, die Pflaumenbäume bestehen fast nur noch aus trockenen Spänen. Vom Kirchturm aus beobachtet der Prior regelmäßig den Fluss. Er kann sich nicht daran erinnern, dass er je so schmal war. Die Natur spielt verrückt, sie führt sich auf wie ein wild gewordener Brummkreisel. Du weißt nie, wo sie als Nächstes zuschlägt, schwankend und launenhaft, wie sie ist. Und was soll man erst über die Menschen sagen? Manchmal denke ich, dass einige der Mönche an ihren Radioempfängern und Zeitungen festhalten, um sich zu bestrafen. Auch hier wird sichtbar, dass alle alles haben wollen.

Ihr Mentor hat also Recht. Mehr noch: Ich spüre eine geistige Verwandtschaft zwischen ihm und den Mönchen, schließlich träumt er von nichts anderem als der Gründung eines Ordens, dem wir alle zwangsweise angehören werden. Das ist selbstverständlich eine schöne Idee. Das Problem ist nur, dass sie von einem falschen Messias geäußert wird. Er trägt zu viel Hass und Zorn in sich. Auch Jesus warf zwar die Tische der Händler im Tempel um, doch die Bibel berichtet nirgends davon, er habe versucht, jemanden mit Gewalt zu bekehren. Er ließ den Menschen die Wahl. M-ski lässt niemandem eine Wahl.

Ich werde Ihnen nun ein wenig über das Kloster erzählen. Die Mauern sind brüchig, für eine Renovierung fehlt sowohl das Geld als auch die Kraft. Innen sieht es noch schlimmer aus. Rundherum herrscht Trockenheit, und hier vermodern die mittelalterlichen Schriften, nach jedem Frühling frisst der Schimmel an dem morschen Holz und den feuchten Mauern. Der große Garten ist mit Unkraut und Gras überwuchert. Der ganze Ort zerfällt allmählich zu Staub. Es leben nur noch zwölf, überwiegend greise Mönche in dem riesigen, kalten Gebäude, das in seinen besten Zeiten von den Stimmen von dreihundert Ordensbrüdern erfüllt war. Es gibt keine Neueintritte, die Ordensregel ist einfach zu streng. Niemand will freiwillig frieren und bei Wasser und Brot fasten. Niemand will sich von der Welt zurückziehen und allem Weltlichen entsagen. Es gibt sogar Gerüchte, der Generalsuperior spiele mit dem Gedanken, das Kloster aufzulösen und die letzten Überlebenden nach Rom zu versetzen. Von einigen der Mönche möchte ich gar nicht erst erzählen, das wäre zu traurig. Selbst sie erweisen sich als zu schwach, um dem Überfluss zu trotzen.

Auch M-skis Ordensregel ist zu streng für die breite Masse. Die Menschen sind einfach nicht für die Regression geschaffen, sie werden niemals freiwillig zurückgeben, was die Zivilisation ihnen beschert hat. Und sie haben immer mehr. Es gibt keinen Weg zurück zu Kälte, Skorbut und vierzig Tagen im Jahr Brot mit Zwiebelscheiben. Können Sie sich überhaupt noch ein Leben ohne Kühlschrank vorstellen? Mögen Sie den Geschmack ranziger Butter? Ich will es einmal marktwirtschaftlich ausdrücken: Niemand wird euch das abkaufen. Ihr könnt lediglich versuchen, den Menschen eure legitimen Postulate mit Gewalt aufzuzwingen.
Und dann hört der Spaß auf.
Die Lösung kann nur ein Krieg oder eine Revolution sein, eine Requirierung all der überflüssigen, energiefressenden Geräte und ein Verbot der Bequemlichkeit.

Ähnliche Ereignisse gab es bereits in der Geschichte. Sie gingen von Menschen wie
M-ski aus, Menschen voller hehrer Ideen. Ich verfolge aufmerksam den Wirbel, der
in letzter Zeit um eure Bande entstanden ist, das Fernsehen und den Ruhm. Ich
mache mir deswegen keine Sorgen – ich sage mir einfach, dass der Spuk schon bald
vorüber sein wird und erneut nur eine Handvoll eifriger Missionare zurückbleibt.
Vielleicht kommen einige Anhänger hinzu, mehr nicht. M-skis Apostel sind zu
schwach, sie mögen vielleicht bereit sein zu handeln, doch sie sind längst nicht so
wortgewandt wie er.

Ich halte jedoch auch eine weitere Variante für möglich. Jede Revolution beginnt
mit einer Handvoll Menschen, die nach und nach immer mehr Anhänger gewinnen. Und es kann passieren, dass ihr unerwartet an Stärke gewinnt. Wer weiß, ob
mein schönes Auto nicht eines Nachts in Flammen aufgeht, weil es Benzin, Lack
und Edelmetalle verbraucht? Ich denke ernsthaft über eine solche Möglichkeit
nach. Es reicht schon ein einziger Verrückter, der sich M-skis Worte zu sehr zu
Herzen nimmt. Deshalb wünsche ich euch, dass ihr scheitert.

M-ski ist ein intelligenter Mensch, doch seine Intelligenz ist von der Art, wie sie
Offiziere in Zeiten des Krieges oder Revolutionäre im Eifer des Gefechts zeigen.
Keinerlei Zweifel, keinerlei Differenzierungen. Warum, glauben Sie, geht er sams-
tags ins Stadion? Was fasziniert ihn an diesen armseligen Spektakeln? Er denkt
wie ein Soldat, er will Gewalt mit Gegengewalt beantworten, und eben das macht
ihn, obwohl er sich ihm entgegenstellt, zu einem Teil des Systems. Er bedient
sich eben jener Mittel, die er verabscheut. In einer Zeit, in der die Ideen wild ins
Kraut schießen, in der jeden Tag von neuen Ideen für eine bessere Welt berichtet
wird, intensivieren die Hirngespinste Ihres Messias lediglich das Chaos der Welt,
sie sind nur ein weiterer Beitrag zum allgemeinen Tohuwabohu. Ein zusätzliches
Produkt im vollgestopften Regal mit der Aufschrift »Ideen«. Er kämpft gegen den
Lärm an – und erzeugt dadurch nur weiteren Lärm. Er ist wie ein in einer Schlinge
gefangenes Tier: Je mehr er versucht, sich loszureißen, desto enger schließt sich das
Seil um seinen Hals.

M-ski übersieht die einfachsten, selbst für Laien verständlichen psychologischen
Gesetze. Jeder Mensch braucht eine gewisse Komfortzone, einen Ort, an den er
sich zurückziehen und wo er ein wenig verschnaufen kann. Nur dass diese Komfortzone inzwischen bedrohliche Ausmaße annimmt. Dies ist jedoch ein Prozess,
der sich ohne eine globale Bekehrung nicht aufhalten lässt. Wenn wir befördert
werden, gewöhnen wir uns mühelos an ein höheres Einkommen. Mit Degradierun-
gen hingegen haben wir ein Problem: Die meisten Menschen suchen nach einer
Position, die ihnen zumindest ein vergleichbares Einkommen bietet. Nicht anders
ist es mit der Bequemlichkeit. Wollt ihr ernsthaft durch die Straßen laufen und die
Menschen bekehren, indem ihr auf sie einschreit, Autos seien eine Erfindung des
Teufels und Digitalkameras, Plastikfolie und die ganze Wegwerfgesellschaft stürzten
uns ins Verderben? Wie kann man die Menschen dazu bringen, auf ihre Motorboo-
te, Feuerwerke, Wasserscooter und Motorräder zu verzichten?
Die Antwort lautet: nur mit Gewalt und Terror. Der den Hügel hinabjagende Fahrradfahrer lässt sich nur aufhalten, indem man ihm einen Balken in den Weg wirft.

Logik und sachliches Diskutieren helfen in solchen Fällen nicht weiter. Deshalb
werdet ihr früher oder später damit beginnen, Gewalt anzuwenden. Eure Aktionen in den südlichen Wäldern oder am Fuße des Hügels sind erst der Anfang, die
Vorstufe. M-ski weiß das genau.

Eines würde mich noch interessieren. Wie kam dieser kluge Kopf bloß auf die Idee,
der Mensch sei dazu geschaffen, konsequent und schlüssig zu handeln? Woher diese Naivität? Unser Leben ist heute mehr denn je von der Inkonsequenz bestimmt.
Wir sind umzingelt von Alternativen, es gibt keine Möglichkeit, ihnen gegenüber
gleichgültig zu bleiben. Hier, im Kloster, halte ich die Zwiespälte, die mit dem Überfluss einhergehen, bewusst auf Distanz. Dort, außerhalb des Klosters, gibt es keine
Möglichkeit, ihnen zu entrinnen.

Welche Alternative schlage ich also vor? Ich habe vor Kurzem in der Klosterbibli-
othek ein weiteres interessantes Zitat über den Sinn der wahren Kontemplation
entdeckt. Es stammt aus der Ordensregel der Basilianer: »Der Mönch muss sich
von der Welt entfernen, er muss ohne Stadt, ohne Haus, ohne Eigenthum, ohne
Freunde, ohne Gerätschaft, ohne Lebensmittel, ohne Geschäfte und ohne Gewerb
sein.« Das ist ihre Art zu kämpfen. Sie wollen die Menschen nicht mit Feuer und
Schwert zum Glauben bekehren. Sie wollen nicht schreien, nicht schreiben, nicht
sprechen, nicht die Köpfe anderer mit ihrem Wissen verschmutzen. Weil ihr Glaube ihnen den Selbstmord verbietet, wählen sie die einzig mögliche Alternative: Sie
verschwinden zu Lebzeiten. Zwei von ihnen werden in Kürze ihr Schweigegelübde
erneuern. Sie versuchen nicht, den Geist ihrer Zeit zu erfassen. Das wäre, als wollte
man ein Tier aus dem Dschungel zähmen. Sie beobachten, und ich tue es ihnen
gleich. Auch ich versuche, zur Ruhe zu kommen und so wenig Platz wie möglich
zu beanspruchen. Ich habe noch ein Zitat, aus den *Aufrichtigen Erzählungen eines
russischen Pilgers*: »Ich bin gleichsam närrisch geworden; um nichts sorge ich mich
mehr; nichts gibt es, das mich fesselt; nichts Eitles schaue ich an; wenn ich nur
immer allein bin in der Einsamkeit! Der Gewohnheit getreu, drängt es mich nur zu
dem einen: Unablässig das Gebet zu verrichten, und immer, wenn ich mich damit
abgebe, werde ich sehr froh.« M-ski könnte sich diese Gedanken zu eigen machen,
wenn er nicht so hochmütig wäre. Sie sehen also, Armut schützt nicht vor Hoch-
mut. Man kann bettelarm und trotzdem ein schlechter Mensch sein. Es besteht ein
Unterschied zwischen evangelischer Armut und mit giftigen Kräutern garnierter
Mittellosigkeit. Und ich lege meine Hand dafür ins Feuer, dass er sehr viel von
diesem Gift in sich trägt. Ich glaube nicht, dass M-ski ein glücklicher Mensch ist.

Noch etwas zum Kloster: Es gibt hier keine Wüstenväter, die ausschließlich von
Sand und Gebeten leben. Auch die Mönche haben ihre Komfortzonen, nur dass
diese wesentlich bescheidener sind. Der Prior malt jeden Abend die Zahl seiner
Lebenstage auf eine große Leinwand. Heute Abend wird er die Zahl 22365 malen.
Ich sehe förmlich, wie Sie jetzt das Gesicht verziehen, weil Ihnen das prätentiös
erscheint. Im Spätherbst, unmittelbar vor der Adventszeit, trinken die Mönche
Quittenlikör zum Abendbrot. Das ganze Jahr über freuen sie sich auf diesen leicht
säuerlichen Geschmack. Der Prior liebt es, die Augen zu schließen und mit den Fingern über ein gewöhnliches Blatt zu streichen. Im Winter, wenn der Schnee liegen

bleibt, geht er hinaus auf die Wiese hinter dem Kloster und betrachtet die zarten Spuren, die die Mäuse auf der weißen Fläche hinterlassen. Haben Sie das gehört? Es gibt noch Mäuse- und Hasenspuren auf schneebedeckten Wiesen. Es gibt noch raue Rinde an den Bäumen. Der Himmel nimmt jeden Tag einen anderen Farbton an. Es ist eine Welt, in der man glücklich werden kann. Ich versuche, das zu lernen.

Ich bin mir der ungerechten Ordnung der Welt durchaus bewusst: Die Mönche schaden durch ihre Entsagungen niemandem, der ein bequemes Leben führen, drei Autos vor seinem Einfamilienhaus und zwei Rasenmäher in seinem Holzschuppen stehen haben will. Also unter anderem meiner Familie. Jene, die ein bequemes Leben führen wollen, schaden hingegen den Mönchen: Sie nehmen ihnen die Luft zum Atmen und zerstören das Klima mit ihren Deosprays. Das ist ungerecht. Es ist ungerecht, dass ein Idealist wie der, dessen Visionen einen so tiefen Eindruck auf Sie gemacht haben, möglicherweise an einem von Nahrungsmittelzusätzen hervorgerufenen Lungen- oder Darmtumor krepiert, während der Direktor eines Chemiekonzerns sich bis ins hohe Alter bester Gesundheit erfreut. So etwas lässt sich nicht vermeiden: M-ski hat recht, wenn er die Welt als ein riesiges System kommunizierender Röhren beschreibt, es lässt sich also nicht vorhersagen, an welcher Stelle das Glas zerspringt und Blut und Leid aus einer zerbrochenen Pipette hervorströmen. Wo liegt die Rettung? Der Wind weht, wo er will. Die Rettung liegt einzig und allein in der Ruhe. In der ruhigen Beobachtung der Welt, selbst wenn sie in eine falsche Richtung läuft. Ruhe ist nicht gleichbedeutend mit Tatenlosigkeit: Verändere die Welt um dich herum, langsam, im Kleinen. Baue etwas auf. Auch ein solches Verhalten ist ansteckend, ohne dass anderen dadurch ein Leid zugefügt wird. Aus diesem Grund werde ich in zwei Wochen nach K. zurückkehren, zu Arbeit, Kindern, Steuern, Fernsehen, Mechanikern und Geschäftspartnern. Ich werde weiter kämpfen und eben jene Welt errichten, die M-ski zerstören will, denn darin liegt meine Aufgabe: Zuzusehen, wie um mich herum immer mehr Häuser emporwachsen und immer mehr Bruchbuden vom Erdboden verschwinden. Vielleicht werde ich zumindest eine Zeit lang ein wenig gelassener sein. Ich will in Kürze einen Wohltätigkeitsfonds einrichten, einen mons pietatis, haben Sie schon einmal von diesem Konzept gehört? Erzählen Sie M-ski davon, bestimmt wird er sich fürchterlich aufregen. Wohltätigkeitsfonds sind ein guter Weg, dafür zu sorgen, dass es auf der Welt immer weniger von seiner Sorte gibt.

Das wäre im Grunde alles. Richten Sie M-ski bitte aus, dass er herzlich eingeladen ist, mich zu besuchen. Man erwartet ihn hier. Es ist der einzige Ort, an dem er seinen Frieden finden kann. Es gibt sehr viel zu tun.
Mit freundlichen Grüßen
Ratnicyn

Aus dem Polnischen von Heinz Rosenau

Die Textfragmente sind dem Band »Low-Tech«, Kraków 2009, entnommen.

Michał Głowiński

Die Geschichte einer Pappel

In meinem Bewusstsein – und somit auch in meinen meist spontan sich einstellen-
den, manchmal jedoch auch mit Vehemenz aus dem mehr oder weniger reichen
Vorratsspeicher des Gedächtnisses hervorgeholten Erinnerungen – hatte sie sich für
immer mit dem Ort verbunden, mit dem sich vom Anfang des 20. Jahrhunderts an
die Familiengeschichte mütterlicherseits verband. Sie wurde zum greifbaren Sinn-
bild, zu einer Art Symbol, das in sich verschiedene Inhalte und Motive vereinigte,
obwohl sie dem Anschein nach nur ein gewöhnlicher Baum war, der einzeln wuchs,
für den unbeteiligten Beobachter sich – möglicherweise – durch nichts Besonderes
auszeichnete, also nur der Vertreter einer Baumart, die in unserer Gegend verbreitet war. Aus einem Lexikonartikel des Dendrologen Stefan Białobok erfuhr ich,
dass es viele Arten davon gibt, von denen einige in Polen häufiger vorkommen, ich
vermag jedoch nicht zu sagen, zu welcher Art genau dieser Baum gehörte, den ich
vor Augen habe – und ins Zentrum meiner Erzählung rücke. Das hat jedoch auch
keine größere Bedeutung, denn eine Pappel ist eine Pappel, ist eine Pappel, ist eine
Pappel …

Ich habe sie von frühester Kindheit an, noch von vor dem Krieg, in meinem
Gedächtnis bewahrt, von den recht häufigen, wohl wöchentlichen, Besuchen bei
meinen Großeltern. »Ich erinnere mich, obwohl ich ein kleines Kind war …«
Schon damals schien sie mir ein großer und prachtvoller Baum zu sein; eine
solche Wahrnehmung mochte, zumindest in einem gewissen Maße, von meiner
Kinderperspektive herrühren, denn alles, was den Kopf heben, ein nach oben
Schauen erforderte, war riesig und in dem Fall – strebte es geradezu zum Himmel.
Eine derartige Wahrnehmung entsprach jedoch der Wirklichkeit und der Größe
des Objektes, denn hat schon jemand eine kleine, gerade erst gepflanzte Pappel
gesehen, die langsam und mühevoll – wie andere Bäume – in die Höhe steigt, eine,
die man gerne mit dem Eigenschaftswort »jung« bezeichnen würde? Niemals habe
ich eine solche Pappel gesehen – und ich vermute, dass ich da nicht der Einzige
bin. Pappeln tragen von Anfang an irgendeine seltsame Energie in sich, sie wachsen
schnell, man möchte fast sagen – vor den Augen des Betrachters, auf spektakuläre
Weise, scheinen demnach über eine Art Wachstumshormon zu verfügen, das keine
Verzögerung zulässt und mit Leichtigkeit alle Widerstände überwindet. Sie schießen in die Höhe, obwohl sie nie eine so breite Krone haben wie jene »Linde, so
ausladend, dass unter ihrem Schatten hundert junge Männer, hundert junge Frauen
zum Tanze sich versammeln«. Pappeln schauen nicht zur Seite, wollen niemanden
vereinnahmen, sind schlank – und streben zum Himmel. Ich würde sie am ehesten
mit einer gotischen Kathedrale vergleichen.

Als ich von meiner Kinderperspektive aus verstohlen nach oben schaute, um mit
dem Blick dieses monumentale Ganze zu umfassen, war die Pappel bereits kein
Baum mehr in seiner ersten Jugend, sondern schon etwa ein Vierteljahrhundert alt,
sie war an der Stelle zu Beginn des Jahrhunderts erschienen; noch vor Kurzem hät-

te ich gesagt »unseres Jahrhunderts«, aber das kann ich jetzt nicht mehr, da jenes Jahrhundert zu Ende gegangen ist, verklungen wie ein sich ins Unendliche ziehendes Musikstück, dessen Schlussteil im Grunde genommen schon niemand mehr hören möchte. Die Pappel also, deren Schönheit, Pracht und vitale Kraft ich hier besinge, erschien an diesem Ort gleich zu Beginn des 20. Jahrhunderts, als Großvater, frisch vermählt, sich in dem Städtchen niederließ und als junger Kaufmann sein in späteren Jahren ausgezeichnet florierendes Unternehmen gründete. Ich schreibe »sie erschien«, denn wie ich gehört habe, war sie von niemandem gepflanzt worden, sondern von selbst hier gewachsen – und die Umgebung erwies sich für sie als günstig, geradezu hervorragend, sie eroberte sich den notwendigen Lebensraum, nichts hemmte ihre Entwicklung. Sie wurde als sympathischer und willkommener Gast aufgenommen, wurde Teil der Familienwirklichkeit. Kein Erinnern an die weit zurückliegende Vergangenheit, kein sich ins Gedächtnis rufen der vergangenen Zeit, die unwiederbringlich verloren ist in einem höheren Maß als in den Epochen, in denen die Geschichte nicht verrückt gespielt hat, konnte sie ignorieren, konnte gleichgültig an ihr vorübergehen, obwohl sie nicht so einen weitreichenden, an drückend heißen Tagen geradezu ersehnten Schatten spendete wie die Linde.

Die Pappel wuchs an einer gut sichtbaren, sozusagen exponierten, aber auch vorteilhaften Stelle – für sie selbst und für alle anderen, sodass sie niemandem im Wege stand und eine großartige Zierde war. Unweit des Eingangstors, beim Hineingehen oder Hineinfahren, befand sie sich auf der rechten Seite, direkt auf der Grenze, die das Reich des Großvaters vom Mietshaus mit dem Hof und dem Hinterhaus trennte; da in dem Mietshaus hatte vor dem Krieg ein jüdischer Schlachter seinen kleinen Laden, und sein Nachbar war Herr Czesław, der einige Jahrzehnte ein Friseurgeschäft führte (wohl ausschließlich für Herren). Gut sichtbar war die Pappel von der Straße aus, es verdeckte sie kein grüner Lattenzaun. Und ihre Blütenpollen verbreiteten sich im Frühling überall. Sie werden zum Fluch für diejenigen, die an Pollenallergie leiden, man hörte jedoch nicht, dass sie damals irgendjemanden geplagt hätten; in einer beträchtlichen Menge schwebten sie in der Luft, verursachten aber keine krankhaften Reaktionen. Vielleicht waren jene Zeiten gesünder, obwohl ein Menschenleben im Schnitt kürzer war, denn viele dieser Medikamente und Operationstechniken, die das Leben künstlich verlängern, waren noch nicht erfunden.

Ich bin mir nicht sicher, wie das Unternehmen meines Großvaters offiziell hieß; es war ein Bauholzlager von beachtlicher Größe, also ein Depot mit schön abgehobelten und entsprechend sortierten Brettern unterschiedlicher Länge, aber auch Rundhölzern und anderen für den Bau notwendigen Dingen; alles war klar angeordnet – wahrscheinlich nach Maßen und Holzarten. Bis heute erinnere ich mich an die auffallende geometrische Ordnung. An diesen Ort erinnern sich auch andere ältere Bewohner des Städtchens. Kurz bevor meine Mutter starb, Mitte der achtziger Jahre, erschien in »Życie Warszawy« eine Reportage, die unserem Stadtteil in der Zwischenkriegszeit gewidmet war; einer der Interviewpartner des Autors erwähnte das Holzlager des JUDEN Rozenowicz. Meine Mutter war peinlich berührt, dass unmissverständlich JUDE betont wurde, obwohl das in diesem Zusammenhang keine größere Bedeutung hatte.

Dieses recht weitläufige Gelände, das sogar in den Jahren des größten Erfolgs der
Firma, als es ein besonders großes Warenangebot gab, recht viel Spielraum ließ,
wurde traditionell in der Familie »der Platz« genannt. Da auf dem Platz war die
Pappel nicht der einzige Baum, obwohl kein anderer sich mit ihr an Größe, Prestige
und Bedeutung messen konnte. Gleich beim Gartentor, neben dem Eingang zum
Kontor, wuchs ein Baum, der Akazie genannt wurde, nicht so groß wie die Pappel,
aber recht groß, der wunderbar blühte, bis heute erinnere ich mich an den ungewöhnlich intensiven und angenehmen Duft seiner weißen Blüten. Ich bleibe bei
der Bezeichnung »Akazie«, obwohl ich weiß, dass sie falsch ist: Akazien wachsen
nicht in unserem Klima, das sind exotische Bäume, sie dürfen weder Frost noch
eisigem Wind ausgesetzt werden, denn das ist tödlich für sie. Höchstwahrscheinlich
war das eine gewöhnliche Robinie, eine falsche Akazie, ich werde mir aber keine
Gedanken über die richtige Bezeichnung machen – was spielt das in dem Fall für
eine Rolle! Es war also eine Akazie, da so von ihr gesprochen wurde. Ihr war ein
kürzeres Leben beschieden als der Pappel. Sie verschwand gleich nach dem Krieg,
vielleicht deshalb, weil sie die neuen Hauseigentümer störte, die sich auf diesem
Gelände breitmachten, vielleicht auch, weil sie krank wurde und einging oder ganz
einfach verdorrte. Aus den Nachkriegsjahren ist mir jedenfalls nicht so sehr der
Baum in Erinnerung geblieben als vielmehr die leere Stelle, die er hinterließ. Die
Fläche verkümmerte und wurde wertlos, die Pflanzen verschwanden. Aber es blieb
noch der Ahorn, er überlebte am längsten. Er wuchs dem Haus am nächsten, direkt
beim Brunnen, auf dem Teil des Platzes, der an einen Hof erinnerte, denn obwohl
er nicht vom Geschäftsteil abgetrennt war, bildete er vor allem den Privatbereich, in
welchem kein Handel betrieben wurde. Der Ahorn wurde in der Nachkriegszeit sogar noch kräftiger, und an drückend heißen Tagen spendete er recht viel Schatten.
Das wären also meine Erinnerungen an die Pappel, die Akazie und den Ahorn. Es
handelte sich um Einzelexemplare, ich kann jedoch dem Dichter hinterherseufzen:
»Wieviel verdanke ich euch, oh ihr heimischen Bäume!«, obwohl ich mir bewusst
bin, dass sie nicht mit dem litauischen Nadelwald konkurrieren können. Aber auch
sie garantierten Stille und begünstigten das Nachdenken.

Da waren auch noch Sträucher. Wie durch einen Nebel erinnere ich mich an den
Jasmin von vor dem Krieg, von dem jedoch nicht einmal eine Spur übrig blieb, ich
kann ihn in der Geometrie des Platzes nicht unterbringen. Anders verhält es sich
mit dem Flieder. Er wuchs beim Haus und blühte prächtig, seine violetten Blüten
waren relativ groß und fleischig. Aber so war es in früheren Zeiten gewesen, denn
er baute auch ab im Laufe der Jahre und im Zuge der Veränderungen ringsum. In
der Zeit, als die Familie den Ort für immer verließ, ein gutes Dutzend Jahre nach
dem Krieg, waren die Sträucher schon ausgedünnt, rachitisch, teilweise verdorrt –
und es grenzte wirklich an ein Wunder, dass sie noch in der Lage waren zu blühen,
freilich nicht so prächtig wie früher, aber dennoch blühten sie; die Sträucher – wie
es scheinen mochte –, zur Unfruchtbarkeit verurteilt und abzusterben, stießen
Knospen aus, und dann geschah alles in Übereinstimmung mit dem ewigen Rhythmus der Natur; hier waren außergewöhnliche, wahrlich vitale Kräfte am Werk. An
eben diesen Flieder erinnerte sich meine Mutter oft. Das war ihre Lieblingsblume,
sie war verbunden mit der Erinnerung an die lange vergangenen Jugendjahre, an
das Haus ihrer Familie und an die frühere, verlorene, Welt, denn es war so wenig

von ihr geblieben, gerade mal irgendwelche armseligen Erinnerungsfetzen, kümmerlichen Reste, mit denen sich ein klares Ganzes nicht zusammensetzen ließ. Jene bescheidene Blume wurde in Mutters Empfinden zum Symbol dessen, was unwiederbringlich abgeschlossen war, zur eigentümlichen Verkörperung der Zeit, die vergangen war. Nicht nur zum Symbol der eigenen Jugend, die mit diesem Ort auf jede nur denkbare Art und Weise verbunden war, sondern zum Symbol des Ortes selbst. Ich wusste das, deshalb versuchte ich, wenn ich in Mutters späten Jahren zweimal pro Woche die Eltern besuchte, wann immer es möglich war, violetten Flieder mitzubringen, einen solchen, der an die früheren Zeiten erinnern und angenehme Erinnerungen hervorrufen sollte.

Diese waren vor allem mit dem Platz verbunden, der in nichts an einen Paradiesgarten erinnerte, obwohl er musterhaft angelegt war, vor Sauberkeit glänzte, die hervorragend abgehobelten Bretter davon zeugten, dass dort eine beispielhafte Ordnung herrschte. Ich würde nicht allzu sehr übertreiben, wenn ich sagte, dass es eine geometrische Ordnung war. Der Platz hatte eine sechseckige Form, im Osten grenzte er an die Straße des Dritten Mai, die Hauptstraße, die größte in unserem Teil des Städtchens, übrigens nicht ausgeschlossen, dass es in anderen Stadtteilen keine solchen Plätze gab. Die längste Grenzlinie hatte er im Norden. Von drei Seiten grenzte er an Höfe, die zu kleinen, einstöckigen Mietshäusern gehörten. Die Äste mächtiger Bäume, vor allem zweier – einer Eiche und eines Walnussbaumes –, schauten aus der Nachbarschaft auf den Platz. Von hinter dem Zaun ließen sich manchmal irgendwelche Stimmen nachbarschaftlichen Lebens vernehmen, alles in allem wohl nicht allzu bedeutend und nicht allzu laut, Streitigkeiten über die Grenzmauer gab es nicht nur deshalb nicht, weil gar keine Mauer stand. In einem dieser Häuser wohnte Frau Henryka, eine große, mit tiefer Altstimme sprechende Frau; sie war Krankenschwester, deshalb wurde immer sie gebeten, wenn eine Spritze vonnöten war; sie kam dann mit einem meiner Erinnerung nach schon sehr schäbigen kleinen Köfferchen, in dem sie ihre Instrumente hatte. Das genaue Gegenteil zu dieser Frau mit dem gebieterischen und entschlossenen Aussehen war Fräulein Aurelcia, die Schwester des Friseurs Czesław. Immer mit sorgfältig gelegten Löckchen, in weißen, reichlich mit Spitzen verzierten Blusen, zart und wahrscheinlich schüchtern, sah sie so aus, als sei sie dem Rahmen eines Biedermeierbildes entsprungen. In der Nachkriegszeit, jener Zeit, an die ich mich noch gut erinnern kann, war sie schon keine junge Frau mehr, und so wurde aus der sympathischen und herzlichen »Aurelcia« eine feierliche und pathetische »Aurelia«. Sie hatte keinen Beruf, hatte nie gearbeitet, lebte »beim Bruder«, der unverheiratet blieb, und die beiden führten gemeinsam den Haushalt. An Aurelia kann ich mich vor allem deshalb erinnern, weil sie eine große Leidenschaft hatte: das Klavierspielen. Ein Leben lang spielte sie jedoch nur eine einzige Melodie, ein wehmütiges Lied im Rhythmus des Kujawiak: »Die Gänse außerhalb des Wassers, die Enten außerhalb des Wassers, und wenn du dich ihnen näherst, knabbern sie an dir herum«, das wahrlich ein nachahmenswertes Beispiel für Treue und Konsequenz darstellte, sie verspürte nicht das Bedürfnis, ihr Repertoire zu erweitern – und sei es auch nur um ein anderes genauso sentimentales und genauso melodisches Stück. An drückend heißen Tagen, wenn die Fenster sperrangelweit offenstanden, waren die Produktionen von Fräulein Aurelcia in der ganzen Umgebung gut zu hören, schwebten über dem Platz wie ein Lied über dem Wasser, waren sogar in unserer Wohnung zu vernehmen. Ich erinnere mich, dass mit den Jahren Fräulein Aurelia, die sich in Krankheiten stürzte, freilich weiterhin laut spielte, aber immer langsamer, die Volksliedmelodie oder eher Pseudovolksliedmelodie verwandelte sich in ein Adagio, das keinerlei Beschleunigung kannte. Selbst das Klavier klang übrigens immer seltsamer, seine hemmungslose Verstimmung ließ sich bei jedem Tastenanschlag vernehmen, sodass es den Eindruck eines präparierten Instrumentes machte, dessen sich zu bestimmten Zeiten die Avantgardekomponisten gerne bedienten.

Das außergewöhnlich monotone, sich jedoch über Jahrzehnte erstreckende Klavierspiel von Fräulein Aurelcia erwähnte meine Mutter selten, sie behandelte es als ein Kuriosum; viel lieber kehrte sie zu den häufigen, zahlreichen und – was das Wichtigste war – von Großmama gern gesehenen Besuchen ihrer Klassenkameradinnen aus der Gymnasialzeit zurück; Großmama, die ein sehr gastfreundlicher Mensch war, bewirtete gerne Gäste und war darauf bedacht, dass man sich in ihrem Haus wohlfühlte. Es kamen eine Menge Freunde ihrer zwei älteren Brüder, aber über sie sprach meine Mutter nicht viel, sie konzentrierte sich auf ihre Klassenkameradinnen und die ihrer jüngeren Schwestern, die im Haus der Großeltern, das ebenfalls auf dem Platz stand, viel Zeit verbrachten und immer willkommen waren. Der Platz war, bei günstigem Wetter, ein Ort, an dem gelernt wurde, wo man Hausaufgaben machte und sich gemeinsam auf Prüfungen vorbereitete, wobei man den von den Bäumen gespendeten Schatten nutzte. Für meine Mutter war das eine Zeit echter, fürs ganze Leben geschlossener, dauerhafter, unverbrüchlicher Freundschaften – trotz der unterschiedlichen Fügungen auf dem Lebensweg, der biografischen Wechselfälle und der schließlich schrecklichen historischen Verwicklungen, eine für sie besonders wichtige Zeit, denn niemals später, wie ich glaube, aufgrund der Erlebnisse aus der Zeit des Holocaust, konnte sie Personen, die sie neu kennengelernt hatte, an sich herankommen lassen, sie war nicht imstande, ihre Berührungsängste und ihre Befangenheit zu überwinden. Ich erinnere mich an die Vornamen der wichtigsten oder nächsten dieser Klassenkameradinnen, für die der Platz (und – natürlich – das in seinem Umkreis stehende Haus) nicht nur ein vertrauter Ort wurde, sondern auf seine Art etwas Persönliches. Da war also Hanka, bekannt für ihren großartigen Charme, sie war es, die während der Okkupationszeit so viel für die Rettung meiner Großeltern tat; da war Genia, immer vorbildlich und zuverlässig; da war Jadźka, aufgeweckt und mitteilsam, die Romanistik studierte und die, wenn sie uns nach dem Krieg besuchte, gerne von ihrer nicht beendeten Magisterarbeit sprach, die von Stanisław Wędkiewicz betreut wurde und sich mit dem Problem des Weiblichen in den Schriften von Ernest Renan beschäftigte; da war Maryśka, die kurz vor dem Krieg einen Freund jüdischer Herkunft heiratete, den sie in der Zeit des Holocaust in einem heroischen Kraftakt rettete. Es waren noch viele Freundinnen, die ihre Zeit auf dem Platz verbrachten, nur eine erschien nie. Sie kam aus einer polnisch-nationalen Familie, die erklärte, dass es sich nicht gehöre für ein junges Mädchen aus einem national gesinnten Haus, für eine echte Polin – eine Katholikin, JUDEN zu besuchen; nach dem Krieg hielt sie sich angeblich in England auf, arbeitete als Journalistin bei einer der auslandspolnischen Zeitungen. Aber das war der einzige Fall dieser Art. Sonst spielten nationale, ethnische oder religiöse Unterschiede keine Rolle, in den Freundschaften

störten sie nicht – und das auf beiden Seiten. Ich schreibe darüber mit besonderer
Genugtuung, umso mehr als – durchaus begründet – immer wieder von Fremdheit
und Feindschaft, Hass und – im günstigsten Fall – von Gleichgültigkeit gesprochen
wird. Dieser Platz war ein Platz des friedlichen Miteinanders. Und mit ihren Freundinnen, an die ich erinnert habe, hatte Mutter Kontakt bis zum Schluss, er war für
sie besonders wichtig, weil die Freundinnen zu dieser früheren Welt gehörten und
während der Begegnungen keine konzentrierte Anstrengung erforderten, die darin
bestand, Widerstände und Hemmungen zu überwinden. Ich habe sie als ältere Da-
men im Gedächtnis behalten. Zusammen mit der ganzen Generation, die im ersten
Jahrzehnt des 20. Jahrhunderts geboren wurde, glitten sie, eine nach der anderen,
ins Jenseits.

Wie ich bereits erwähnt habe, versammelten sich die Freundinnen im Haus, wenn
das schlechte Wetter es nicht erlaubte, sich im Freien aufzuhalten und auf dem
Platz zu lernen. Das Haus war nicht allzu groß, besonders wenn man bedenkt, dass,
bevor die Söhne und Töchter sich in verschiedene Teile der Welt zerstreuten, eine
beachtliche Familie darin unterkommen musste – die Eltern und fünf Kinder, und
das Haus bestand aus fünf Zimmern. Ein Holzhaus, das ganz am Anfang des 20.
Jahrhunderts von Großvater gebaut worden war, der gerade beschlossen hatte, sich
in dem Städtchen vor den Toren Warschaus niederzulassen, und er war ein ange-
hender Kaufmann, der sich eine Existenz aufbaute. Das gelang ihm recht schnell,
das Unternehmen entwickelte sich gut – mit Ausnahme während des Ersten Welt-
krieges, als jegliches Bauen in unserer Gegend aufgehört hatte. Das Haus war am
Anfang zweifellos gut und passend, ich verstehe jedoch nicht, warum man in ihm
wohnen blieb, denn man hätte eine elegante und komfortable Villa bauen können.
Umso mehr als Großvater irgendwelche Mietshäuser kaufte, die für ihn – vielleicht – als eine gute Kapitalanlage dienten. Die Großeltern waren mit diesem Ort
verbunden, aus dem sie nach 1939 vertrieben wurden und zu dem sie dann, als
er schon verändert war, nach dem Krieg wieder zurückkehrten, selbst übrigens bis
zur Unkenntlichkeit verändert. In jenen vergangenen, wohlhabenden und ruhigen
Jahren befand sich das Haus, obwohl systematisch modernisiert, unter dem Niveau,
das sie hätten erreichen können, dem Standard, den sie sich hätten leisten können. Aber sie gehörten nicht zu den Menschen, die dazu neigten, den Konsum zur
Schau zu stellen, sie waren Bürger eher im viktorianischen Stil, die an Grundsätzen
festhielten. Es kam ihnen nicht in den Sinn, mit ihrem Wohlstand zu prahlen.

Auf einen Teil des Hauses fiel an sonnigen Tagen der Schatten, den die Akazie
spendete, aber die Pappel erreichte das Haus bereits nicht mehr. Das hatte jedoch
keine größere Bedeutung, da sowohl der Platz als auch das Haus und die einzeln
wachsenden Bäume ein Ganzes bildeten. Das Haus, dessen Außenwände schon
in den Anfängen grün angestrichen worden waren, machte, wenn man es von der
Straße aus betrachtete, einen noch bescheideneren Eindruck als in Wirklichkeit, innen waren die Wände nämlich gepflegt, vorbildlich sauber und verziert mit schönen
bunten Kachelöfen, die schon in der Zwischenkriegszeit wie Konstruktionen in einem altmodischen Stil gewirkt haben mussten, verpönt als entschieden veraltet. Ich
erinnere mich mit großer Sympathie daran – natürlich schon aus deutlich späteren
Zeiten –, als ein Denkmal aus weit zurückliegenden Jahren, ein greifbares Zeugnis

von Vorlieben und ästhetischer Wahl um die Wende vom 19. zum 20. Jahrhundert. Zeugnisse, vor allem dessen, was vom jüdischen Charakter eines Hauses hätte zeugen können, gab es nicht viele, im Grunde genommen war nur eines geblieben: die Spur einer Mesusa im Rahmen der Tür, die ins größte Zimmer führte, das früher Esszimmer genannt worden war; nach dem Krieg verlor diese Bezeichnung ihre Berechtigung, denn die Wohnung wurde verkleinert (der Familie wurden zwei Zimmer und das kleine Büro weggenommen), somit erfüllte dieses Zimmer alle möglichen Funktionen, wurde zum vollgestopften Alltagsmittelpunkt.

Das Holzhaus war einstöckig, obwohl sich ein Zimmer im ersten Stock, direkt neben dem Dachboden, befand, und dorthin führte eine Wendeltreppe. Sein Fenster lag zum Platz hin – und war nur von der Seite aus zu sehen. Einst, vor Jahrzehnten, hatte das Zimmer meinen beiden Onkeln, Józef und Erazm, gehört, die damals noch in der Ausbildung waren; nach dem Krieg zogen die Großeltern dort ein, obwohl es ihnen nicht leicht fiel, die, wenn auch wenigen, aber schon sehr altersschwachen Treppenstufen zu überwinden. Nach ihrem Tod sollte das Zimmer mir, damals schon Student, zufallen. Aber bevor es soweit war, geschah etwas Schreckliches: Kurz nach Großvaters Begräbnis meldete sich auf Anordnung des Wohnungsamtes ein Mann, in der Gegend übrigens als Säufer bekannt. Er sollte zusammen mit seiner Familie in dieses Zimmer einziehen! Wir bekamen einen Riesenschreck, denn der Einzug dieser Leute hätte unser Alltagsleben zerstört, das mühsam in den Nachkriegsjahren wiedergewonnene Minimum an Ruhe zunichte gemacht. Mein energischer Vater setzte alles daran, dem entgegenzuwirken und die Anordnung rückgängig zu machen. Er holte juristischen Rat ein, brachte eine Menge an Argumenten und Unterlagen herbei. Die Situation war alles andere als einfach: Das Ganze ereignete sich Anfang 1953, als der Stalinismus gerade auf dem Höhepunkt war. Die Volksmacht revidierte ungern diese Art von Entscheidungen – vor allem dann nicht, wenn einer, der als Vertreter der Arbeiterklasse galt, in eine Wohnung ziehen sollte, die von einer bürgerlichen Familie bewohnt wurde (jener Repräsentant der Arbeiterklasse beschäftigte sich übrigens hauptsächlich damit, als besoffener Nichtsnutz auf der Straße in unserem Städtchen herumzulungern). Diesmal hatte mein Vater mehr Glück!

Als ich mich in diesem durch ein wirkliches Wunder geretteten kleinen Zimmer niederließ, verbesserte sich meine Lebenssituation deutlich, ich hatte nun meine eigene Ecke. Ich muss jedoch nach Jahren zugeben, dass es eine schlichte und ungemütliche Ecke war, geradezu scheußlich. Äußerst spartanisch eingerichtet, mehr schlecht als recht, bot es keine Zuflucht und gab einem nicht das so wichtige Gefühl, dass das der eigene Raum ist, über den man verfügen kann. Ich konnte das Zimmer mit meiner Anwesenheit nicht bewohnbar machen, obwohl ich gerne die Pappel betrachtete, die immer monumentaler wurde. Was bezeichnend war, ich richtete meinen Blick auch im Herbst und im Winter auf sie, erinnere mich jedoch an sie in ihrer ganzen Pracht im Frühling und im Sommer, übervoll mit kräftig grünen Blättern. Wenn ich sie vor Augen habe, dann immer in dieser Entwicklungsphase, auf dem Höhepunkt ihres Lebens, wenn sie sich der vollen Vegetation erfreute.

Unser Haus war, wie gesagt, nicht anziehend, wenn man es von außen betrachtete, und vor allem, wenn man es von der Straße aus anschaute. Besonders düster sah es am Abend und in der Nacht aus; wenn das Licht eingeschaltet wurde, die Gardinen und Vorhänge nicht genügten, wurden die Fensterläden geschlossen, aber es ging nicht nur darum, nicht dem Blick von außen ausgesetzt zu sein, sondern auch um die Sicherheit. Jemand hatte einmal einen Stein geworfen, aber zum Glück war nichts passiert, nicht einmal die Fensterscheibe flog heraus, lediglich auf den Fensterläden blieb eine kleine Spur zurück. Diese Sache hatte sich kurz nach dem Pogrom von Kielce ereignet und hatte also Panik hervorgerufen, sie wurde als der Anfang schrecklicher Ereignisse angesehen, es war jedoch nur ein Lausbubenstreich ohne weitere Folgen.

In unserem Stadtteil standen nicht viele solide und einigermaßen elegante Häuser, und diejenigen, die es einst, vor langer Zeit, waren, wurden mit den Jahrzehnten baufällig, besonders, da in späteren Zeiten diejenigen fehlten, die sich hätten darum kümmern können und wollen. Unser Holzhaus zeichnete sich nicht durch besondere Hässlichkeit aus, aber bestimmt zog es zumindest manchmal die Aufmerksamkeit auf sich. Ein in unserem Städtchen bekannter Arzt, der mit dem Fahrrad zu seinen Patienten fuhr und Herr Penizillin genannt wurde, weil er dieses nach dem Krieg neue Medikament gegen alle möglichen Krankheiten verschrieb, wenn es nötig und wenn es nicht nötig war, wodurch er – wie es schien – die Zahl der Kunden der örtlichen Beerdigungsinstitute erhöhte, dieser Arzt also nannte unser Haus damals mit böser Ironie *Belvedere*. Vielleicht auch ein vortrefflicher Witz, aber dieser Holzbau, dessen Hauptteil an der Straße des Dritten Mai stand, hatte nie irgendwelche Ambitionen gehabt, war aus Notwendigkeit entstanden und sollte ausschließlich praktischen Zwecken dienen. Und ab irgendwann stand er ganz einfach im Gegensatz zu den familiären Möglichkeiten. Die Gegensätze nahmen manchmal geradezu greifbare Formen an. Aus der zweiten Hälfte der dreißiger Jahre ist ein schönes Foto erhalten geblieben von meiner Tante Maria, die zusammen mit ihrem frisch angetrauten Ehemann in einem eleganten Fahrzeug sitzt, das ihnen gehört. Und im Hintergrund sieht man einen Teil des Holzhauses. Wenn man sich die wie durch ein Wunder erhalten gebliebene Fotografie anschaut, kann man kaum glauben, dass sie zwei nicht zusammenpassende Wirklichkeiten darstellt, das Alte und das Neue, die Anspruchslosigkeit und den Überfluss.

Wenn ich mich jetzt an jenes bescheidene Haus erinnere, scheint mir, dass es im Laufe der Jahre geschrumpft ist und kleiner wurde, wodurch es an hochbetagte Menschen erinnerte, die im Alter austrocknen, dass es sich irgendwie einer schwer zu begreifenden Verkleinerung unterzog, sich aber grundlegend von Pappeln unterschied, weil diese sogar am Ende ihres Lebens immer noch kräftig wirken, so als befänden sie sich weiterhin im Entwicklungsstadium und als könnte die Zeit ihnen nichts anhaben und sie mit nichts bedrohen. Was die Länge und Breite betraf, so geschah mit dem Haus nichts Auffälliges, keine Risse entstanden, dort, wo es mit dem angrenzenden, ebenfalls einstöckigen, allerdings gemauerten, Gebäude zusammentraf, in dem zwei oder drei Läden untergebracht waren. Es wurde nur immer niedriger – so als würde es einsinken. Die Fenster, vor allem die zur Straße hin, neigten sich immer mehr der Erde zu, das Alter dieses Hauses, das damals gebaut worden war, als das 20. Jahrhundert noch vielversprechend begonnen hatte, sorgte schon seit längerer Zeit für Überraschungen, es gab verschiedene Anzeichen – es war leicht, sie zu bemerken – wie Falten auf dem Gesicht eines alten, ausgemergelten Menschen. Auf einmal dachte ich: Wie wäre das, wenn es in der Erde versinken würde, langsam, aber konsequent und erfolgreich, sodass es einst – nach Jahrhunderten – zu einem interessanten Objekt für Archäologen werden könnte? Ich begreife sehr gut, dass sie Gräber und verschiedene andere Gegenstände finden, die – oft schon unbrauchbar und vergessen – in Mülldeponien landen, die diese dann für die Ewigkeit erhalten, aber wie ist das mit Häusern? Wächst oder eher schwillt unsere gutmütige Erde immer noch an und sammelt gierig dies und das, öffnet für völlig unerwartete Dinge ihr Inneres? Eine durchaus begründete Frage, zumindest in den Fällen, wenn bekannt ist, dass das, was sich an der Oberfläche befindet, nicht von Vulkanausbrüchen stammt. Unser Städtchen hat nicht die Chance, ein masowisches Pendant zu Pompeji zu werden, und damit hat jenes Holzhaus, das mit der Zeit einsinkt, auch nicht die Chance. Aber die folgende Frage quält mich: Was wäre es schon für ein Existenzbeweis, wenn die Erde es verschlingen und dabei das eine oder andere Teilchen bewahren würde? Vielleicht blieben irgendwelche Kleinigkeiten aus Metall übrig, und seien es Türklinken, und vielleicht bunte Ofenkacheln, bestimmt zerbrochen, sodass es schwierig wäre, sich die Bauweise vorzustellen, deren Material sie darstellten. Denn es passiert schon, dass unentbehrliche Alltagsgegenstände, die selbstverständliche Bestandteile des Lebens darstellen, nur zu Spuren oder Zeugnissen einer lange vergangenen, abgeschlossenen, für immer beendeten Existenz werden. Würde von der Pappel auch etwas bleiben, würden sich von ihr irgendwelche Spuren erhalten?

Da ich mich nun schon so weit von der harten Realität entfernt und einen Abstecher in den Bereich der langen Beständigkeit gemacht habe (in dem Fall müsste man eigentlich sagen: der langen Nicht-Beständigkeit), werde ich mir jetzt erlauben, meiner Phantasie in der Möglichkeitsform freien Lauf zu lassen. Plötzlich sagte ich mir: Ich könnte doch eine mehrbändige Familiensaga schreiben, einen Roman über das Leben dreier Generationen in einer Welt, deren symbolischer Mittelpunkt eine Pappel wäre, die am nördlichen Ende eines Platzes wächst. Ich könnte menschliche Schicksale darstellen, die unterschiedlich verlaufen, die auf verschiedene Art und Weise miteinander verbunden sind. Ich weiß, dass ich das könnte, bin mir aber auch darüber im Klaren, dass wenn ich hier und jetzt darüber schreibe, ich etwas tue, das ich kontrafaktisches Träumen nennen würde. Nicht nur deshalb, weil ich keinerlei Ambitionen auf dem Gebiet des Romanschreibens habe und mir bewusst bin, dass ich über keine realen Hinweise verfüge, sie zu haben; mit anderen Worten: Ich habe die begründete Überzeugung, dass jeder meiner Versuche auf diesem Gebiet unweigerlich mit einer Niederlage enden würde. Meine persönlichen, im Grunde genommen – wie ich glaube – erkannten Motive genügen, um die Möglichkeiten, über die ich mich hier auslasse, *ad acta* zu legen und mich nicht mit ihnen zu beschäftigen. Ich möchte jedoch einen allgemeinen Aspekt nicht außer Acht lassen. Man kann keine Familiensaga schreiben, die ein Roman über das Verschwinden einer Welt, ihres physischen Endes, wäre. Allerdings trägt einer der hervorragendsten Romane dieser Art – möglich, dass er unter den viele Generationen umfassenden Familienepen überhaupt der großartigste ist – den Untertitel

»Verfall einer Familie«. Der Verfall einer Familie ist hier jedoch ein persönliches und spezielles Beispiel, auf keinen Fall ist es vergleichbar mit der Vernichtung der Welt, in welcher jene Familie existierte, das Ganze endet nicht mit der Vision einer Tür, hinter der sich nur noch der Abgrund befindet, die Ghettomauern und die Kamine der Krematorien. Anders verhält es sich, wenn der Verfall einer Familie mit der Vernichtung der menschlichen Welt, zu der sie gehörte, verbunden ist. In solchen Fällen versagen die epischen Formen, in denen die wenn auch problematische und herabgewürdigte Beständigkeit zusammenbricht. Sie sind dann nicht brauchbar, wenn man von etwas erzählen muss, das auf schonungslose Weise endet. So wie man kein Porträt von einem Menschen anfertigen kann auf der Grundlage seines Spiegelbildes in einem zerbrochenen Spiegel.

Das ist auch dann so, wenn das Hauptsymbol – in unserem Fall eine Pappel – in schrecklichen Zeiten keinen Schaden genommen hat; sie war tatsächlich erhalten geblieben, wuchs, entwickelte sich, obwohl das menschliche Umfeld, in dem sie existierte, zerfiel oder – im besten Fall – wenig davon übrig blieb. Eine solche Auffassung der Angelegenheit wäre allzu einfach und würde an Kitsch grenzen: Rundherum Tod, Grauen und Vernichtung, aber der Baum, symbolisch betrachtet, wächst ruhig vor sich hin, wird immer kräftiger und schlanker – bezeugt damit, dass sogar in Momenten der furchtbarsten Krise solche oder andere Formen des Lebens überdauern. Ich könnte mich nicht dazu entschließen, eine solch naive und in ihrem Optimismus zweifellos falsche Symbolik hervorzurufen, denn der gute Zustand des Baumes bewirkte nicht, dass wessen Tod auch immer leichter wurde – und einen Sinn bekam. Was mich eher interessiert und zum Nachdenken anregt, ist der Gegensatz zwischen der biologischen Fülle einer Pflanze von monumentalem Ausmaß, der ich eine symbolische Bedeutung verleihe, und dem Leiden und dem Tod derjenigen, die einst in ihrem Umfeld lebten, sich dann aber, unfreiwillig, von ihr trennen mussten. In den Jahren vor Ausbruch des Krieges wohnten in dem Holzhaus nur noch die Großeltern, ihre Kinder hatten schon ihr eigenes Zuhause, aber nach der Katastrophe wurde es zum Sammelpunkt und belebte sich von Neuem. Der Tag, an dem die Familie daraus verjagt und ins Ghetto getrieben wurde, hat sich meinem Gedächtnis nicht eingeprägt, zweifellos waren mir die bedrohliche Situation und die Tragweite ihrer Folgen nicht bewusst. Dem Anschein nach blieben die Realien an Ort und Stelle, da war der Platz, da war das Haus, da war die Pappel, und dennoch hatte sich alles vollkommen verändert, obwohl es rein sachlich keiner grundlegenden Änderung unterlag. Pappel, du bist nicht mehr die Pappel von einst!

Die bist du nicht mehr, obwohl du in den Jahren der Besatzung keinen Schaden erlitten hast, wie gewohnt hast du deine üppigen, kräftig grünen Blätter bekommen, wie gewohnt in der Umgebung großzügig deine Blütenpollen verteilt. Andere Personen befanden sich jedoch in deiner Umgebung. Erst nach dem Krieg kehrten nacheinander die Familienmitglieder, denen es dank verschiedener positiver Zufälle gelungen war, der Epoche der Vernichtung zu entkommen, wieder in das Städtchen zurück. Und das erste, was Großvater tat, er begann sich darum zu bemühen, wieder in den Besitz seines Holzhauses zu gelangen. Es ging ihm nicht um den Platz, er wusste, alt und krank, wie er war, und nach wie vor niedergedrückt von all

dem, was er in den Jahren der Besatzung erfahren hatte, dass er nicht in der Lage
sein würde, sein »Imperium« wieder aufzubauen, daran dachte er nicht einmal,
vor allem da er sich bewusst war, dass das neue System, das ihm übrigens entsetz-
lich erschien, eine solche Initiative nicht begünstigte. Er bemühte sich darum, das
Haus wiederzubekommen, darum, dass man dorthin wieder würde zurückkehren
können. Irgendwelche unbekannten, armen, einfachen, im Großen und Ganzen
sympathischen Leute waren dort eingezogen, denn Behausungen – genau wie die
Natur – dulden keine Leere. Die Leute hatten jedoch Pech und mussten das Haus
wieder verlassen, das einst jüdische Haus sollte wieder ein jüdisches Haus werden.
Zumindest ein Teil, denn nur den gelang es zurückzubekommen, den restlichen
Teil hatte nach wie vor eine sogenannte Lebensmittelgenossenschaft (ich erinnere
mich nicht, ob so ihr offizieller Name lautete), die in den Jahren der Besatzung
eingezogen war und im Kontor und in zwei Zimmern ihre Büros eingerichtet hatte.
Und – vor allem – beherrschte sie den ganzen Platz, der so etwas wie ein Fuhrpark
geworden war.

Wie gesagt, der Platz war nie ein Garten, sondern immer eine Nutzfläche, wo
ästhetische Gründe keine große oder gar keine Rolle spielten, er zeichnete sich aber
dadurch aus, dass er sauber und übersichtlich und vernünftig angelegt war. Allerdings war es ja auch einfacher gewesen, ihn so zu gestalten und zu organisieren,
als er von gut bearbeitetem Holz ausgefüllt war, das entsprechend sortiert und ge-
schichtet war. Mit alten, schrottreifen LKWs war das nicht möglich; über dem Platz
breiteten sich Abgase aus, die mit Sicherheit nicht nur für die Menschen schwer
zu ertragen, sondern auch schädlich für die Pappel waren. Dazu kam noch jede
Menge Lärm. Das Starten der Motoren, vor allem bei Frost, war eine schwierige
Aufgabe, ein regelrechter Kraftakt. Bis heute habe ich die Männer vor Augen, wie
sie die großen Metallkurbeln drehten, denn nur so konnten sie die riesengroßen
Maschinen in Gang bringen, die einem nach all den Jahren so uralt vorkommen, als
stammten sie aus einer Zeit, in der noch Dinosaurier auf der Erde herumliefen. In
jener unmittelbaren Nachkriegszeit befand sich auf dem Platz noch eine Stute – sie
war der sympathischste Teil seiner Ausstattung und hieß Baśka. Sie war in einem
der Schuppen untergebracht, hatte ihren Trog, und der Kutscher, der sich um sie
kümmerte, erlaubte meinen beiden jüngeren Verwandten, meiner Cousine Elżbieta
und meinem Cousin Piotr, sowie auch mir, sie zu streicheln. Das war ein großes
Erlebnis.

Alles in allem jedoch bereitete dieser Platz, der schnell verlotterte, keinerlei Vergnü-
gen – auch unserem Trio nicht, wir waren doch immer noch Kinder – er wurde kein
Spielplatz für uns. Wenn wir dort hätten herumstromern wollen, wären wir von den
Arbeitern der Genossenschaft als Störenfriede angesehen worden. Aber für uns – anders als für unsere Mütter in ihren Jugendjahren – gab es dort nichts Anziehendes.
Der Platz wurde düster, schmutzig, abstoßend. Heute, wenn ich ihn nach Jahren im
Gedächtnis rekonstruiere, belebe ich ihn wieder in der Form, wie ich ihn damals
wahrnahm, ich sehe ausschließlich dunkle Farben, das Wetter spielte dabei keine
größere Rolle, das Gelände begann, unabhängig von den Umständen, eine graue
Monotonie auszustrahlen. Und wurde einem immer fremder. Im Grunde genommen stand uns nur noch ein schmaler Streifen beim Haus zur Verfügung, der, auf

dem man zum Haupteingang gelangte, und seine Grenzlinie markierte der Brunnen zusammen mit dem direkt daneben wachsenden Ahorn – dieser Brunnen, der ein ständiges Ärgernis war, denn dauernd ging die darin befindliche Vorrichtung kaputt, dank der es in der Wohnung fließendes Wasser gab. Dann war da noch ein zweiter, ebenfalls schmaler Streifen entlang der südlichen Begrenzung; dieser Streifen führte zu zwei Abstellkammern: In der einen wurden verschiedene Arten von Haushaltsgegenständen aufbewahrt und auch alles, was eigentlich zum Wegwerfen vorgesehen war, aber aus unerfindlichen Gründen nicht weggeworfen wurde, in der anderen wurde Kohle gelagert, in weiser Voraussicht bereits im Sommer organisiert, weil sie unentbehrlich und so schwer zu bekommen war, denn die Planwirtschaft, die sich durch Mangel auszeichnete, offenbarte ihre Mechanismen auch auf diesem Gebiet, obwohl die Propaganda ständig triumphierend den Anstieg der Kohlegewinnung und die großen Leistungen der mit Opferbereitschaft arbeitenden Bergleute in die Welt posaunte. Auf dieser Seite eben hingen die Äste der Bäume, die auf dem Nachbarhof wuchsen, zu uns herüber. Sie befanden sich näher als die Pappel, waren aber nicht mit ihr vergleichbar, zwar wurden sie mit wohlwollendem Blick betrachtet, dennoch stammten sie von außerhalb. Allen Unbilden und Einschränkungen zum Trotz überragte die Pappel nach wie vor alles, war gut sichtbar von jedem Punkt aus, riesig, immer noch – wie es scheinen mochte – kräftig, einfach imponierend mit ihrer monumentalen Gestalt. War sie etwa gerade damals in die beste Phase ihrer Existenz gekommen? Es ist unmöglich zu beurteilen, ob die Dinge sich tatsächlich so zugetragen haben. Alles ringsum verkümmerte, sie hingegen bewahrte ihre hervorragende Form, obwohl nicht auszuschließen ist, dass schon damals erste Anzeichen vom Ende auftauchten, denn der Wurm steckt – wie man weiß – auch in einer schönen Blume, die Anzeichen sind mit bloßem Auge noch nicht sichtbar, lassen aber schon die traurige Zukunft erahnen. Vor dem Hintergrund der heruntergekommenen Umgebung präsentierte sie sich nicht nur prächtig, sondern ganz einfach vortrefflich, geradezu königlich. Der Platz verkam, aber auch das Haus, und diesen Prozess konnte man nicht verhindern, mit Sicherheit hätte es einer Instandsetzung bedurft, zu der man sich aber aus verschiedenen Gründen nur schwer entschließen konnte, im Übrigen weiß man nicht, ob sie überhaupt sinnvoll gewesen wäre, denn lohnt es sich, nach so vielen Jahrzehnten, ein um 1900 errichtetes Holzhaus zu renovieren, das in gewisser Weise zweifellos ein Provisorium hatte sein sollen? Dringende Reparaturen wurden durchgeführt. Das bevorzugte Objekt war das Dach, in dem hin und wieder Löcher auftauchten, es wurde undicht, und an der Zimmerdecke zeichneten sich durch das Regenwasser entstandene merkwürdige Muster ab. Als man sich im Laufe der Jahre vom Schock des Holocaust erholt hatte und die Aussichten, irgendeine, wenn auch die allerbescheidenste Wohnung zu bekommen, realistischer wurden als in der unmittelbaren Nachkriegszeit, waren wir uns darüber im Klaren, dass sich dieses Haus immer weniger zum darin Wohnen eignete. Es verödete. Die Großeltern starben, die Tanten übersiedelten eine nach der anderen nach Warschau, am längsten blieben meine Eltern und ich in dem Haus. Über die Absicht umzuziehen freute sich meine Mutter gar nicht, sie war mit diesem Ort verbunden, aber auch sie spürte, dass dieser Wohnraum immer schlechter wurde, ihm alles abhandenkam, was ihn einst ausgezeichnet hatte und was als etwas Charakteristisches oder wenigstens als etwas Persönliches hätte bezeichnet werden können. Es war ganz einfach schwierig, darin zu leben und normal zu funktionieren.

Der Platz wurde immer schäbiger, veränderte immer mehr seinen Charakter, immer mehr Leute arbeiteten dort. Eines Tages entschied die Genossenschaftsverwaltung, dass die Pappel gefällt werde, weil sie störe: An der Stelle, wo sie wachse, sei die Errichtung irgendwelcher Schuppen geplant. Da aber der Platz weiterhin Familieneigentum sei, werde über diese Entscheidung informiert, vielleicht sogar um das Einverständnis ersucht. Es gab jedoch kein Einverständnis. Der Baum, der das Familienleben über eine so lange Zeit begleitet hatte, durfte nicht zerstört werden, durfte nicht den Sägen zum Opfer fallen. Es wurden Eingaben gemacht und Verhandlungen geführt, die Verteidigung der Pappel war jedoch nicht so dramatisch und so radikal wie jene, über die ich vor einigen Monaten in der »Gazeta Wyborcza« las. Diese Geschichte hätte wahrscheinlich nicht meine Aufmerksamkeit erregt, wenn ich nicht noch unsere Familienpappel in lebendiger Erinnerung gehabt hätte. Die Pressenotiz trug die bedeutsame Überschrift: *Tod eines alten Baumes.* »Gertruda Dąbkowska aus Spręcowo, im Kreis Olsztyn, verteidigte für einige Stunden eine hundertjährige Pappel, die vor dem Haus wuchs, das seit mehreren Generationen ihrer Familie gehörte, vor dem Gefälltwerden [...] Die Frau hatte sich mit einer Kette mit kräftigem Vorhängeschloss an dem Baum festgebunden. Und an den Baum wiederum hatte sie einen Zettel gehängt: ›Herr Bürgermeister – Mitglieder der kommunalen Selbstverwaltung der Gemeinde Dywita – ich protestiere gegen die von Euch unrechtmäßig getroffene Entscheidung, diese wunderschöne hundertjährige Pappel zu fällen.‹ Ich stehe hier seit heute Morgen 8 Uhr und erlaube nicht, dass der Baum, den meine Familie vor hundert Jahren gepflanzt hat, gefällt wird – rief Gertruda Dąbkowska.« Leider nützte ihr Protest nichts, Polizisten entfernten die Kette, der Baum wurde gefällt, da er angeblich die angrenzenden Häuser bedrohte und auch die Fußgänger und vorbeifahrenden Fahrzeuge gefährdete.

Diese Pressenotiz aus der Feder des Olsztyner Journalisten Krzysztof Olszewski würde ein Kenner der Formen von Zeitungsprosa zur Gattung der sogenannten vermischten Meldungen oder – in etwas weltmännischerem Stil – *fait divers* zählen; für mich war sie mehr als ein Bericht über eine Kuriosität. Ich verstehe sehr gut die Entscheidung der älteren Frau, die mutig für den Schutz des geliebten Baumes eintrat und sich dabei einer dramatischen Konfrontation mit der Feuerwehr, der Polizei und der Gemeindebehörde aussetzte. In unserem Fall waren so spektakuläre Gesten nicht nötig gewesen. Eine Intervention beim Chef der städtischen Genossenschaft half (über den Mann hieß es in unserem Städtchen: »ein Kommunist, aber ein anständiger Mensch«; er war ein Parteiaktivist, hatte vor dem Krieg der Kommunistischen Partei Polens angehört, und sein Äußeres erinnerte an Bierut). Man handelte einen Kompromiss aus: Die Schuppen werden errichtet, sie umgeben die Pappel, ein Ausschnitt im Dach erlaubt, dass sie stehenbleibt. Das Dach wurde für sie so etwas wie eine Art Krause oder Umhang. Ihr unterer Teil war unsichtbar, aber wie gelangte das Regenwasser zu ihr? Auf diese nicht unbedeutende Frage vermag ich nicht zu antworten; wenn ich darüber nachdenke, dann kann ich die Vermutung nicht ausschließen, dass die neue Situation, in der sich die Pappel nun befand, ihr Ende beschleunigte.

Jedenfalls, als wir das Städtchen verließen, stand die Pappel noch in ihrer ganzen Pracht da; es mochte scheinen, dass nach der gefundenen Kompromisslösung

nichts sie bedrohen würde, nicht klar war jedoch, was mit dem Haus und dem
Platz geschehen sollte. Nach dem Tod des Großvaters wurden die Erbangelegen-
heiten geregelt, die Besitzerinnen wurden seine drei Töchter. Mein Vater einigte
sich mit der Genossenschaft, die zum Kauf bereit war. Aber um die Transaktion zu
vollziehen, musste man die Genehmigung der städtischen Behörde einholen, diese
verweigerte jedoch kategorisch ihr Einverständnis und begründete das damit, dass
eine Umgestaltung des Viertels vorgesehen sei, das einsturzgefährdete Haus werde
abgerissen, und auf dem Platz würden für die Stadt wichtige Investitionsobjekte
entstehen. Seit dieser Zeit sind vierzig Jahre vergangen, nichts ist entstanden,
das Haus, das von einfachen Leuten bewohnt wird, verfällt immer mehr, wird zu
einer Art armseligen, zerfallenden Baracke, und der Platz wird mehr und mehr
zu einem chaotischen Abstellplatz voller Gerümpel, unklar, wem er gehört. Alle
Gesuche und Druckmittel führten zu nichts, die städtischen Beamten oder – wie
es in Volkspolen hieß – Entscheidungsträger blieben dafür taub, wollten keinerlei
Argumente hören, vielleicht aufgrund ideologischer Borniertheit, aber vielleicht
auch aus einem viel einfacheren und prosaischeren Grund: Sie erwarteten, dass
ihnen ein Schmiergeld angeboten wurde. Aber ein solches Angebot kam nicht.
Es musste jedoch eine Entscheidung getroffen werden, denn für jemanden, der
in Warschau wohnte, wäre es besonders belastend gewesen, sich um etwas zu
kümmern, das sich in dem Städtchen befand, wo man sich nicht täglich aufhielt
und im Grunde genommen auch nichts mehr zu tun hatte. Bis jetzt war alles auf
eigene Kosten ausgeführt worden, fast schlampig, sowohl administrative Verpflichtungen als auch gewisse laufende, arbeitsintensive und schwierige Tätigkeiten, vor
allem im Winter, wenn der Schnee vor dem Haus weggeschaufelt werden musste
(die bescheidene Miete, welche die Genossenschaft zahlte, hätte die Kosten nicht
gedeckt für Leute, die man hätte anstellen müssen, um diese Arbeit zu tun). Vater
war sich darüber im Klaren, wie mühsam diese Aufgaben sein würden, und wollte
sie daher verständlicherweise nicht übernehmen. Schließlich wurde folgenderma-
ßen entschieden: Das Ganze wird in einem Schenkungsakt der Stadt übertragen,
im Gegenzug wird von der Genossenschaft ein kleiner Betrag auf ein Sperrkonto
einbezahlt; diese Summe war für Renovierungskosten vorgesehen. Und so kam es,
dass wir etwas, das über Jahrzehnte unserer Familie gehört hatte, im Grunde umsonst loswurden. Heute mag ein solches Vorgehen seltsam, leichtfertig, kurzsichtig,
ja sogar – unklug erscheinen. Aber man hatte sich dazu entschlossen in einer
Zeit völliger Hoffnungslosigkeit, in der man nicht mit irgendwelchen Änderungen
rechnen konnte, und die in Volkspolen geltenden Regeln, unabhängig davon, ob
sie wichtige oder belanglose Dinge betrafen, schienen in so hohem Maße gesichert
zu sein, als wären sie Naturgesetze. Jeglicher Besitz wurde zur Belastung, führte zu
Konflikten und Problemen. Das, was mit dem Haus und dem Platz passierte, konnte der in Brasilien lebende Onkel Józef nicht begreifen, der, einige Zeit nachdem
wir das Städtchen verlassen hatten, ein weiteres Mal nach Polen kam; er konnte
es nicht begreifen, obwohl ihm schien, dass der Kommunismus vor ihm keine
Geheimnisse verbarg, denn er machte sich darüber keine Illusionen mehr. Im ersten Moment vermutete er, dass man etwas vor ihm verberge und das Ganze nicht
sauber sei. Er überzeugte sich jedoch davon, dass die Sache sich anders verhielt,
als er die Unterlagen durchsah.

Ich maß diesen Dingen damals keinen größeren Wert bei, ich lebte in meiner Welt, das Schicksal der Hinterlassenschaft meiner Großeltern kümmerte mich wenig.

Ich verließ das Städtchen, zufrieden darüber, dass es nun keinerlei Einfluss mehr auf mein Leben haben würde, froh, dass ich mich endlich davon befreite, dass die Wohnung dort mich nicht zu allerlei kleineren oder größeren Unannehmlichkeiten verurteilte – und darin unterschied ich mich von meiner Mutter, für die das Verlassen der Heimatstadt ein großes, schwer zu ertragendes Erlebnis war. Ich betrachtete diesen Umzug als eine einschneidende Zäsur, damit ging ein Kapitel meines Lebens zu Ende und ein neues begann. Ich war damals kein Optimist, ich erwartete nicht viel Gutes von dem, was kommen würde, schaute aber auch nicht mit Wehmut und Nostalgie auf das, was zu Ende ging. An das Städtchen dachte ich nicht, eine gehörige Zeit war ich nicht dort, nichts daran faszinierte mich, es gab nichts, was mich hätte dorthin ziehen können. Und wenn sich schon meine Erinnerung auf etwas richtete, dann auf die einen oder anderen Bruchstücke, Anhaltspunkte, die für mich aus irgendeinem, manchmal schwer zu begreifenden Grund eine Bedeutung hatten. Einer dieser Anhaltspunkte war eben die Pappel.

Als ich etliche Jahre nach dem Umzug in irgendeiner Angelegenheit in das Städtchen fuhr, ging ich in unser Viertel, um mir die alten Sachen anzuschauen. An den Fenstern unseres einstigen Hauses entdeckte ich Vorhänge, ich wollte die Bewohner jedoch nicht kennenlernen, verspürte nur den Wunsch, den Platz wiederzusehen, zu schauen, wie er aussah. Es war mir jedoch nicht möglich, denn unwirsch, geradezu rüpelhaft, hielt mich ein Wachmann zurück – und behandelte mich so, als wäre ich ein Verbrecher oder ein Dieb, auf frischer Tat ertappt. Ich versuchte ihm zu erklären, was mich hergeführt habe, aber er wollte mir nicht zuhören, meine Argumente erreichten ihn nicht, er verhielt sich so, als verstünde er meine Worte nicht – und wurde mit jedem Moment aggressiver. Ich trat den Rückzug an, als ich begriff, dass nicht viel fehlte, bis sich die mögliche Aggression in eine tatsächliche verwandelte, oder dass der Typ ganz einfach eine Schlägerei beginnen würde. Der Wachtposten, ein nicht mehr junger Mann, mit einer verlebten, von Furchen gezeichneten Visage, offensichtlich angetrunken, wollte wohl seine Macht demonstrieren. Seine Anwesenheit am hellichten Tag überraschte mich; zu unserer Zeit hatte die Genossenschaft zwei Nachtwächter beschäftigt, von denen einer schon so alt war, dass meine Bekannten ihn den »Zarensoldaten« nannten, denn er hatte es geschafft, vor dem Ersten Weltkrieg einige Jahre in der russischen Armee zu dienen. Das waren noch Hausmeister vom alten Schlage und hätten in einer solchen Situation keinen Streit vom Zaun gebrochen.

Damals gelang es mir kaum, einen Blick auf den Platz zu werfen, um festzustellen, dass sich nichts zum Besseren verändert hatte, ganz im Gegenteil – er versank im Dreck und im Chaos. Um die Pappel sehen zu können, musste ich nicht über das Gartentor klettern, sie war von der Straße aus sichtbar, groß, breit, bis zum Himmel. Nichts schien sie zu gefährden, aber Jahre später, bei meinem nächsten Besuch, war sie nicht mehr da. Eines schönen Nachmittags kam ich zusammen mit meinem Freund Marek, der die Orte sehen wollte, von denen ich ihm schon oft erzählt hatte. Diesmal war es kein Problem, über das Gartentor zu klettern, allerdings sahen wir nichts Interessantes. Zwei deutliche Veränderungen symbolischer Art fielen mir aber ins Auge. Zunächst die eine, eher belanglos scheinende: Das Anwesen meines Großvaters hatte sich an der Straße Dritter Mai, Hausnummer 37 befunden, so war es ein Dreivierteljahrhundert lang gewesen, in meinem Bewusstsein waren Hausnummer und Ort eine Einheit. Ich sah mit Verwunderung, dass es nun Dritter Mai, Hausnummer 33 war. Ich weiß nicht, was die Ursache für diese Veränderung war, ich weiß nicht, was miteinander verbunden wurde, was verschwand, oder vielleicht hatte sich einfach in die Nummerierung ein Fehler eingeschlichen, der korrigiert wurde. Die Gründe haben für mich keine größere Bedeutung, wichtig ist die Änderung als solche. Auch deswegen entfernt sich der frühere Familienort und wird immer fremder. In gewissen Fällen ist die Änderung der Nummerierung so bedeutsam wie die Änderung des Namens.

Eine wichtige Frage war das Verschwinden der Pappel. In einer anderen Enzyklopädie als derjenigen, auf die ich mich am Anfang meiner Erzählung berufen habe, las ich, dass diese Bäume schnell wachsen, aber nur eine kurze Lebensdauer haben. Unsere Pappel erreichte keine hundert Jahre, das ist sicher, aber es besteht kein Zweifel, dass sie mindestens achtzig Jahre alt wurde, und für diese Baumart war das schon sehr alt. Vielleicht litt sie an Altersschwäche, erkrankte und musste gefällt werden – wie jener Baum in dem Dorf bei Olsztyn, für dessen Schutz die alte Frau aus dem Dorf sich so mutig eingesetzt hatte. In unserem Fall hätte niemand auf diese Weise die Pappel verteidigt, aber Wehmut blieb, nachdem sie gefällt worden war. Ich dachte daran so, als wäre es eine Exekution gewesen – und fragte mich, wie sie wohl durchgeführt worden war. Man konnte den Baum nicht einfach so fällen, denn obwohl er allein stand, war die Fläche um ihn herum voll, der Sturz eines solchen Kolosses wäre für die Umgebung höchst gefährlich gewesen. Man musste ihn auf eine bestimmte Art entfernen oder – vielleicht sogar – schrittweise. Ich möchte nicht Zeuge einer solchen Prozedur sein, so wie ich bei einem chirurgischen Eingriff nicht dabei sein könnte. Das Bewusstsein, dass von der Pappel nur eine leere Stelle blieb, ist schon schlimm genug. Aus ästhetischen Gründen, denn »was gibt es Schöneres als hohe Bäume«, aber auch deshalb, weil sich um die Pappel herum ein lebhaftes Treiben so vieler Menschen abgespielt hatte, weil rund um sie so viele Daseinsformen zusammengekommen waren und weil auch sie der zerstörerischen Zeit nicht entkommen war, die für nichts und niemanden Nachsicht walten ließ. Leb wohl, alte, schöne, bis zum Himmel reichende Pappel!

Aus dem Polnischen von Barbara Schaefer

Der Text ist dem Band »Historia jednej topoli i inne opowieści«, Kraków 2003, S. 5–30, entnommen.

Autoren und Übersetzer

Autoren

EDWIN BENDYK, geboren 1965, Schriftsteller und Journalist, studierte Chemie an der Universität Warschau. Er arbeitet bei der POLITYKA als Wissenschaftspublizist und schreibt u.a. auch für RES PUBLICA NOWA, KRYTYKA POLITYCZNA und PRZEGLĄD POLITYCZNY. Er befasst sich mit Fragen der Zivilisation, der Modernisierung, der Ökologie und der digitalen Revolution.

DAGMAR DEHMER ist seit 2001 Politikredakteurin beim TAGESSPIEGEL. Im Bereich Umweltberichterstattung befasst sie sich insbesondere mit dem Klimawandel und der Energiewende. Sie ist Trägerin des Deutschen Umweltmedienpreises 2010, der von der Deutschen Umwelthilfe vergeben wird.

WOJCIECH EICHELBERGER, geboren 1944 in Warschau, Psychologe, Psychotherapeut und Schriftsteller, Direktor des 2004 in Warschau gegründeten Instituts für Psychoimmunologie (IPSI). Neben vielen Veröffentlichungen zur Psychologie setzt er sich auch kritisch mit der Konsumgesellschaft auseinander.

JONASZ FUZ, geboren 1977, ist Modedesigner, Illustrator und Maler. Schöpfer von mehr als 30 kommerziellen Mode- und Accessoire-Kollektionen. Absolvent der Fakultät für Stoff und Kleidung der Akademie der Schönen Künste in Lodz.

WITOLD GADOMSKI, geboren 1953, ist Publizist der GAZETA WYBORCZA. Er war einer der Gründer des Liberal-Demokratischen Kongresses, Co-Autor des Wirtschaftsprogramms dieser Partei und 1991–1993 Abgeordneter im polnischen Sejm. Er vertritt eine liberale Auffassung von der Entwicklung der polnischen Marktwirtschaft.

MICHAŁ GŁOWIŃSKI, geboren 1934, ist Professor am Institut für Literaturforschung der Polnischen Akademie der Wissenschaften. Er ist einer der führenden Literaturwissenschaftler Polens. Als Literaturkritiker schrieb er u.a. für die Zeitschriften ŻYCIE LITERACKIE, TWÓRCZOŚĆ, KRYTYKA und KULTURA NIEZALEŻNA. In *Czarne sezony* (1998, Auszüge in Deutsch im Jahrbuch ANSICHTEN des DPI 2002 als *Schwarze Zeiten*) beschreibt er (autobiografisch) das Leben eines Kindes in der Zeit der deutschen Besetzung Polens.

STANISŁAW JAROMI OFMConv ist Franziskanerpater und Vorsitzender der Kommission für Gerechtigkeit, Frieden und Bewahrung der Schöpfung (SPiOS), die sich vor allem mit den aktuellen Problemen des Umweltschutzes befasst.

FRIEDEMANN KOHLER, geboren 1961, hat Osteuropäische Geschichte und Slawistik an der FU Berlin studiert und arbeitet als Redakteur bei der Deutschen Presse-Agentur (dpa). Zahlreiche Polenreisen seit 1984. Er war von 1993 bis 1996 dpa-Korrespondent in Kiew, von 2000 bis 2007 in Moskau.

JUSTYNA KOWALSKA-LEDER, geboren 1975, ist Assistentin am Institut für Polnische Kultur der Universität Warschau. Sie befasst sich mit der Geschichte der polnischen Kultur des 20. Jahrhunderts, vor allem mit dem Holocaust und den polnisch-jüdischen Beziehungen während des Zweiten Weltkriegs. Sie publizierte u.a. in den Zeitschriften DIALOG, RES PUBLICA NOWA und STUDIA JUDAICA.

ZENON KRUCZYŃSKI, geboren 1950 in Danzig, lebt in Gdingen. Publizist, stark engagiert im Umweltschutz. Er ist Mitarbeiter des Warschauer Instituts für Psychoimmunologie und publiziert in der alternativen Presse.

MARKUS KRZOSKA, geboren 1967 in Darmstadt, Historiker und Übersetzer, ist Privatdozent an der Justus-Liebig-Universität Gießen. Er ist Vorsitzender der Kommission für die Geschichte der Deutschen in Polen e.V.

GABRIELE LESSER, geboren 1960 in Frankfurt am Main, Historikerin und Journalistin, lebt in Berlin und Warschau. Seit 1995 ist sie ständige Polen-Korrespondentin der TAZ sowie weiterer Tages- und Wochenzeitungen. Als Autorin und Herausgeberin etlicher Publikationen beschäftigt sie sich mit der polnischen Geschichte und Gegenwart, mit Kultur und Wirtschaft, insbesondere auch mit den polnisch-deutschen und polnisch-jüdischen Beziehungen.

JULIAN MROWINSKI studiert nach seinem Bachelorabschluss in den Fächern Slawistik (Polonistik) und Volkswirtschaftslehre an der Humboldt-Universität zu Berlin gegenwärtig im Masterstudiengang Osteuropastudien mit dem Schwerpunkt osteuropäische Volkswirtschaften an der Freien Universität Berlin.

ANNA NASIŁOWSKA, 1958 in Warschau geboren, Publizistin, Literaturkritikerin, ist Dozentin am Institut für Literaturforschung (IBL) der Polnischen Akademie der Wissenschaften und an der Warschauer Wyższa Szkoła Humanistyczna im. Bolesława Prusa. Seit 1990 ist sie stellvertretende Chefredakteurin der Zeitschrift TEKSTY DRUGIE.

MICHAŁ OLSZEWSKI, geboren 1977 in Ełk (Lyck/Masuren), Publizist und Schriftsteller, hat sich im Bereich Journalistik auf ökologische Themen spezialisiert und schreibt in meinungsführenden polnischen Zeitungen u.a. über die Kohlewirtschaft und die Klimapolitik. Autor von Reportagen, Erzählungen, Skizzen und Rezensionen. Er lebt in Krakau.

ADAM OSTOLSKI, Philosoph, Soziologe und Publizist, ist seit 2013 Vorsitzender der kleinen polnischen Grünen-Partei Zieloni, deren Mitglied er seit 2004 ist. Mitarbeiter der Zeitschrift KRYTYKA POLITYCZNA.

JUSTYNA SAMOLIŃSKA ist Journalistin und Gesellschaftsaktivistin. U.a. war sie Koordinatorin des Jugendprogramms in der Kampagne gegen Homophobie und Aktivistin der Jungen Sozialisten.

GRZEGORZ SROCZYŃSKI ist Journalist bei der GAZETA WYBORCZA. Für seinen
Gesprächszyklus mit den »Gründervätern der III. Republik« erhielt er 2014 den
Journalistenpreis von Radio ZET.

ADRIAN STADNICKI studierte im Bachelorstudiengang Politikwissenschaft, Polnische Philologie und Öffentliches Recht an der Universität Regensburg. Im Masterstudiengang Osteuropastudien an der Freien Universität Berlin liegt sein politikwis-
senschaftlicher Schwerpunkt auf den Beziehungen zwischen den Staaten West- und
Osteuropas.

EVA-MARIA STOLBERG, geboren 1964, ist Historikerin. Sie lehrt an der Universität Duisburg-Essen, wo sie ihren Schwerpunkt in globaler und transnationaler
Geschichte im 19. und 20. Jahrhundert hat (Osteuropa, Russland/Sowjetunion,
Inner- und Ostasien, USA, Pazifischer Raum). Im deutschsprachigen Raum ist sie
die Initiatorin der Russland-/Asienstudien.

MARCIN WIATR, geboren 1975 in Gleiwitz, studierte Germanistik, Geschichte
und Erziehungswissenschaften an den Universitäten Oppeln und Kiel. Von 1999 bis
2008 war er Bildungsreferent und zuletzt amtierender Geschäftsführer des Hauses
der Deutsch-Polnischen Zusammenarbeit. Seit 2011 ist er wissenschaftlicher
Mitarbeiter des Historischen Seminars der TU Braunschweig und Doktorand an der
Schlesischen Universität in Kattowitz.

Übersetzer

KATRIN ADLER, geboren 1973, studierte Polonistik in Berlin und Warschau, übersetzt historische, kunsthistorische und politische Texte, u.a. für das Bundesinstitut
für Kultur und Geschichte der Deutschen im östlichen Europa und den Breslauer
Verlag Via Nova.

JAN CONRAD, geboren 1965 in Marburg, studierte Slawistik, Osteuropäische
Geschichte und Politik an den Universitäten Bonn und Mainz. Nach Aufenthalten
in Warschau und Lublin war er Lehrkraft für besondere Aufgaben am Institut für
Slawistik der Universität Rostock, seit 2006 ist er Lehrkraft für besondere Aufgaben
(Lektor für Polnisch) am Institut für Slawistik der Humboldt-Universität zu Berlin.

JUTTA CONRAD, geboren 1966 in Hachenburg, studierte Germanistik, Polonistik,
Publizistik und Deutsch als Fremdsprache an den Universitäten Mainz und Warschau. Derzeit ist sie als Dozentin an der Universität Rostock (Deutsch als Fremdsprache) und als freiberufliche Übersetzerin für Polnisch tätig.

EWA DAPPA, Germanistin, als Sachbearbeiterin im Presse-, Audio- und Video-Ar-
chiv des Deutschen Polen-Instituts tätig, hat die von der Redaktion ausgewählten
und im Jahrbuch eingestreuten Zitate aus dem Polnischen übersetzt.

BERNHARD HARTMANN, geboren 1972 in Gerolstein/Eifel, lebt in Duisburg. Seit 2005 übersetzt er polnische Literatur ins Deutsche. 2013 erhielt er den Karl-Dedecius-Preis der Robert Bosch Stiftung für deutsche und polnische Übersetzer.

ULRICH HEISSE, geboren 1960, Dipl.-Übersetzer und Sozialpädagoge, lebt in Berlin.

DÖRTE LÜTVOGT, geboren 1968 in Diepholz, studierte Slawistik und Volkswirtschaftslehre in Göttingen und Krakau. 2003 promovierte sie im Fach Polnische Literatur an der Universität Mainz. Derzeit ist sie als DAAD-Lektorin in Hanoi tätig.

HEINZ ROSENAU, geboren 1970 in Bremen, studierte Polonistik, Russistik und Germanistische Linguistik in Bochum, Potsdam und Krakau. Er war Lehrbeauftragter an der Universität Potsdam und ist seit 2003 freiberuflicher Übersetzer des Polnischen.

BARBARA SCHAEFER, geboren 1955 in Pirmasens, studierte Slawistik, Romanistik und Osteuropäische Geschichte in Marburg und Kommunikationswissenschaft in Bern und Fribourg. Sie lebt als freiberufliche Übersetzerin in Bern.

BENJAMIN VOELKEL, geboren 1980, studierte in Berlin und Moskau Polonistik, Russistik sowie Ost- und südosteuropäische Geschichte. Er ist freiberuflicher Lektor und Übersetzer und lebt in Berlin.

ANDREAS VOLK, geboren 1971, studierte Slawistik und Vergleichende Ostmitteleuropastudien. Er lebt als freiberuflicher Übersetzer in Wien.

THOMAS WEILER, geboren 1978, Übersetzerstudium in Leipzig, Berlin und St. Petersburg. Arbeitet als freier Übersetzer aus dem Polnischen, Russischen und Belarussischen.

Bildnachweis

Umschlag und Galerie: Ryszard Kaja | ArcelorMittal Poland 22, 28, 109 | Außenministerium der Republik Polen 133, 137, 145, 148, 149, 161, 166, 169 | Jarosław Ellwart 48, 49 | Fiat Auto Poland 25 | Krzysztof Wojciech Fornalski 51 | Greenpeace Polska 35, 46, 77, 84 | Karol Grygoruk / Greenpeace Polska 131, 135, 139 | Leszek Jamrozik 6 | Andrzej Kaluza 3, 47, 70, 154, 156, 157 | Alicja Kielan 98, 102 | Dawid Koniecki 99 | Konrad Konstantynowicz / Greenpeace Polska 33 | Markus Krzoska 120, 121, 123, 125 | Pandastorm Pictures GmbH 150 | Q&A Communications 119 | RWE Innogy GmbH 12, 39, 72 | Adrian Stadnicki/Julian Mrowinski 57, 59, 61, 63, 64 | Urząd Miasta Katowice 18, 108, 111, 112, 113, 114 | Partia Zieloni 69

■■■ HEINRICH BÖLL STIFTUNG
WARSZAWA

Die Heinrich Böll Stiftung versteht sich als internationale Ideenagentur für grüne Projekte und eine reformpolitische Zukunftswerkstatt, die sich an den Idealen der grünen Politik orientiert. Sie unterhält derzeit Büros in 30 Ländern und arbeitet mit über hundert Projektpartnern aus Zivilgesellschafft, Think-Tanks, Politik und Wissenschaft in mehr als 60 Ländern zusammen.

Gegenwärtig arbeiten wir in Polen an **drei** hauptsächlichen Themenbereichen:

- Im Rahmen des Programms Demokratie & Menschenrechte begleiten wir den gesellschaftlichen Wandel und setzen uns für gleiche Chancen und Rechte aller Individuen ein. Besonders wichtig ist es uns, gesellschaftlicher Ausgrenzung aufgrund von Geschlecht, Herkunft, sexueller Orientierung oder Konfession entgegenzuwirken. Im Verhältnis zwischen BürgerInnen und Staat setzen wir auf gut funktionierende öffentliche Institutionen, die Stärkung der Partizipation und eine demokratische Bürgerkultur.

- Das Programm Internationale Politik schafft Raum für eine Diskussion über die Zukunft und die Entwicklungslinien einer gemeinsamen europäischen Außen- und Sicherheitspolitik. Unser Anliegen ist es, zur Vertiefung der deutsch-polnischen Zusammenarbeit beizutragen und die Debatten über die Zukunft der EU und ihr Verhältnis zu den Nachbarn im Osten zu fördern.

- Zu den Zielen des Programms Energie & Klima gehört eine Vertiefung des Diskurses zu den Herausforderungen der energetischen Transformation und den Klimaveränderungen im europäischen und globalen Kontext. Deswegen treten wir für Energiekonzepte ein, die eine nachhaltige sozio-ökonomische Entwicklung sowie eine saubere und gesunde Umwelt garantieren. Ein besonderer Stellenwert kommt der Schaffung von Diskussionsräumen über Energiesicherheit, insbesondere der Förderung von erneuerbaren Energien und Energieeffizienz, sowie grüner Modernisierung mit Rücksicht auf Partizipation und Verbraucherschutz zu.

Mehr über unsere Aktivitäten erfahren Sie auf:
www.pl.boell.org, Facebook, Twitter, YouTube, Mixcloud und ISSUU.